零点起飞电脑培训学校

Windows XP/Word 2003/Excel 2003/电脑上网四合一

培训教程

导向工作室 编著

人民邮电出版社

北京

图书在版编目（CIP）数据

Windows XP/Word 2003/Excel 2003/电脑上网四合一
培训教程 / 导向工作室编著. -- 北京：人民邮电出版
社，2010.3
（零点起飞电脑培训学校）
ISBN 978-7-115-22093-6

Ⅰ．①W… Ⅱ．①导… Ⅲ．①窗口软件，Windows
XP－技术培训－教材②文字处理系统，Word 2003－技术培
训－教材③电子表格系统，Excel 2003－技术培训－教材
Ⅳ．①TP3

中国版本图书馆CIP数据核字(2010)第002759号

内　容　提　要

　　本书是"零点起飞电脑培训学校"丛书中的一本，主要讲解了 Windows XP 的基础知识、Windows XP 的基本操作、Windows XP 的文件管理、在 Windows XP 中输入汉字、设置与管理 Windows XP、Word 2003 基础知识、Word 2003 文档排版、Word 2003 高级应用、Excel 2003 基础知识、Excel 表格制作、Excel 数据管理、Internet 应用基础、收发电子邮件、网上娱乐、网上电子商务和系统维护等方面的知识。

　　本书内容翔实、结构清晰、图文并茂，基本每一课均以课前导读、课堂讲解、上机实战、常见疑难解析以及课后练习的结构进行讲述。通过大量的案例和练习，读者可以快速、有效地掌握相关实用技能。

　　本书适合各类大中专院校和社会培训学校作为教材使

用，也可供不同年龄层次的电脑初学者以及对电脑有一定了解的读者进行学习和参考。

零点起飞电脑培训学校

Windows XP/Word 2003/Excel 2003/
电脑上网四合一培训教程

◆ 编　　著　导向工作室
　　责任编辑　李　莎

◆ 人民邮电出版社出版发行　　北京市崇文区夕照寺街 14 号
　　邮编　100061　　电子函件　315@ptpress.com.cn
　　网址　http://www.ptpress.com.cn
　　北京昌平百善印刷厂印刷

◆ 开本：787×1092　1/16
　　印张：15
　　字数：425 千字　　　　　　　2010 年 3 月第 1 版
　　印数：1 – 8 000 册　　　　　　2010 年 3 月北京第 1 次印刷

ISBN 978-7-115-22093-6

定价：24.00 元

读者服务热线：**(010)67132692**　印装质量热线：**(010)67129223**
反盗版热线：**(010)67171154**

前　言

自 2002 年推出以来，"零点起飞电脑培训学校"丛书在 8 年时间里先后被上千所各类学校选为教材。随着电脑软硬件的快速升级，以及电脑教学方式的不断发展，原来图书的软件版本、硬件型号以及教学内容等很多方面已不太适应目前的教学和学习需要。鉴于此，我们认真总结教材编写经验，用了 3～4 年的时间深入调研各地、各类学校的教材需求，组织优秀的、具有丰富的教学经验和实践经验的作者团队对该丛书进行了升级改版，以帮助各类学校或培训班快速培养优秀的技能型人才。

本着"学用结合"的原则，我们在教学方法、教学内容以及教学资源上都做出了自己的特色。

教学方法

精心设计 5 段教学法，全方位帮助学生学习基础知识、提升专业技能。

本书采用"课前导读→课堂讲解→上机实战→常见疑难解析→课后练习"的 5 段教学法，激发学生的学习兴趣，细致而巧妙地讲解理论知识，重点训练动手能力，有针对性地解答常见问题，并通过课后练习帮助学生强化巩固所学的知识和技能。

◎ 课前导读：以情景对话的方式引入本课主题，介绍本课相关知识点会应用于哪些实际情况，及其与前后知识点之间的联系，以帮助学生了解本课知识点在工作当中的作用，及学习这些知识点的必要性和重要性。

◎ 课堂讲解：深入浅出地讲解理论知识，着重实际训练，理论内容的设计以"必需、够用"为度，强调"应用"，配合经典实例介绍如何在实际工作当中灵活应用这些知识点。

◎ 上机实战：紧密结合课堂讲解的内容给出操作要求，并提供适当的操作思路以及专业背景知识供学生参考，要求学生独立完成操作，以充分训练学生的动手能力，并提高其独立完成任务的能力。

◎ 常见疑难解析：我们根据十多年的教学经验，精选出学生在知识学习和实际操作中经常会遇到的问题并进行答疑解惑，以帮助学生彻底吃透理论知识和完全掌握其应用方法。

◎ 课后练习：结合每课内容给出大量难度适中的上机操作题，学生可通过练习，强化巩固每课所学知识，从而能温故而知新。

教学内容

由浅入深地设计教学内容，引导学生小步子前进。

本书教学目标是循序渐进地帮助学生快速熟悉 Windows XP 操作系统，掌握常见办公软件的应用方法，能根据需要利用好网络资源，并能处理常见的电脑问题。

为此，本书讲解了 Windows XP 操作系统的应用知识，Word 2003 与 Excel 2003 办公软件的使用方法，Internet 的操作方法，以及电脑的维护方法。全书共 16 课，可分为 4 个部分，各部分具体内容如下。

◎ 第 1 部分（第 1～5 课）：主要讲解 Windows XP 的基础知识与基本操作，在 Windows XP 中进行文件管理和汉字输入，以及设置与管理 Windows XP 等。

◎ 第 2 部分（第 6～11 课）：主要讲解常用 Office 组件——Word 和 Excel 的操作方法。主要包括 Word 的基础知识、文档编辑、长文档的排版和文档打印，艺术字、文本框、图形、表格等对象的插入等，以及 Excel 的基础知识，运用 Excel 制作表格和处理数据等。

◎ 第 3 部分（第 12～15 课）：主要介绍如何充分利用 Internet 资源，主要包括 Internet 的基础知识、收发电子邮件、网上娱乐以及网上电子商务等。

◎ 第 4 部分（第 16 课）：主要讲解系统维护方面的知识，包括磁盘维护、查杀电脑病毒、使用防火墙、备份与还原系统等。

教学资源

提供立体化教学资源，使教师得以方便地获取各种教学资料，丰富教学手段。

本书提供的配套教学资源不仅有书中的素材、源文件，而且提供了多媒体课件、演示动画，此外还有模拟试题和供学生做拓展练习使用的素材等。

◎ 书中的实例素材与效果文件：书中涉及的所有案例的素材、源文件，以及最终效果文件，方便教学使用。

◎ 多媒体课件：精心制作的 PowerPoint 格式的多媒体课件，方便教师教学。

◎ 演示动画：提供本书"上机实战"部分的详细的操作演示动画，供教师教学或学生反复观看。

◎ 模拟试题：汇集大量电脑操作基础、常用的 Office 组件——Word 和 Excel、网络应用、电脑日常维护等方面的练习及模拟试题，包括选择、填空、判断、上机操作等题型，并为本书专门提供两套模拟试题，既方便教师的教学活动，也可供学生自测使用。

◎ 可用于拓展训练的各种素材：与本书内容紧密相关的可用作拓展练习的大量图片、文档或模板等。

特别提醒：以上配套教学资源请访问人民邮电出版社教学服务与资源网（http://www.ptpedu.com.cn）搜索下载，或者发电子邮件至 lisha@ptpress.com.cn 索取。

本书由导向工作室组织编写，参与资料收集、编写、校对及排版的人员有赵莉、李洁羽、肖庆、黄晓宇、李秋菊、陆红佳、熊春、马鑫、蔡飔、侯莉娜、蒲乐、耿跃鹰、卢妍、王德超、黄刚、刘斌、潘锐言、周秀、付子德、向导、冯明苋、杨丽等，在此一并致谢！虽然编者在编写本书的过程中倾注了大量心血，精益求精，但恐百密之中仍有疏漏，恳请广大读者及专家不吝赐教。

编者
2010 年 1 月

目 录

第1课 Windows XP 入门　　　　　　1

1.1　课堂讲解　　　　　　　　　　2
1.1.1　Windows XP 操作系统概述　　　2
1.1.2　启动和退出 Windows XP　　　　2
1. 启动 Windows XP　　　　　　　　2
2. 退出 Windows XP　　　　　　　　2
3. 案例——选择用户账户并登录 Windows XP　3
1.1.3　认识 Windows XP 的桌面　　　4
1. 桌面背景　　　　　　　　　　　4
2. 任务栏　　　　　　　　　　　　4
3. 桌面图标　　　　　　　　　　　5
4. 语言栏　　　　　　　　　　　　5
5. 案例——创建桌面图标　　　　　6
1.1.4　使用鼠标与键盘　　　　　　6
1. 不同鼠标光标的含义　　　　　　6
2. 鼠标的操作　　　　　　　　　　7
3. 认识键盘的结构　　　　　　　　7
4. 键盘指法与击键方法　　　　　　10
5. 案例——鼠标与键盘的配合使用　10
1.1.5　使用 Windows XP 的帮助　　　11
1. 使用帮助主题获得帮助　　　　　11
2. 查找帮助信息　　　　　　　　　12
3. 在应用程序中获得帮助　　　　　12
1.1.6　系统的注销与待机　　　　　12
1. 注销系统　　　　　　　　　　　12
2. 切换用户　　　　　　　　　　　12
3. 系统待机　　　　　　　　　　　12
4. 重启系统　　　　　　　　　　　12
1.2　上机实战　　　　　　　　　　13
1.2.1　启动电脑后切换用户　　　　13
1. 操作要求　　　　　　　　　　　13
2. 操作思路　　　　　　　　　　　13
1.2.2　使用 Windows XP 的帮助　　　13
1. 操作要求　　　　　　　　　　　13
2. 操作思路　　　　　　　　　　　14

1.3　常见疑难解析　　　　　　　　14
1.4　课后练习　　　　　　　　　　15

第2课 Windows XP 的基本操作　　16

2.1　课堂讲解　　　　　　　　　　17
2.1.1　窗口的基本操作　　　　　　17
1. 认识窗口的组成　　　　　　　　17
2. 最大化、最小化、还原窗口　　　18
3. 移动窗口　　　　　　　　　　　18
4. 切换窗口　　　　　　　　　　　19
5. 排列窗口　　　　　　　　　　　19
6. 关闭窗口　　　　　　　　　　　20
7. 案例——打开、切换和排列多个窗口　20
2.1.2　使用对话框　　　　　　　　22
2.1.3　设置"开始"菜单和任务栏　　24
1. 设置"开始"菜单样式　　　　　24
2. 设置任务栏的大小和位置　　　　25
3. 设置任务栏属性　　　　　　　　25
4. 案例——自定义"开始"菜单　　26
2.1.4　运行应用程序　　　　　　　27
1. 在"开始"菜单中启动　　　　　27
2. 使用桌面图标启动　　　　　　　27
3. 使用"运行"命令　　　　　　　27
2.2　上机实战　　　　　　　　　　27
2.2.1　通过对话框查看系统属性　　27
1. 操作要求　　　　　　　　　　　27
2. 操作思路　　　　　　　　　　　28
2.2.2　设置个性化任务栏　　　　　29
1. 操作要求　　　　　　　　　　　29
2. 操作思路　　　　　　　　　　　29
2.2.3　多窗口的操作　　　　　　　30
1. 操作要求　　　　　　　　　　　30
2. 操作思路　　　　　　　　　　　30
2.3　常见疑难解析　　　　　　　　31
2.4　课后练习　　　　　　　　　　32

第 3 课　Windows XP 的文件管理　33

3.1　课堂讲解　34
3.1.1　文件管理基础　34
1. 什么是磁盘、文件和文件夹　34
2. 常见文件类型　34
3. 打开文件和文件夹　35
3.1.2　文件和文件夹的基本操作　35
1. 新建文件和文件夹　35
2. 选择文件和文件夹　36
3. 复制、移动文件和文件夹　36
4. 重命名文件和文件夹　37
5. 删除文件和文件夹　37
6. 案例——创建"学习"文件夹体系　38
3.1.3　设置与管理文件和文件夹　39
1. 设置文件和文件夹属性　40
2. 隐藏文件和文件夹　40
3. 搜索文件和文件夹　41
4. 设置文件和文件夹的显示方式　41
5. 压缩文件和文件夹　43
6. 利用可移动存储设备管理文件　43
7. 案例——搜索和查看文件夹　44
3.1.4　使用回收站　44
1. 还原文件和文件夹　44
2. 彻底删除文件和文件夹　45

3.2　上机实战　45
3.2.1　管理 U 盘中的文件　45
1. 操作要求　45
2. 操作思路　46
3.2.2　回收站的使用　46
1. 操作要求　46
2. 操作思路　46

3.3　常见疑难解析　47

3.4　课后练习　47

**第 4 课　在 Windows XP 中
输入汉字　48**

4.1　课堂讲解　49
4.1.1　输入汉字的基础知识　49
1. 汉字输入法介绍　49
2. 添加和删除系统自带的输入法　49

3. 安装其他输入法　50
4. 选择和切换输入法　50
5. 输入法工具栏　51
6. 设置输入法热键　51
7. 案例——安装和设置搜狗拼音输入法　51
4.1.2　五笔字型输入法　53
1. 汉字的结构　53
2. 字根在键盘上的分布　54
3. 汉字的拆分原则　55
4. 输入单字　56
5. 输入简码汉字　57
6. 输入词组　58
4.1.3　智能 ABC 输入法　58
1. 使用智能 ABC 输入法输入汉字　58
2. 智能 ABC 输入法的设置　58
3. 智能 ABC 笔形输入法的使用　58
4.1.4　安装新字体　59

4.2　上机实战　59
4.2.1　使用五笔字型输入法输入汉字　59
1. 操作要求　59
2. 操作思路　60
4.2.2　使用智能 ABC 输入法输入汉字　60
1. 操作要求　60
2. 操作思路　60

4.3　常见疑难解析　60

4.4　课后练习　61

第 5 课　设置与管理 Windows XP　62

5.1　课堂讲解　63
5.1.1　设置桌面显示　63
1. 更改桌面主题　63
2. 更改桌面背景　63
3. 设置屏幕保护程序　64
4. 设置屏幕显示外观　64
5. 设置屏幕的分辨率和颜色质量　65
6. 案例——自定义桌面显示　65
5.1.2　设置日期与时间　66
5.1.3　设置鼠标和键盘　66
1. 设置鼠标　66
2. 设置键盘　67
5.1.4　管理用户账户　67

1. 创建用户账户　68
2. 更改用户账户名称和头像　68
3. 设置用户账户密码　69
4. 启用或禁用来宾账户　69
5.1.5　管理软硬件　70
1. 安装和卸载软件　70
2. 添加和删除 Windows 组件　70
3. 安装硬件外设的驱动程序　71
4. 案例——安装压缩软件 WinRAR　71
5.1.6　设置音频设备和使用媒体播放器　72
1. 设置音频设备　72
2. 使用 Windows Media Player　72
3. 案例——播放 CD 音乐　73
5.2　上机实战　73
5.2.1　新建账户并设置桌面外观　74
1. 操作要求　74
2. 操作思路　74
5.2.2　安装千千静听并播放音乐　74
1. 操作要求　74
2. 操作思路　74
5.3　常见疑难解析　75
5.4　课后练习　76

第 6 课　Word 2003 基础知识　77

6.1　课堂讲解　78
6.1.1　启动和退出 Word 2003　78
1. 启动 Word 2003　78
2. 退出 Word 2003　78
6.1.2　认识 Word 2003 的操作界面　78
1. 工具栏　78
2. 文档编辑区　78
3. 任务窗格　78
4. 状态栏　79
6.1.3　Word 文档的操作　80
1. 新建文档　80
2. 打开文档　81
3. 保存文档　81
4. 关闭文档　81
6.1.4　文本的输入与编辑　81
1. 输入普通文本　81
2. 输入特殊符号　82

3. 选择文本　82
4. 删除和修改文本　83
5. 复制和移动文本　84
6. 查找和替换文本　84
7. 撤销与恢复操作　85
8. 案例——编辑“表扬信”文档　85
6.2　上机实战　86
6.2.1　制作“公司营销计划”文档　87
1. 实例目标　87
2. 专业背景　87
3. 操作思路　87
6.2.2　复制、查找并替换文本　88
1. 实例目标　88
2. 专业背景　88
3. 操作思路　88
6.3　常见疑难解析　89
6.4　课后练习　89

第 7 课　Word 文档排版　90

7.1　课堂讲解　91
7.1.1　设置字符格式　91
1. 使用“格式”工具栏　91
2. 使用“字体”对话框　91
3. 案例——美化“通知”文档　91
7.1.2　设置段落格式　92
1. 使用“格式”工具栏　92
2. 使用“段落”对话框　93
3. 案例——美化“表扬信”文档　93
7.1.3　设置项目符号和编号　94
1. 设置项目符号　94
2. 设置编号　94
3. 案例——制作“生活小技巧”文档　94
7.1.4　设置边框和底纹　95
1. 设置边框　95
2. 设置底纹　96
3. 案例——美化“生活小技巧”文档　96
7.1.5　设置页面格式　97
1. 设置页面大小和版式　97
2. 设置页眉和页脚　97
3. 设置页码　97
4. 设置分栏　98

5. 文档分页　　　　　　　　　　98
6. 案例——设置"贺卡"文档　　98
7.1.6 打印文档　　　　　　　　99
1. 预览打印效果　　　　　　　　99
2. 设置打印参数　　　　　　　　99
7.2 上机实战　　　　　　　　　100
7.2.1 制作"招聘启事"文档　　100
1. 实例目标　　　　　　　　　　100
2. 专业背景　　　　　　　　　　100
3. 操作思路　　　　　　　　　　100
7.2.2 制作"请柬"文档　　　　101
1. 实例目标　　　　　　　　　　101
2. 专业背景　　　　　　　　　　101
3. 操作思路　　　　　　　　　　101
7.3 常见疑难解析　　　　　　　102
7.4 课后练习　　　　　　　　　103

第 8 课　Word 2003 的高级应用　104

8.1 课堂讲解　　　　　　　　　105
8.1.1 插入并编辑艺术字　　　　105
1. 插入艺术字　　　　　　　　　105
2. 编辑艺术字　　　　　　　　　105
3. 案例——制作艺术字标题　　106
8.1.2 插入并编辑文本框　　　　106
1. 插入文本框　　　　　　　　　106
2. 编辑文本框　　　　　　　　　106
3. 案例——用文本框添加说明　107
8.1.3 插入并编辑图形　　　　　108
1. 插入图片　　　　　　　　　　108
2. 绘制自选图形　　　　　　　　108
3. 编辑图形　　　　　　　　　　108
4. 案例——为"产品介绍"文档配图　109
8.1.4 插入并编辑表格　　　　　110
1. 插入表格　　　　　　　　　　110
2. 编辑表格　　　　　　　　　　110
3. 设置表格格式　　　　　　　　112
4. 案例——制作"报价表"文档　112
8.1.5 长文档的排版　　　　　　113
1. 使用样式　　　　　　　　　　113
2. 使用文档结构图　　　　　　　113
3. 制作目录　　　　　　　　　　114

8.2 上机实战　　　　　　　　　114
8.2.1 制作"宣传广告"文档　　114
1. 实例目标　　　　　　　　　　114
2. 专业背景　　　　　　　　　　114
3. 操作思路　　　　　　　　　　115
8.2.2 制作"个人简历"文档　　116
1. 实例目标　　　　　　　　　　116
2. 专业背景　　　　　　　　　　116
3. 操作思路　　　　　　　　　　117
8.3 常见疑难解析　　　　　　　117
8.4 课后练习　　　　　　　　　118

第 9 课　Excel 2003 基础知识　119

9.1 课堂讲解　　　　　　　　　120
9.1.1 认识 Excel 2003 的操作界面　120
9.1.2 认识工作簿、工作表和单元格　120
9.1.3 工作簿的基本操作　　　　121
1. 新建工作簿　　　　　　　　　121
2. 保存工作簿　　　　　　　　　121
3. 打开工作簿　　　　　　　　　122
4. 保护工作簿　　　　　　　　　122
9.1.4 工作表的基本操作　　　　123
1. 插入和切换工作表　　　　　　123
2. 删除工作表　　　　　　　　　123
3. 重命名工作表　　　　　　　　124
4. 复制工作表　　　　　　　　　124
5. 移动工作表　　　　　　　　　124
6. 保护工作表　　　　　　　　　125
7. 案例——创建"学生档案"工作表　125
9.1.5 单元格的基本操作　　　　127
1. 选择单元格　　　　　　　　　127
2. 插入单元格　　　　　　　　　127
3. 合并和拆分单元格　　　　　　128
4. 删除单元格　　　　　　　　　128
5. 清除单元格　　　　　　　　　128
6. 案例——编辑"同学通讯录"工作表　128
9.2 上机实战　　　　　　　　　129
9.2.1 编辑"员工信息表"　　　130
1. 实例目标　　　　　　　　　　130
2. 专业背景　　　　　　　　　　130
3. 操作思路　　　　　　　　　　130

9.2.2　编辑"产品销售表"　　　131
1. 实例目标　　　131
2. 专业背景　　　131
3. 操作思路　　　131
9.3　常见疑难解析　　　132
9.4　课后练习　　　132

第 10 课　Excel 表格的制作　　　133

10.1　课堂讲解　　　134
10.1.1　输入和编辑数据　　　134
1. 输入普通数据　　　134
2. 输入大于 11 位的数据　　　134
3. 输入有格式的数据　　　134
4. 编辑单元格数据　　　135
5. 查找和替换数据　　　135
6. 案例——输入"日常开支表"数据　　　136
10.1.2　自动填充数据　　　136
1. 填充相同的数据　　　136
2. 填充数据序列　　　136
3. 案例——在"通讯录"中填充数据　　　137
10.1.3　设置单元格格式　　　137
1. 设置行高和列宽　　　137
2. 设置单元格对齐方式　　　138
3. 设置单元格字体格式　　　138
4. 设置边框　　　139
5. 设置填充图案　　　139
6. 案例——编辑"办公费用收据"工作簿　　　139
10.1.4　打印工作表　　　140
1. 设置打印区域　　　140
2. 设置打印标题　　　140
3. 打印预览　　　141
4. 设置打印参数　　　141
10.2　上机实战　　　142
10.2.1　制作"工资表"　　　142
1. 实例目标　　　142
2. 专业背景　　　142
3. 操作思路　　　142
10.2.2　编辑并打印"生产记录表"　　　143
1. 实例目标　　　143
2. 专业背景　　　144
3. 操作思路　　　144

10.3　常见疑难解析　　　145
10.4　课后练习　　　145

第 11 课　Excel 表格的数据管理　　　146

11.1　课堂讲解　　　147
11.1.1　使用公式和函数　　　147
1. 输入公式　　　147
2. 编辑公式　　　147
3. 单元格引用　　　148
4. 使用函数　　　148
5. 函数的自动计算　　　149
6. 案例——计算"成绩表"　　　149
11.1.2　数据的管理　　　150
1. 使用数据记录单　　　150
2. 数据的排序　　　151
3. 数据的筛选　　　151
4. 分类汇总数据　　　152
5. 案例——管理"工资表"数据　　　152
11.1.3　使用图表分析数据　　　153
1. 创建图表　　　153
2. 修改图表　　　154
3. 美化图表　　　154
4. 案例——制作"成绩分析"图表　　　155
11.1.4　创建数据透视表　　　156
11.2　上机实战　　　156
11.2.1　计算"生产统计表"　　　157
1. 实例目标　　　157
2. 专业背景　　　157
3. 操作思路　　　157
11.2.2　创建并美化"销售"图表　　　157
1. 实例目标　　　157
2. 专业背景　　　157
3. 操作思路　　　158
11.3　常见疑难解析　　　158
11.4　课后练习　　　159

第 12 课　Internet 应用基础　　　160

12.1　课堂讲解　　　161
12.1.1　Internet 基础知识　　　161

1. Internet 简介 161
2. 创建拨号连接 161
3. 连接到 Internet 162
4. 案例——创建 ADSL 拨号连接并连接到网络 162
12.1.2 使用 IE 浏览器 164
1. 认识 IE 浏览器 164
2. 打开与浏览网页 165
3. 使用工具按钮 165
4. 设置主页 166
5. 查看历史记录 166
6. 使用收藏夹 166
7. 保存网页中的资源 167
8. 案例——浏览与收藏搜狐网 167
12.1.3 使用搜索引擎 167
1. 使用百度搜索引擎 167
2. 使用谷歌搜索引擎 168
3. 案例——搜索"学电脑"相关信息 168
12.1.4 从网上下载资料 169
1. 利用浏览器直接下载 169
2. 使用迅雷下载工具 169
3. 案例——下载"学电脑"视频教程 169
12.2 上机实战 170
12.2.1 浏览网页并设置 IE 浏览器 170
1. 操作要求 170
2. 操作思路 171
12.2.2 搜索并下载"搜狗拼音输入法"软件 171
1. 操作要求 171
2. 操作思路 171
12.3 常见疑难解析 172
12.4 课后练习 172

第 13 课 收发电子邮件 173

13.1 课堂讲解 174
13.1.1 什么是电子邮件 174
13.1.2 申请电子邮箱 174
13.1.3 使用电子邮箱 175
1. 登录电子邮箱 175
2. 发送电子邮件 175
3. 发送带附件的电子邮件 175

4. 接收电子邮件 176
5. 下载附件并回复邮件 177
6. 删除多余邮件 177
7. 创建联系人 177
8. 案例——接收带附件的邮件并回复 178
13.1.4 使用 Outlook 收发邮件 179
1. 开启邮箱的 POP/SMTP 服务器 179
2. 配置账户 179
3. 接收和回复邮件 180
4. 发送邮件 181
5. 使用联系人 182
6. 案例——收取好友邮件并添加到联系人 182
13.2 上机实战 183
13.2.1 申请搜狐邮箱并管理邮件 183
1. 操作要求 183
2. 操作思路 184
13.2.2 在 Outlook 中管理电子邮件 184
1. 操作要求 184
2. 操作思路 184
13.3 常见疑难解析 185
13.4 课后练习 185

第 14 课 网上娱乐 186

14.1 课堂讲解 187
14.1.1 QQ 网上聊天 187
1. 申请 QQ 号码 187
2. 登录 QQ 187
3. 添加好友 188
4. 收发消息 188
5. 发送和接收文件 189
6. 案例——用 QQ 聊天并发送文件 190
14.1.2 使用 Windows Live Messenger 190
1. 申请 Windows Live ID 190
2. 登录 Windows Live Messenger 并和联系人会话 191
14.1.3 网络视听与游戏 192
1. 网上听音乐 192
2. 网上看视频 192
3. 网上阅读 194
4. 玩 QQ 网络游戏 196
5. 案例——网上休闲娱乐 197

14.2 上机实战 198
14.2.1 网上在线看电影 198
1. 操作要求 198
2. 操作思路 198
14.2.2 邀请好友玩游戏 199
1. 操作要求 199
2. 操作思路 199
14.3 常见疑难解析 200
14.4 课后练习 200

第15课 网上交易与求职 201

15.1 课堂讲解 202
15.1.1 网上预订 202
1. 机票预订 ·202
2. 酒店预订 203
15.1.2 网上购物 203
1. 注册新用户 203
2. 激活支付宝并充值 204
3. 登录淘宝用户并查找商品 205
4. 购买商品并付款 206
5. 案例——在淘宝网中选购圆珠笔 207
15.1.3 网上股票查询与交易 208
15.1.4 网上求职 209
1. 注册求职网并填写简历 209
2. 搜索职位并投递简历 210
15.2 上机实战 211
15.2.1 在淘宝网中购买机票 212
1. 操作要求 212
2. 操作思路 212
15.2.2 在前程无忧求职网中求职 212
1. 操作要求 212
2. 操作思路 212
15.3 常见疑难解析 213
15.4 课后练习 213

第16课 系统维护 214

16.1 课堂讲解 215
16.1.1 磁盘维护 215
1. 检查磁盘 215
2. 分析并整理磁盘碎片 215
3. 格式化磁盘 216
4. 清理磁盘 216
16.1.2 查杀电脑病毒 217
1. 什么是电脑病毒 217
2. 电脑病毒的特点 217
3. 使用杀毒软件 217
16.1.3 使用防火墙 218
16.1.4 更新 Windows XP 操作系统 219
1. 使用网页更新 219
2. 使用 360 安全卫士更新 220
16.1.5 系统的备份与还原 221
1. 创建还原点 221
2. 还原系统 221
16.2 上机实战 222
16.2.1 使用瑞星杀毒软件查杀病毒 222
1. 操作要求 222
2. 操作思路 223
16.2.2 维护系统后创建系统还原点 223
1. 操作要求 223
2. 操作思路 223
16.3 常见疑难解析 224
16.4 课后练习 224

附录 项目实训 225

实训1 Windows XP 操作系统的应用 226
实训2 Word 2003 文档制作 226
实训3 Excel 2003 电子表格制作 227
实训4 Internet 的应用 227

第 1 课
Windows XP 入门

学生：老师，学习电脑难吗？

老师：任何事情都是一个循序渐进的过程，要把心态放平和，从最基本的学起，只要用心，没什么难的。

学生：原来这样啊，那我得把电脑学好，但是我连怎么打开电脑都还不会，打开电脑和打开电视机的方法是一样的吗？

老师：打开电脑的方法和打开电视机其实是差不多的，只是稍微复杂一点，因为打开电脑的过程也是进入操作系统的过程。

学生：老师，什么是操作系统啊？

老师：不管什么软件都要在操作系统的支持下才能发挥作用，可以说没有操作系统，再好的电脑配置也是没用的。下面我们就一起认识和了解常用的 Windows XP 操作系统吧！

学习目标

▶ 掌握 Windows XP 的启动方法

▶ 熟悉 Windows XP 桌面的组成

▶ 掌握使用鼠标的方法

▶ 认识并掌握操作键盘的方法

▶ 熟悉使用 Windows XP 帮助的方法

▶ 掌握 Windows XP 的退出方法

1.1　课 堂 讲 解

本课主要讲述启动 Windows XP、认识 Windows XP 的桌面、使用鼠标、使用键盘、获得 Windows XP 帮助，以及退出 Windows XP 等知识。通过相关知识点的学习和案例的制作，可以熟悉 Windows XP 界面中各组成部分的作用，并掌握在 Windows XP 中使用鼠标和键盘的方法。

1.1.1　Windows XP 操作系统概述

Windows XP 是 Microsoft（微软）公司为个人电脑用户推出的基于图形界面的操作系统。其中，"Windows" 的中文意思为 "窗口"，表示该操作系统是基于图形化的操作界面；"XP" 是 "Experience" 的缩写，意思为 "体验"，表示该操作系统将在应用上给用户带来更多的新体验。

1.1.2　启动和退出 Windows XP

Windows XP 操作系统的启动与退出是学习电脑的基础知识，也是进行各种电脑操作的前提。

1. 启动 Windows XP

在电脑中安装好 Windows XP 操作系统后，即可将其启动，方法是按下显示器的电源开关按钮，再按下主机的电源开关按钮，接通主机电源，Windows XP 操作系统开始对硬件设备进行检测。在检测的过程中无需对电脑做任何操作。由于用户账户的设置不同，后面的启动过程也有所不同，主要有以下几种情况。

◎ 若操作系统中只设置了一个用户账户且没有设置密码（系统安装时的默认情况），则将显示图 1-1 所示的欢迎界面，稍等片刻即可进入 Windows XP 操作系统。

◎ 若操作系统中已添加了多个用户账户，则将出现选择用户的界面，其中列出了各用户的图标，单击某个图标便可进入对应用户的操作系统界面。

◎ 若用户账户设置了密码，可单击该用户图标，然后在打开的密码文本框中输入相应的用户密码，然后按【Enter】键或单击 ➡ 按钮进入操作系统，如图 1-2 所示。

图 1-1　Windows XP 欢迎界面

图 1-2　用户账户密码登录界面

> 提示：无论是显示器、主机还是打印机等设备，其电源开关的按钮与其他按钮是有区别的，一般该按钮附近标有 ⏻ 标记。

2. 退出 Windows XP

如果要结束电脑的运行状态，可以关闭电脑，退出 Windows XP，其具体操作如下。

❶ 单击桌面左下角的 开始 按钮，在弹出的 "开始" 菜单中单击 关闭计算机 按钮（后面将统一描述为选择【开始】→【关闭计算机】命令）。

❷ 打开"关闭计算机"对话框，单击"关闭"按钮 ⓘ，即可安全地退出 Windows XP 操作系统，其过程如图 1-3 所示。

图 1-3　退出 Windows XP

❸ 退出操作系统后电脑会自动切断主机电源，再手动关闭显示器电源。

3．案例——选择用户账户并登录 Windows XP

一台电脑创建了"Cathy"和"Jack"两个用户账户，本例要求启动电脑并选择其中的"Cathy"账户（未设置密码）登录 Windows XP。通过该案例的学习，掌握在多用户账户状态下如何启动 Windows XP。

其具体操作如下。

❶ 开启电源插座开关，按下显示器的电源开关按钮，接通电源。

❷ 在电脑主机箱上找到标有 ⏻ 标记的电源开关按钮，按下该按钮，接通主机电源。

❸ Windows XP 操作系统开始对硬件设备进行检测，并显示图 1-4 所示的操作系统信息（在该过程中无需对电脑做任何操作）。

❹ 出现用户账户选择界面，单击其中的"Cathy"用户账户图标，如图 1-5 所示。

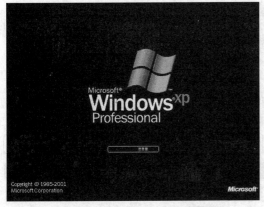

图 1-4　Windows XP 的启动界面

图 1-5　选择用户账户

❺ 稍后即可进入 Windows XP 的桌面，完成启动操作。

🕑 试一试

在 Windows XP 的启动过程中单击用户账户并单击界面左下角的 关闭计算机 按钮，观察其作用。

1.1.3　认识 Windows XP 的桌面

启动电脑并进入 Windows XP 操作系统后，出现的画面就是桌面。电脑桌面就像人们工作时用于放置常用办公用品的写字台，它也用来放置操作电脑时常用的"物品"，如"我的电脑"、"回收站"、常用应用程序的快捷方式、文件及文件夹等图标。Windows XP 的桌面主要由桌面背景、桌面图标、任务栏和语言栏等部分组成，如图 1-6 所示。

> 注意：如果是刚安装的 Windows XP 操作系统，则第一次登录 Windows XP 后，桌面上只有"回收站"图标，其他图标都是用户自己添加上去的。

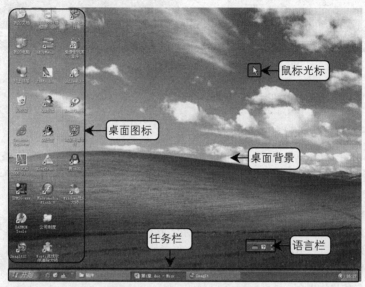

图 1-6　Windows XP 的桌面组成

1．桌面背景

桌面背景就是整个桌面的背景图片，默认是一幅由蓝天、白云和草地构成的图片。桌面背景的作用是美化桌面的外观，因此它并不是固定不变的，可以根据需要更换。

2．任务栏

Windows XP 的任务栏在默认情况下位于桌面的最下方，它由"开始"按钮 、快速启动区、任务按钮区和通知区域 4 个部分组成，如图 1-7 所示。

图 1-7　任务栏的各个组成部分

任务栏中各个组成部分的作用如下。

◎ "开始"按钮 ：位于任务栏的左侧，单击该按钮可以弹出"开始"菜单，从中可以启动要使用的应用程序，以及打开相应的窗口等，并且关于电脑的所有操作都可从"开始"菜单开始。

◎ 快速启动区：位于 按钮的右侧，其中包括一些程序的快捷启动图标，单击其中的某个图标可立即启动相应的程序或执行相应的命令。

提示：单击快速启动区右侧的 >> 按钮，在弹出的菜单中会显示因快速启动区中的图标过多而无法全部显示的其他快速启动图标。

◎ **任务按钮区**：位于快速启动区的右侧，用于切换各个打开的窗口。在 Windows XP 中每打开一个窗口，在任务按钮区中就显示一个相应的任务按钮。若按钮颜色为深蓝色，表示该窗口为当前使用的窗口，单击其他任务按钮，可切换到相应的操作窗口中。

◎ **通知区域**：位于任务栏最右侧，包括"时钟"图标及一些后台运行的程序图标。单击通知区域中的 < 按钮可以显示全部后台运行的图标，同时该按钮变为 > 按钮。

3. 桌面图标

桌面图标就像书签一样，通过它可以快速打开其代表的程序、文件或文件夹等，其外观由图标图案和图标名称组成，如图1-8所示。桌面图标分为系统图标、快捷图标、文件夹图标和文件图标4类，其作用分别如下。

◎ **系统图标**：桌面上显示的"我的电脑"图标、"我的文档"图标、"回收站"图标、"网上邻居"图标和"Internet Explorer"图标都是系统自带的，被称为系统图标。

技巧：单击 开始 按钮，弹出"开始"菜单，在"网上邻居"等命令上单击鼠标右键，在弹出的快捷菜单中选择"在桌面上显示"命令，当选择该命令后，其前方出现"√"标记即为显示，若该标记消失即为隐藏该系统图标。

◎ **快捷图标**：快捷图标用于快速启动所对应的应用程序，其左下角通常有一个小箭头标识，如图1-9所示。它们一般都是安装应用程序时自动产生的，用户也可根据需要进行创建。

技巧：单击 开始 按钮，弹出"开始"菜单，单击"所有程序"菜单项，在需要创建的应用程序命令项上单击鼠标右键，在弹出的快捷菜单中选择【发送到】→【桌面快捷方式】命令即可创建快捷图标。

图标图案 →
我的电脑
图标名称

图1-8　图标的组成

瑞星杀毒软件　腾讯QQ　Windows优化大师　带有标识

图1-9　快捷图标

◎ **文件夹图标**：文件夹图标用于存放文件或文件夹，可以直接在桌面上新建，也可复制或移动到桌面上，其图标图案默认为 。

◎ **文件图标**：每个文件图标都代表一个文件，可以通过新建、复制或移动到桌面上生成。通过它们也可启动其对应的应用程序，并可以对相应文件进行编辑或查看。

4. 语言栏

语言栏其实是一个浮动工具栏，在默认情况下位于任务栏的上方，并且总是位于当前所有窗口的最前面，以便用户快速选择所需的输入法。单击其中的 按钮，在弹出的菜单中可选择当前要使用的输入法。如图1-10所示。将鼠标光标移至语言栏左侧的 标记上，按住鼠标左键不放并拖动鼠标，可以将语言栏移动到屏幕中的任何位置。单击语言栏右侧的"最小化"按钮 ，可以将语言栏最小化到任务栏中。

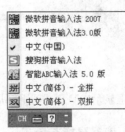

微软拼音输入法 2007
微软拼音输入法3.0版
✔ 中文(中国)
搜狗拼音输入法
智能ABC输入法 5.0 版
拼 中文(简体) - 全拼
双 中文(简体) - 双拼
CH

图1-10　语言栏

提示：单击"帮助"按钮，在弹出的菜单中选择"语言栏帮助"命令，可在打开的"语言栏"窗口中获得帮助信息；单击"选项"按钮，可弹出语言栏菜单，通过选择相应的选项对语言栏进行设置。

5. 案例——创建桌面图标

新安装的 Windows XP 操作系统在默认情况下，其桌面上只显示一个"回收站"图标，本例将创建"我的文档"和"我的电脑"系统图标，以及"Windows Media Player"快捷图标。通过该案例的学习，进一步掌握桌面图标的创建操作。

其具体操作如下。

❶ 单击 *开始* 按钮，弹出"开始"菜单，在"我的文档"命令上单击鼠标右键，在弹出的快捷菜单中选择"在桌面上显示"选项，如图 1-11 所示。

❷ 此时在桌面上即可看到显示的"我的文档"图标，用同样的方法在桌面上创建"我的电脑"图标。

❸ 单击 *开始* 按钮，弹出"开始"菜单，将鼠标光标指向或单击"所有程序"菜单项，在弹出的子

图 1-11　创建系统图标

菜单中找到"Windows Media Player"命令，并单击鼠标右键，在弹出的快捷菜单中选择【发送到】→【桌面快捷方式】命令，如图 1-12 所示，即可在桌面上创建"Windows Media Player"的快捷图标。图 1-13 所示为创建完本例中的所有图标后的效果。

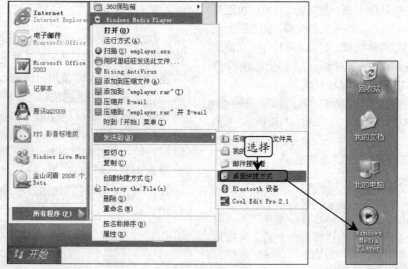

图 1-12　创建快捷图标　　　　　　　　　　　图 1-13　最终效果

试一试

在桌面上显示或隐藏"网上邻居"图标。

1.1.4　使用鼠标与键盘

鼠标和键盘都是电脑的重要输入设备。在 Windows XP 操作系统中，大部分操作都需要通过鼠标来完成，通过鼠标操作可以打开窗口、改变窗口大小、移动窗口位置以及执行命令等。而通过键盘可以将数据输入到电脑中，同时还可以控制电脑的运行，如热启动、命令中断、命令暂停等。

1. 不同鼠标光标的含义

在电脑屏幕上与鼠标同步移动的各种形状就是鼠标光标。当用户进行不同的操作时，系统由于

执行不同的命令而处于不同的运行状态，因此当鼠标光标位于不同位置时，鼠标光标的外形将随之变化。鼠标光标的几种常见形状及其代表的含义介绍如下。

◎ ☓ （正常选择）：它是鼠标光标的基本形状，表示准备接受用户指令。

◎ ☓ （后台操作）：系统正在执行某操作，要求用户等待。

◎ ☓ （忙）：系统在处理较大的任务，正处于忙碌状态，此时不能执行其他操作。

◎ I （文字选择）：此光标出现在可以输入文字的地方，此处可输入文本内容。

◎ ╈ （精确选择）：在某些应用程序中系统准备绘制一个新的对象。

◎ ↔和↕ （水平和垂直调整）：光标处于窗口或图片的4条边上，拖动鼠标即可改变窗口或图片大小。

◎ ↖和↗ （对角线调整）：光标处于窗口或图片的4个角上，拖动可改变窗口或图片的高度和宽度。

◎ ✥ （移动）：该光标在移动窗口或图片时出现，拖动鼠标可以移动整个窗口或图片。

◎ ☝ （链接选择）：鼠标光标所在的位置是一个超级链接。

◎ ⊘ （不可用）：鼠标光标指向的按钮或某些功能不能使用。

2．鼠标的操作

鼠标的操作包括移动、单击、双击、拖动和右击等，其操作方法如下。

◎ **移动鼠标**：将鼠标放在桌面或鼠标垫上，握住鼠标，用手腕和手指带动鼠标做平面移动，鼠标光标会在电脑屏幕上同步移动。鼠标光标指向屏幕上的某一对象时，一般会出现相应的提示信息。

◎ **单击鼠标**：将右手食指放在鼠标左键上，按下鼠标按键再快速释放的过程称为单击鼠标。单击鼠标的操作常用于选择对象，被选择的对象呈高亮显示，若在空白处单击鼠标，则会取消对对象的选择。

◎ **双击鼠标**：双击可以看作是连续且快速的两次单击操作，用食指连续且快速地按鼠标左键两次，常用于执行程序或打开文件等。如在桌面上双击"我的电脑"图标🖥，将打开"我的电脑"窗口。

◎ **拖动鼠标**：拖动是将鼠标光标移动到某个对象上并按住鼠标左键不放，然后移动鼠标把对象从屏幕的一个位置拖动到另一个位置，最后释放鼠标左键的过程，常用于移动对象的位置。

◎ **右击鼠标**：右击鼠标就是单击鼠标右键，与单击鼠标左键类似，其方法是用中指按下鼠标右键并快速释放，常用于弹出某个对象的快捷菜单。

◎ **滚轮的使用**：此操作对有滚轮的鼠标有效，常用于浏览多页面和有滚动条的页面，可通过右手食指控制滚轮向上或向下滚动。

3．认识键盘的结构

根据功能的不同可将键盘分为主键盘区、功能键区、编辑键区、小键盘区以及键盘提示区。下面以现在常见的107键键盘为例来介绍键盘的布局，如图1-14所示。

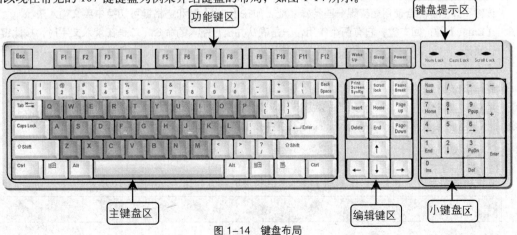

图1-14　键盘布局

主键盘区

主键盘区是键盘上最大的区域，也是使用频率最高的区域，主要用于输入中英文字符、数字和符号，其中主要包括字母键、数字键和符号键等，如图 1-15 所示。

图 1-15　主键盘区

下面对主键盘区中主要按键的功能进行介绍。

◎ **字母键**：用于输入英文字母或汉字，每个字母键的左上方都有一个英文大写字母，按下某键即可输入相应的英文字母。

◎ **数字键与符号键**：数字键位于字母键的上方，主要用于数字和符号的输入。在输入汉字时，数字键还可用于重码的选择。

◎ **【Tab】键**：Tab 是英文 Table 的缩写，也称为制表键。每按一次该键，光标向右移动一个制表位（默认值为 8 个字符），常用于文字处理中的格式对齐操作。

◎ **【Caps Lock】键**：大写字母锁定键，用于控制 26 个字母大小写的输入。当键盘提示区中的 Caps Lock 灯亮时，表示直接按字母键即可输入大写字母，反之为小写字母。

◎ **【Shift】键**：上档选择键，在主键盘区左右各有一个，其功能完全相同。它常与主键盘区上的双字符键联用，用于输入上档字符，也可以切换英文字母的大小写。例如，按下【Shift】键的同时按下数字键【5】，输入结果为"％"；按下【Shift】键的同时按下字母键【L】，可以输入大写字母"L"。

◎ **【Ctrl】键**：该键可完成一些特定的控制功能，但是需要与其他键配合使用才能实现其具体的功能。例如，按下【Ctrl+C】组合键可对选中的对象进行复制。

◎ **【Alt】键**：该键能实现一些特定功能，在不同的工作环境中其具体功能也有所不同，通常需要与其他键配合使用，如按下【Alt+F4】组合键可关闭当前窗口。

◎ **空格键**：键盘上唯一没有标注的键，按一次此键可输入一个空格，同时光标向右移动一个字符。此外该键和其他键配合使用能实现一些特殊功能，如按【Ctrl】键和空格键可切换中英文输入法。

◎ **【Enter】键**：回车键，它有两个作用，一是确认并执行输入的命令，二是在录入文字时，按此键进行换行。

◎ **【Back Space】键**：退格键，每按一次该键，可使光标向左移动一个位置，若光标位置上有字符，将删除该位置上的字符。

◎ 　键：快捷菜单键，按下该键后会弹出相应的快捷菜单，其功能相当于单击鼠标右键。

◎ 　键：开始菜单键，在 Windows 操作系统中按下该键将弹出"开始"菜单。

功能键区

功能键区位于键盘最上方，主要用于完成某些特殊的任务和操作，如图 1-16 所示。

图 1-16　功能键区

下面对该区域中主要按键的功能进行介绍。

◎ 【F1】～【F12】键：功能键，在不同的软件中可用于快速实现某一功能。

◎ 【Esc】键：用于结束和退出程序，也可取消当前正在执行的操作或返回原菜单。

◎ 【Wake Up】键：可以将电脑从睡眠状态唤醒。

◎ 【Sleep】键：可以使电脑转为睡眠状态。

◎ 【Power】键：可以执行关机操作。

◎ 编辑键区

编辑键区主要用于文档编辑过程中插入点光标的控制和定位，如图 1-17 所示。其中各主要按键的功能介绍如下。

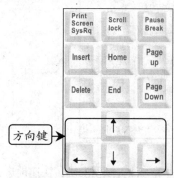

图 1-17　编辑键区

◎ 【Insert】键：按该键可在插入字符功能和替换字符功能之间进行转换。

◎ 【Home】键：该键可将光标移动到所在行文字的开头。

◎ 【Page Up】键：该键用于翻页，显示当前页的前一页的信息。

◎ 【Delete】键：该键用于删除光标右边的一个字符，并使其后的字符向前移，也可用于删除文件对象。

◎ 【End】键：该键可将光标移动到所在行文字的末尾。

◎ 【Page Down】键：该键用于翻页，显示屏幕后一页的信息。

◎ 【Print Screen Sys Rq】键：拷屏键，按下此键可以将当前屏幕内容以图像形式复制到剪贴板中。

◎ 【Scroll Lock】键：屏幕锁定键，按下此键可使屏幕停止滚动。

◎ 【Pause Break】键：暂停键，可暂停正在运行的程序或操作，若同时按下【Ctrl + Pause Break】组合键，可强行终止程序的运行。

◎ 方向键：【←】键表示将光标左移一个字符位；【↑】键表示将光标上移一行；【↓】键表示将光标下移一行；【→】键表示将光标右移一个字符位。

◎ 小键盘区

小键盘区位于键盘的右侧，又被称为数字键区，包含了数字键及运算符键，其功能是方便用户快速输入数字并对数据进行计算，如图 1-18 所示。

图 1-18　小键盘区

> 提示：小键盘区左上角的【Num Lock】键主要用于控制数字键上下档的切换。当按下此键时，键盘提示区中的第一个指示灯亮，表明此时为数字状态；当再次按下此键后，指示灯将熄灭，同时切换为光标控制状态。

◎ 键盘提示区

键盘提示区位于小键盘区的上方，主要用于提示小键盘工作状态、字母大小写状态及【Scroll Lock】键的状态，如图 1-19 所示。

图 1-19　键盘提示区

键盘提示区中主要按键的功能介绍如下。

◎ "Num Lock" 指示灯：该指示灯亮，表示小键盘区的数字键处于可用状态。

◎ "Caps Lock" 指示灯：该指示灯亮，表示当前处于大写英文字母输入状态。

◎ **"Scroll Lock"** 指示灯：该指示灯亮，在 DOS 状态下表示屏幕滚动显示。

4. 键盘指法与击键方法

熟悉键盘的结构后就可以练习击键了，但在此之前还应该掌握键盘指法与击键的方法。键盘指法就是把键盘上的键位合理地分配给 10 个手指，使得每个手指在键盘上都有明确的"管辖区域"。除拇指外，其余 8 个手指各有一定的活动范围，把字符键位划分成 8 个区域，每个手指负责一个区域字符的输入。键盘上指法分工的关系如图 1-20 所示。

> **注意：** 在键盘上有【A】、【S】、【D】、【F】、【J】、【K】、【L】和【;】8 个基准键位，在操作键盘时先将手指放在相应的基准键位上。通常情况下【F】键和【J】键上各有一个突出的小横杠，用于定位左右手食指的位置。

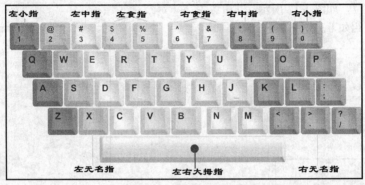

图 1-20 键盘指法分工图

在操作键盘时，不仅需要掌握正确的指法，还要掌握正确的击键方法，以便准确、快速地进行输入。要掌握正确的击键方法，应注意以下几点。

◎ 击键时用手指指尖轻轻地向键位垂直按下，并快速弹起手指。

◎ 左手击键时，右手手指应放在基准键位上保持不动。

◎ 右手击键时，左手手指应放在基准键位上保持不动。

◎ 击键后，手指要迅速返回到相应的基准键位上。

5. 案例——鼠标与键盘的配合使用

本例将通过鼠标的操作利用"开始"菜单启动"记事本"程序，然后使用正确的指法敲击键盘中的相应按键，输入"My life in 2010"文本，完成后退出"记事本"程序。通过本例的操作熟练掌握鼠标及键盘的使用方法。

其具体操作如下。

❶ 握住鼠标，用手腕和手指带动鼠标移动，将鼠标光标移动到桌面左下角的 开始 按钮上，此时会出现 单击这里开始 的提示信息。

❷ 用食指按下鼠标左键并快速松开按键，以单击 开始 按钮。

❸ 弹出"开始"菜单，将鼠标光标移动到"所有程序"命令上并单击，弹出其下级菜单，将鼠标光标移动到"附件"命令上暂停，弹出其子菜单。

❹ 在"记事本"命令上单击鼠标左键，如图 1-21 所示，打开"记事本"窗口，在该窗口中单击鼠标左键。

❺ 将手指放在相应的基准键位上，使用左手小指按下【Shift】键，同时使用右手食指按下字母键【M】，输入大写字母"M"，然后将手指迅速返回到相应的基准键位上。

❻ 使用右手食指按【Y】键，输入小写字母"y"，完成后将手指返回基准键位。

❼ 使用左手或右手大拇指按空格键，输入空格，然后用相应的手指分别按【L】、【I】、【F】、【E】、空格、【I】和【N】键，输入英文"life in"。

❽ 用左手或右手大拇指按空格键，输入空格，然后使用左手无名指和右手小指分别按【2】和【0】键，输入数字"20"。

❾ 将右手食指、中指和无名指放到小键盘区的【4】、【5】和【6】键上（相当于小键盘区中的基准键位），使用右手食指和拇指分别按【1】和【0】键，输入数字"10"。完成输入练习，最终效果如图 1-22 所示。

图 1-21 练习鼠标的操作

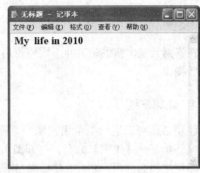

图 1-22 练习键盘的操作

1.1.5 使用 Windows XP 的帮助

在使用 Windows XP 以及各类程序时，如果遇到问题，可以通过 Windows XP 以及程序的帮助系统来解决这些问题，同时通过帮助信息还可学习到很多的操作技巧。

1. 使用帮助主题获得帮助

使用 Windows XP 的帮助系统可以快速解决用户在使用操作系统时遇到的问题。在知道查询内容所属类别的情况下，可以选择【开始】→【帮助和支持】命令，在打开的"帮助和支持中心"窗口中，用鼠标单击相应主题的超级链接，直至打开所需的帮助内容，如图 1-23 所示。

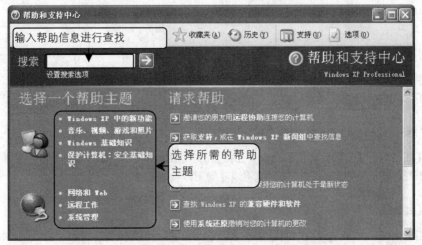

图 1-23 "帮助和支持中心"窗口

2. 查找帮助信息

在不知道查询内容所属类别的情况下，可以在"帮助和支持中心"窗口上方的"搜索"文本框中输入搜索内容的主题，然后单击 → 按钮或按【Enter】键，在窗口左侧的"搜索结果"列表框中单击所要查询帮助的超级链接，即可在右侧窗口中看到帮助内容。

3. 在应用程序中获得帮助

一般情况下若要获得应用程序中的帮助，可以在该应用程序窗口中选择【帮助】→【帮助主题】一类的命令，或直接按【F1】键，在打开的窗口中通过类似于前两种方法的操作获得相应的帮助。

1.1.6 系统的注销与待机

在遇到系统出错或短时间不需要使用电脑时可以进行注销系统、切换用户、系统待机以及重启系统等操作。

1. 注销系统

注销系统可以退出当前用户账户，即关闭当前用户账户中所有运行的应用程序，其方法为：选择【开始】→【注销】命令，打开图1-24所示的"注销 Windows"对话框，单击"注销"按钮，即可注销当前用户账户，并结束当前运行的所有程序，返回到用户账户的登录界面，如图1-25所示。

图1-24 "注销 Windows"对话框　　　　　　图1-25 用户账户选择界面

2. 切换用户

在"注销 Windows"对话框中单击"切换用户"按钮，可在不关闭程序和文件的情况下，切换到其他用户账户中。

3. 系统待机

选择【开始】→【关闭计算机】命令，在打开的"关闭计算机"对话框中单击"待机"按钮，电脑将处于低耗能的待机状态，按任意键将恢复到工作状态。

4. 重启系统

在使用电脑时，如果遇到某些问题需要重新启动电脑，可以打开"关闭计算机"对话框，在其中单击"重新启动"按钮，退出 Windows XP 操作系统并自动重新启动电脑。

1.2 上机实战

本课上机实战将分别进行启动电脑后切换用户以及使用 Windows XP 帮助的操作，综合练习本课学习的知识点。

上机目标：
◎ 掌握启动 Windows XP 的方法；
◎ 熟悉切换用户账户的方法；
◎ 掌握使用 Windows XP 帮助的方法。

建议上机学时：1 学时。

1.2.1 启动电脑后切换用户

1. 操作要求

本例要求首先启动 Windows XP，进入所选账户的操作界面后，切换到另外的用户账户操作界面中，具体操作要求如下。
◎ 启动 Windows XP，进入用户账户选择界面，将鼠标光标移动到所需用户账户图标处单击。
◎ 进入该用户账户的操作界面，对其桌面中的元素进行熟悉。
◎ 完成后选择【开始】→【注销】命令，在打开的"注销 Windows"对话框中单击"切换用户"按钮 🔁。
◎ 进入选择用户账户的界面，在该界面中可以在原用户账户图标下看到其正在运行的程序数量。
◎ 单击另外一个用户账户图标，在打开的密码文本框中输入相应的用户密码，按【Enter】键或单击 ➡️ 按钮，进入该用户账户的操作界面。

2. 操作思路

根据上面的实例目标，本例的操作思路如图 1-26 所示。在操作过程中需要注意的是，由于每台电脑中的用户账户名、用户账户数量及密码等都是不一样的，因此应结合实际情况进行操作（这里启动 Windows XP 后，首先进入一个没有设置密码的用户账户，在切换用户时再进入另一个设置有密码的用户账户）。创建用户账户的另外方法将在本书第 5 课中介绍。

① 选择用户账户　　② 单击"切换用户"按钮　　③ 切换用户账户

图 1-26　启动电脑后切换用户的操作思路

1.2.2 使用 Windows XP 的帮助

1. 操作要求

本例要求通过"帮助和支持中心"窗口查找关于"显示语言栏"的帮助信息。通过本例的操作熟练掌握使用 Windows XP 帮助的方法，具体操作要求如下。

◎ 选择【开始】→【帮助和支持】命令，打开"帮助和支持中心"窗口。

◎ 在"搜索"文本框中输入搜索内容的主题"显示语言栏"，单击 ➜ 按钮。

◎ 系统自动搜索关于"语言栏"的相关主题，在窗口左侧的"搜索结果"列表框中显示搜索结果。

◎ 单击所要查询帮助的超级链接，窗口右侧将显示相关的操作方法，且搜索到的所有主题文字都以高亮形式突出显示。

2. 操作思路

根据上面的实例目标，本例的操作思路如图 1-27 所示。利用本例的操作思路，还可以对其他需要了解的内容进行查询，以巩固所学知识。

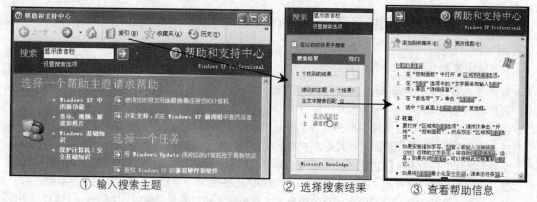

① 输入搜索主题　　② 选择搜索结果　　③ 查看帮助信息

图 1-27　使用 Windows XP 帮助的操作思路

1.3　常见疑难解析

问： 已添加了桌面图标却没有显示，该怎么办？

答： 可能是桌面图标被全部隐藏了，解决的方法是在桌面空白区域单击鼠标右键，在弹出的快捷菜单中选择【排列图标】→【显示图标】命令，便可显示出桌面图标。

问： 有些电脑桌面上的系统图标样式是不一样的，怎样更换图标样式呢？

答： 大部分用户使用的都是默认图标样式，如果要更改，可以在桌面空白区域单击鼠标右键，在弹出的快捷菜单中选择"属性"命令，在打开的对话框中单击"桌面"选项卡，再单击 自定义桌面(D)... 按钮，在打开的对话框中单击要更改样式的系统图标，然后单击 更改图标(H)... 按钮进行更改。

问： 在使用 Windows XP 操作系统时，鼠标光标突然不能动了，系统也没有任何反应，这时该怎么办？

答： 由于程序没有响应或系统运行时出现异常，导致所有操作不能进行，这种情况称为死机。这时可以按【Ctrl＋Alt＋Delete】组合键，如果能打开"Windows 任务管理器"窗口，就可以通过该窗口结束没有响应的程序、注销用户或重新启动操作系统；如果按【Ctrl＋Alt＋Delete】组合键没有任何反应，那么可以按下机箱面板上的"Reset"按钮，重新启动操作系统。

问： 移动鼠标时，鼠标光标不能快速或准确地移至所需位置，该怎么办？

答：在移动鼠标的过程中，若鼠标光标不能准确地移至所需位置，这时可以用手将鼠标提起，至合适位置放下，再移动鼠标至所需位置，这样便可以快速地定位到所需位置处。

1.4 课后练习

（1）尝试在不同的电脑（设置有单个用户账户或多个用户账户的电脑）上，练习 Windows XP 操作系统的启动、注销、切换用户、重启与退出操作。

（2）观察桌面上有哪些图标，分别双击各个图标，查看其内容。

（3）为常用应用程序创建桌面快捷图标。

（4）使用鼠标的各种操作，选择【开始】→【所有程序】→【附件】→【漫游 Windows XP】命令，打开"漫游 Windows XP"窗口并对其进行浏览，从而对 Windows XP 操作系统进行进一步地了解。

（5）使用鼠标通过"开始"菜单打开"帮助和支持中心"窗口，在其中搜索在使用 Windows XP 操作系统中遇到的问题，并通过其指示解决问题。

（6）使用鼠标选择【开始】→【所有程序】→【附件】→【写字板】命令，打开"写字板"程序窗口，然后在其中练习使用键盘输入英文、数字以及各类符号。

第2课
Windows XP 的基本操作

学生：老师，在前面已经学习了电脑的基本操作，现在是不是要开始学习使用电脑了？

老师：在前面一课中认识了 Windows XP 操作系统，在本课中将了解该操作系统中的常见组成元素，并学习基本操作，为以后操作电脑打下基础。

学生：Windows XP 操作系统中包含了哪些常见元素呢？

老师：在 Windows XP 系统中主要包含了"开始"菜单、窗口以及对话框等常见元素，掌握这些组成元素的作用与操作方法是很重要的，下面就跟我来学习 Windows XP 的基本操作吧。

学生：好的，老师！

学习目标

- ▶ 掌握窗口的操作方法
- ▶ 掌握对话框的操作方法
- ▶ 掌握"开始"菜单的操作方法
- ▶ 熟悉任务栏的设置方法
- ▶ 掌握应用程序的几种启动方法

2.1 课 堂 讲 解

本课主要讲述 Windows XP 的窗口、对话框、"开始"菜单和任务栏的基本操作以及运行应用程序等知识。通过相关知识点的学习和案例的操作，可以进一步熟悉 Windows XP 各组成部分的作用，并掌握管理窗口、启动程序等电脑的日常操作。

2.1.1 窗口的基本操作

窗口是 Windows XP 操作系统中的重要组成元素，它是完成各种电脑操作的主要场所。窗口的操作包括打开与关闭窗口、最大化窗口、最小化/还原窗口、移动窗口、切换窗口和排列窗口等。

1. 认识窗口的组成

在 Windows XP 中，大多数的程序和操作都是以"窗口"形式呈现在用户面前，从而方便用户进行操作。一般情况下可以通过以下几种方式打开窗口。

◎ 当启动某个应用程序（其方法将在 2.1.4 小节中进行介绍）或双击某个文件、文件夹时，都将打开一个与其相对应的窗口。

◎ 选择对象后按【Enter】键，打开对象窗口。

◎ 在对象图标上单击鼠标右键，在弹出的快捷菜单中选择"打开"命令。

Windows XP 中的窗口在外观组成结构上都比较类似（只是窗口的内容会有所不同），一般都包括标题栏、菜单栏、工具栏、地址栏、任务窗格、窗口工作区、滚动条和状态栏等组成部分。图 2-1 所示为"我的电脑"窗口。

图 2-1 "我的电脑"窗口

窗口中各组成部分的作用介绍如下。

◎ 标题栏：用于显示窗口的名称以及对该窗口进行最大化、最小化、关闭和移动等操作，由"窗口控制菜单"按钮、窗口名称以及窗口控制按钮 3 部分组成，如图 2-2 所示。

图 2-2 标题栏的组成

◎ **菜单栏**: 一般有多个菜单项, 每一个菜单项包含一组菜单命令, 而菜单命令下可能还包含有子菜单, 通过这些菜单命令可以完成各种操作。单击菜单栏中的某个菜单项, 在弹出的下拉菜单中选择相应的菜单命令便可执行操作。

◎ **工具栏**: 工具栏位于菜单栏的下方, 它以小图标按钮的形式列出了一些常用的命令, 如"后退"按钮 后退 、"前进"按钮 和"搜索"按钮 等, 单击某个按钮将执行相应的功能或命令。

◎ **地址栏**: 用于显示文件的路径, 单击其右侧的 按钮, 在弹出的下拉列表中选择某个对象, 可打开相应的窗口访问本地或网络文件。

◎ **任务窗格**: 任务窗格是 Windows XP 的一大特色功能, 用于显示当前对象的信息及一些常用命令。任务窗格中的信息和命令按照其作用被分为若干栏, 单击每栏中的一个超级链接, 系统将执行相应的命令。

◎ **窗口工作区**: 窗口工作区位于任务窗格的右侧, 是窗口中最大的区域, 用于显示操作的对象及结果。

> **提示**: 单击工具栏中按钮右侧向下的黑色小箭头按钮 时, 会弹出一个下拉菜单, 在菜单中可以选择需要执行的命令; 在任务窗格中各栏的右侧都有一个 按钮, 单击该按钮可隐藏该栏中的命令或信息, 此时 按钮变成 按钮, 单击可再次展开该栏中的内容。

◎ **滚动条**: 当窗口大小容纳不下窗口中的内容时, 可通过拖动滚动条, 或单击垂直滚动条两端的 或 按钮及水平滚动条两端的 或 按钮, 查看窗口中的所有内容。

◎ **状态栏**: 用于显示当前工作状态和提示信息, 可以通过选择【查看】→【状态栏】命令来控制状态栏的显示和隐藏。

2. 最大化、最小化、还原窗口

最大化窗口是指将窗口设为整个屏幕的大小, 从而方便操作, 其方法是单击窗口控制按钮中的"最大化"按钮 。

最小化窗口是指将打开的窗口以按钮的形式缩放到任务栏的任务按钮区中, 即不让窗口显示在屏幕上, 其方法是单击窗口控制按钮中的"最小化"按钮 。

还原窗口是指将窗口恢复到操作前的状态, 主要包括以下两种情况。

◎ 当窗口最大化后, 按钮将变成"还原"按钮 , 单击"还原"按钮 , 可将最大化的窗口还原为原始大小。

◎ 当窗口最小化到任务栏中后, 在任务按钮区中单击相应的任务按钮, 即可将其还原。

> **技巧**: 双击窗口的标题栏也可以最大化窗口, 再次双击窗口的标题栏又可还原。

---

3. 移动窗口

打开某个窗口后, 该窗口可能会挡住先前打开的窗口中的内容或屏幕上的其他元素, 为了使操作更加直观、方便, 可以将窗口移到其他位置。在窗口处于非最大化的状态下, 将鼠标光标移动到该窗口的标题栏上, 按住鼠标左键不放进行拖动, 至适当位置释放鼠标, 便可完成移动操作。

4. 切换窗口

在 Windows XP 中打开多个窗口后，Windows 允许多个窗口同时存在于桌面上，但当前窗口只能有一个，并且此时只能对该窗口进行操作。如要操作非当前窗口，需先将其切换为当前窗口，常用方法有如下几种。

◎ **直接单击**：当需切换的窗口显示在屏幕上，并且可以看见其部分窗口时，单击该窗口的任意位置即可将其切换为当前窗口。

◎ **用任务栏切换**：在任务栏按钮区中用鼠标单击需切换的窗口图标按钮。

◎ **按【Alt+Tab】组合键切换**：打开多个窗口后按住【Alt】键不放，然后每按一次【Tab】键将选择下一个窗口图标，被选择的窗口图标将被一个蓝色方框框住，如图 2-3 所示，释放按键后即可切换到所选的窗口中。

> ⓘ **技巧**：除了以上的常用方法外，还可按【Ctrl＋Alt＋Delete】组合键，打开"Windows 任务管理器"窗口，单击"应用程序"选项卡，在"任务"列表框中选择需要的程序窗口选项，然后单击 切换至 (S) 按钮进行窗口的切换，如图 2-4 所示。

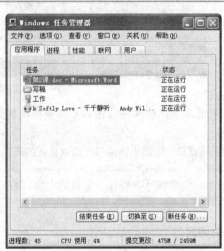

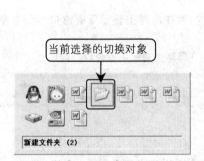

图 2-3　按【Alt+Tab】组合键切换窗口　　　图 2-4　使用任务管理器切换窗口

5. 排列窗口

使用电脑可以同时进行多种操作，如一边使用 Word 编辑文档，一边使用播放器听歌、看电影等，此时就会打开多个窗口，为了便于操作和管理，可将这些窗口进行层叠、横向、纵向和平铺等排列。在任务按钮区的空白位置单击鼠标右键，在弹出的快捷菜单（如图 2-5 所示）中包含 3 个窗口排列方面的命令，选择相应的命令即可进行相应的排列。

图 2-5　窗口排列菜单

◎ 层叠窗口：当在桌面上打开多个窗口并需在窗口间来回切换时，可选择这种排列方式，如图 2-6 所示。

图 2-6　层叠窗口的效果

◎ 横向平铺窗口：横向平铺窗口是指以横向的方式同时在屏幕上显示所有窗口，所有窗口互不重叠。
◎ 纵向平铺窗口：纵向平铺窗口是指以垂直的方式同时在屏幕上显示所有窗口，窗口之间互不重叠。

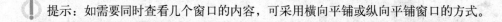

提示：如需要同时查看几个窗口的内容，可采用横向平铺或纵向平铺窗口的方式。

6. 关闭窗口

当不再使用某个窗口时，可以将其关闭。关闭窗口的方法有如下几种。
◎ 单击窗口控制按钮中的"关闭"按钮。
◎ 在窗口中选择【文件】→【关闭】命令。
◎ 在窗口的标题栏上单击鼠标右键，在弹出的快捷菜单中选择"关闭"命令。
◎ 按【Alt + F4】组合键可关闭当前操作的窗口。
◎ 在任务按钮区中需关闭窗口的任务按钮上单击鼠标右键，在弹出的快捷菜单中选择"关闭"命令。

7. 案例——打开、切换和排列多个窗口

在使用电脑时常会遇到需要同时查看几个窗口内容的情况，本例将打开"示例图片"窗口，然后打开"控制面板"窗口，对这两个窗口进行排列查看。通过该案例的学习，进一步掌握打开、最大化、排列和关闭窗口的操作。

其具体操作如下。
❶ 在桌面上双击"我的文档"图标，打开"我的文档"窗口，如图 2-7 所示。
❷ 双击"图片收藏"文件夹图标，打开该窗口，然后单击窗口标题栏右侧的"最大化"按钮，如图 2-8 所示。

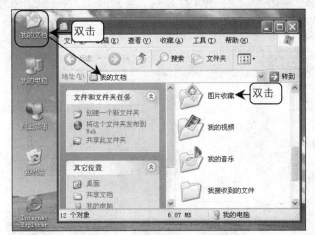

图 2-7 打开 "我的文档" 窗口

图 2-8 最大化 "示例图片" 窗口

❸ 在最大化的窗口中，依次单击图片的缩略图，即可在上方的区域中查看图片内容。当暂时不需要对该窗口进行查看时，则可单击窗口标题栏右侧的 "最小化" 按钮，如图 2-9 所示，将其最小化到任务栏中。

❹ 双击桌面上的 "我的电脑" 图标，打开 "我的电脑" 窗口，单击任务窗格中的 "控制面板" 超级链接，打开 "控制面板" 窗口。

❺ 在任务栏的空白区域单击鼠标右键，在弹出的快捷菜单中选择 "纵向平铺窗口" 命令。

❻ 此时打开的两个窗口以图 2-10 所示的效果进行排列，可同时对其中的内容进行查看。查看完后，分别单击其标题栏右侧的 "关闭" 按钮 ⊠ 关闭窗口。

⏱ 试一试
打开几个窗口，然后对其进行横向、纵向平铺以及层叠排列。

图 2-9　最小化窗口

图 2-10　窗口纵向排列效果

2.1.2　使用对话框

　　对话框是 Windows 操作系统中用于执行各类命令和设置的特殊窗口，在使用电脑的过程中，常需要通过对话框来设置选项或输入信息，以便达到所需的效果。在 Windows XP 中，不同对话框中的内容都不尽相同，它们一般包括选项卡、文本框、复选框、单选项、按钮等组成部分。下面以图 2-11 所示的两个对话框为例介绍对话框的各个组成部分。

提示：一般来说可以通过选择右边带省略号"…"的菜单命令，或单击带省略号"…"的按钮等方式打开对话框。

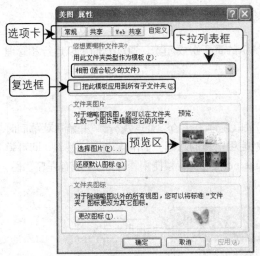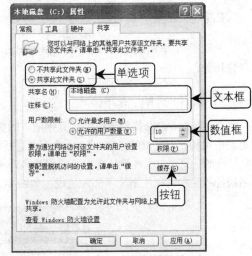

图 2-11　对话框的组成

◎ **选项卡**：当对话框中的内容较多且较复杂时，Windows XP 一般会按类别将其分成几个选项卡。单击不同的选项卡，即可在对话框中显示该选项卡中的内容。如一般文件夹的属性对话框中包括"常规"、"共享"、"自定义"等选项卡。

◎ **列表框**：在列表框中一般都显示有多个选项，如果列表框中的选项太多而显示不下，将在其右侧出现滚动条，通过拖动滚动条可以查看并选择所需选项，如图 2-12 所示。

◎ **下拉列表框**：与列表框不同的是其右侧有一个 ✓ 按钮，单击该按钮，将弹出一个下拉列表，从中可选择所需的选项，如图 2-13 所示。

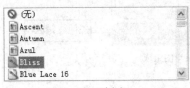

图 2-12　列表框　　　　　　图 2-13　下拉列表框

◎ **预览区**：预览区用于显示所设置参数的预览情况，图 2-11 所示的第一个对话框中的预览区中显示的是选择文件夹图片的预览情况。

◎ **复选框**：复选框是一个方形框，用来表示是否选择该选项。单击即可选中某个复选框，此时该方形框中有勾标记☑；再次单击可取消选中该复选框，此时显示为□。根据需要，在一个对话框中可以同时选中多个复选框。

◎ **单选项**：在对话框中单选项的表现形式是一个圆，选中单选项时，在小圆内将出现一个实心点◉；没选中时显示为○。Windows XP 操作系统将多个设置同一特性的单选项放置在一起，用户一次只能选中一个单选项。

◎ **文本框**：文本框是对话框中的一个空白方框，用于输入解释性文字，如为某个对象命名等。在文本框中单击后，直接输入符合要求的字符即可。

◎ **数值框**：数值框用于设置参数值的大小，其右侧一般都有调整按钮，单击向上箭头按钮 ▲ 可增大数值，单击向下箭头按钮  可减小数值。为了方便操作，也可以在数值框中直接输入数值。

◎ **按钮**：用于执行某个操作命令，其外形为一个矩形块，它的上面还显示该按钮的名称，如 确定
按钮。单击某一命令按钮后，系统将自动执行相关操作。

2.1.3 设置"开始"菜单和任务栏

"开始"菜单和任务栏都是 Windows XP 操作系统中的重要组成元素，通过它们可以运行和管理操作任务。

1. 设置"开始"菜单样式

在 Windows XP 操作系统中，几乎所有的操作都可以通过"开始"菜单执行，"开始"菜单同时也是使用和管理电脑的"起点"，学会对其进行操作是使用电脑的基础。单击 开始 按钮，即可弹出"开始"菜单。它在默认情况下由用户账户区、"Internet"栏、高频使用程序区、"所有程序"栏、系统控制区和关闭注销区等部分组成，如图 2-14 所示。

图 2-14　"开始"菜单的组成

"开始"菜单中各组成部分的作用介绍如下。

◎ **"Internet"栏**：默认显示 Internet Explorer 浏览器和电子邮件收发程序的快捷启动图标。

◎ 高频使用程序区：用于显示经常使用的程序的图标。

◎ "所有程序"栏：选择该命令，在弹出的菜单中显示所有安装在电脑中的程序命令。

◎ 用户账户区：用于显示当前登录的用户账户的用户名和图标。

◎ 系统控制区：显示"我的电脑"等选项，通过它们可以管理电脑中的资源、运行与查找文件以及安装和删除程序等。

◎ 关闭注销区：用于关闭或重新启动电脑、注销或切换用户等。

在 Windows XP 操作系统中，可以根据需要对"开始"菜单的样式进行设置，其方法为：在 开始 按钮上单击鼠标右键，在弹出的快捷菜单中选择"属性"命令，打开"任务栏和「开始」菜单属性"对话框，在默认的"「开始」菜单"选项卡中有◉ 「开始」菜单(S) 和◉ 经典「开始」菜单(M) 两个单选项，选中所需样式后，可在对话框上方的预览区中对效果进行预览，如图 2-15 所示，完成后单击 确定 按钮应用设置。

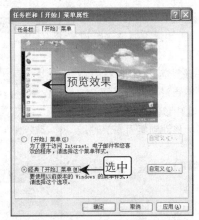

图 2-15　设置"开始"菜单样式

> **提示**：在"任务栏和「开始」菜单属性"对话框的"「开始」菜单"选项卡中，选中某个样式对应的单选项后，单击其后的 自定义(C)... 按钮，在打开的对话框中可以对相应的"开始"菜单中显示的内容进行设置。

2. 设置任务栏的大小和位置

任务栏的大小和位置都可以根据使用习惯进行设置，方法是在任务栏上单击鼠标右键，在弹出的快捷菜单中选择前面带"√"标记的"锁定任务栏"命令取消其锁定状态后，即可通过以下的方法对其大小和位置进行设置。

◎ **设置任务栏大小**：将鼠标光标移到任务栏的边缘上，当鼠标光标变成 ↕ 形状时，按住鼠标左键不放并向上拖动鼠标，至合适位置释放鼠标即可。图 2-16 所示为调整任务栏大小的示意图。

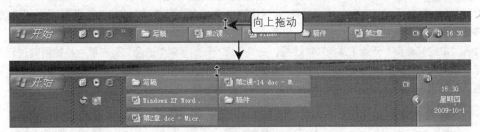

图 2-16　调整任务栏大小

◎ **设置任务栏位置**：将鼠标光标移到任务栏中的空白位置，按住鼠标左键不放并拖动到所需要的位置后释放鼠标。图 2-17 所示为将任务栏调整到桌面上方。

图 2-17　调整任务栏的位置

> **注意**：任务栏的位置只能调整到桌面的四边上，而不能调整到桌面的其他任意位置，如调整到桌面正中是不可以的。

3. 设置任务栏属性

在任务栏上单击鼠标右键，在弹出的快捷菜单中选择"属性"命令，打开"任务栏和「开始」

菜单属性"对话框的"任务栏"选项卡，如图 2-18 所示，在其中可以对任务栏的外观、通知区等属性进行设置。该选项卡中各选项的含义如下。

◎ ☑锁定任务栏(L)复选框：选中该复选框，任务栏的大小和位置将固定不变，此时不能再对其进行调整。

◎ ☑自动隐藏任务栏(U)复选框：选中该复选框，可将任务栏隐藏起来，只有将鼠标光标移动到桌面底部时，任务栏才会显示出来。

◎ ☑将任务栏保持在其它窗口的前端(T)复选框：选中该复选框，可使任务栏不被窗口所遮挡。

◎ ☑分组相似任务栏按钮(G)复选框：选中该复选框，当打开多个窗口后，可将同类的任务按钮组成一组。

◎ ☑显示快速启动(Q)复选框：选中该复选框，可在任务栏中显示快速启动区。

◎ ☑显示时钟(K)复选框：选中该复选框，可在任务栏的通知区域中显示时钟。

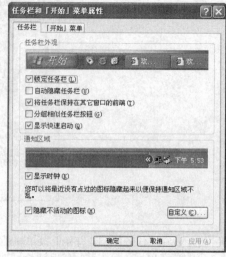

图 2-18　设置任务栏属性

◎ ☑隐藏不活动的图标(H)复选框：选中该复选框，可将通知区域中的不活动图标隐藏起来，单击其后的 自定义(C)... 按钮，可设置具体的不活动图标。

4. 案例——自定义"开始"菜单

本例首先将"开始"菜单设置为经典样式，然后对其中的项目进行设置。通过该案例的学习，进一步掌握"开始"菜单样式以及显示内容的设置方法。其具体操作如下。

❶ 在 开始 按钮上单击鼠标右键，在弹出的快捷菜单中选择"属性"命令。

❷ 打开"任务栏和「开始」菜单属性"对话框，在默认的"「开始」菜单"选项卡中选中◉经典「开始」菜单(M) 单选项，单击其后的 自定义(C)... 按钮，如图 2-19 所示。

❸ 打开"自定义经典「开始」菜单"对话框，在"高级「开始」菜单选项"列表框中根据需要进行设置，这里按照图 2-20 所示的内容进行设置，其他保持默认设置不变，然后单击 确定 按钮。

❹ 返回后单击 开始 按钮，便可看到设置后的"开始"菜单，如图 2-21 所示。

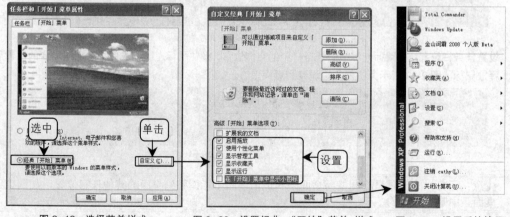

图 2-19　选择菜单样式　　图 2-20　设置经典 "开始"菜单 样式　　图 2-21　设置后的效果

⏱ 试一试

将"开始"菜单设置为默认的样式，然后对其中的显示内容等进行自定义设置，观察其效果。

2.1.4　运行应用程序

要使用电脑进行各种操作，就必须运行相应的程序，一般来说可以通过以下几种方式来启动应用程序。

1. 在"开始"菜单中启动

通过"开始"菜单进行程序的启动是常用的方式之一，启动时只需依次选择相应的命令即可启动所需程序。需启动"画图"程序，则可选择【开始】→【所有程序】→【附件】→【画图】命令启动该程序。

> ⚠ 技巧：若要经常启动应用程序，则可直接在"开始"菜单的高频使用程序区中单击其命令。

2. 使用桌面图标启动

双击桌面上相应的应用程序图标，便可启动该程序，如要启动"Internet Explorer"程序，只需双击 图标。

3. 使用"运行"命令

该方法相对来说不是很常用，选择【开始】→【运行】命令，打开"运行"对话框，在"打开"下拉列表框中输入要打开的程序名称，然后单击 确定 按钮或按【Enter】键即可启动该程序。如需启动"记事本"程序，则可在"打开"下拉列表框中输入"notepad"（"notepad"是"记事本"程序的名称），然后按【Enter】键，如图 2-22 所示。

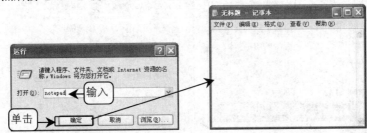

图 2-22　通过"运行"命令启动"记事本"程序

2.2　上机实战

本课上机实战将分别查看系统属性、设置任务栏以及进行排列和切换窗口的操作，综合练习本课学习的知识点，并巩固"开始"菜单、窗口和对话框的使用方法。

上机目标：
- ◎ 熟练掌握通过"开始"菜单打开窗口的方法；
- ◎ 熟练掌握任务栏的操作方法；
- ◎ 熟悉对话框的打开、查看方法；
- ◎ 掌握窗口的打开、排列以及切换方法。

建议上机学时：1 学时。

2.2.1　通过对话框查看系统属性

1. 操作要求

本例要求利用"系统属性"对话框分别查看系统的常规属性以及计算机名等信息，通过本例的操作熟练掌握"开始"菜单与对话框的操作,具体操作要求如下。

◎ 单击"我的电脑"选项打开"我的电脑"窗口。

◎ 找到窗口中的任务窗格,并通过单击"查看系统信息"超级链接打开"系统属性"对话框。

◎ 在默认的"常规"选项卡中查看当前系统的版本、注册信息,以及计算机中央处理器的型号、内存大小。

◎ 在"计算机名"选项卡中查看计算机描述、完整计算机名以及工作组,在必要时可以对其进行修改。

◎ 继续单击其他选项卡对相应的信息进行查看或设置,完成后单击 确定 按钮使设置生效并关闭对话框。

2. 操作思路

根据上面的实例目标,本例的操作思路如图 2-23 所示。在操作过程中需要注意的是,打开"我的电脑"窗口的方法不止本例中的一种,可以结合前面所讲的基础知识,试试用不同的方法来操作。

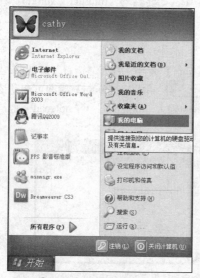

① 弹出"开始"菜单　　　　② 打开"我的电脑"窗口

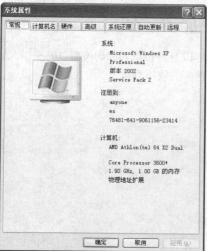
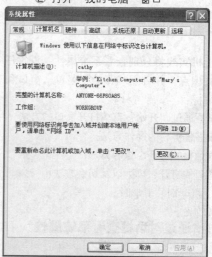

③ 查看系统常规信息　　　　④ 查看计算机名

图 2-23　查看系统属性的操作思路

2.2.2 设置个性化任务栏

1. 操作要求

本例要求对任务栏的大小、位置以及属性进行设置，通过本例的操作熟练掌握对任务栏进行个性化设置的方法，具体操作要求如下。

◎ 取消任务栏的锁定状态。

◎ 将任务栏设置为以两排形式显示的大小。

◎ 将任务栏移动到桌面右侧。

◎ 将任务栏属性设置为锁定任务栏、分组相似任务按钮，并取消显示快速启动区，其他保持默认设置不变。

2. 操作思路

根据上面的实例目标，本例的操作思路如图 2-24 所示。在操作过程中需要注意的是，若没有取消任务栏的锁定将不能移动任务栏。

① 设置任务栏大小

② 移动任务栏

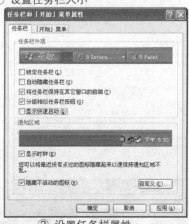

③ 设置任务栏属性

图 2-24 设置个性化任务栏的操作思路

2.2.3 多窗口的操作

1. 操作要求

本例要求打开"我的电脑"、"记事本"和"纸牌"窗口，然后对其进行排列、切换以及最大化、关闭等操作。通过本例的操作熟练掌握打开多个窗口、最大化和最小化窗口、通过任务栏切换窗口的方法，具体操作要求如下。

◎ 通过桌面图标以及"开始"菜单，打开"我的电脑"、"纸牌"和"记事本"窗口。

◎ 对窗口进行层叠排列，并切换至"纸牌"游戏窗口，对其进行最大化、最小化操作。

◎ 单击"我的电脑"窗口的任意可见位置，将其切换为当前窗口，并对其进行查看，完成后通过控制按钮关闭所有打开的窗口。

2. 操作思路

根据上面的实例目标，本例的操作思路如图 2-25 所示。利用本例的操作思路，还可以对其他窗口进行各种排列、切换等操作，以巩固所学知识。

① 排列多个窗口

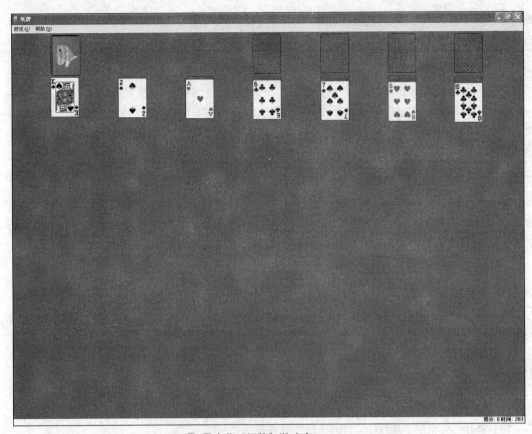

② 最大化 "纸牌" 游戏窗口

③ 查看 "我的电脑" 窗口后关闭所有窗口

图 2-25　多窗口的操作思路

2.3　常见疑难解析

问：如何添加和删除任务栏的快速启动区中的图标？

答：在桌面上选择要添加到任务栏的快速启动区中的图标，然后按住鼠标左键不放，将其拖动到任务栏的快速启动区中即可完成图标的添加；在任务栏的快速启动区中要删除的图标上单击鼠标右键，在弹出的快捷菜单中选择"删除"命令便可将其删除。

问：电脑中的"开始"菜单中没有"运行"命令该怎么办？

答：打开"任务栏和「开始」菜单属性"对话框的"「开始」菜单"选项卡，单击默认选中的 ⊙ 「开始」菜单 (S) 单选项后的 自定义(C)... 按钮，在打开的"自定义「开始」菜单"对话框中单击"高级"选项卡，在"「开始」菜单项目"列表框中选中 ☑ 运行命令复选框，然后依次单击 确定 按钮应用设置。

问：为什么在"运行"对话框中输入"计算器"，却不能启动该程序？

答：在使用"运行"命令运行程序时，必须输入该程序文件在所保存位置的英文名称，如要启动"计算器"程序，则应输入"calc"；若对该程序的英文名称不是很清楚，但知道其保存位置时，则可直接单击 浏览(B)... 按钮，在打开的对话框中依次选择所需程序。

2.4 课后练习

(1) 打开"我的电脑"窗口，分别查看各个磁盘下的内容，并练习菜单栏、地址栏和任务窗格的使用。

(2) 通过"我的电脑"窗口打开"系统属性"对话框，对其中的信息进行查看，熟悉对话框的组成元素以及设置方法。

(3) 将"开始"菜单的样式设置为自己喜欢的样式，并对其中的元素进行设置。

(4) 根据需要对任务栏的大小、位置和属性进行设置。

(5) 通过"开始"菜单启动"红心大战"游戏程序。

第3课
Windows XP 的文件管理

学生：老师，我的文件在电脑中找不到怎么办？

老师：首先需要知道文件所在的路径，然后还需要将文件进行分类放置，这样才能在需要时在电脑中快速找到文件。

学生：我不知道文件保存在哪儿了，难怪找不到所需的文件，那该怎么办呢？

老师：别着急，本课将学习如何将电脑中的文件管理得井井有条，包括新建文件夹、复制文件、重命名文件和删除文件等操作。通过本课的学习，即使忘记文件存放的位置，也有办法将其找出来。

学生：那太好了，快开始吧！

学习目标

▶ 了解文件和文件夹的关系

▶ 掌握文件和文件夹的新建、复制、移动、重命名和删除等基本操作

▶ 熟悉文件和文件夹的隐藏、搜索和压缩的方法

▶ 掌握回收站的使用方法

3.1 课堂讲解

本课主要讲述认识文件和文件夹、文件和文件夹的基本操作、设置文件和文件夹、使用回收站等文件管理方面的知识。通过相关知识点的学习和案例的制作，可以熟悉在 Windows XP 中管理文件（各类资源）的方法。

3.1.1 文件管理基础

要想将电脑中的文件管理得井然有序，就要首先掌握文件管理的基础知识，如了解什么是磁盘、文件和文件夹，熟悉常见的文件类型等，下面分别进行介绍。

1. 什么是磁盘、文件和文件夹

磁盘是放置电脑各种资源的场所，一般来说硬盘被划分的每个区域都被称为磁盘，通常用大写的英文字母后加一个冒号来表示，如 E:，可以简称为 E 盘。在"我的电脑"窗口中磁盘由磁盘图标、磁盘名称及盘符组成，如图 3-1 所示。

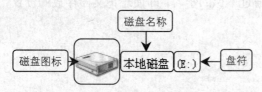

图 3-1 磁盘外观的组成

文件就是指保存在电脑中的各种信息和数据，如文档、图片、音乐、数据库、电子表格等，它是这些资源的保存载体。文件一般由文件图标、文件名、分隔点、扩展名及文件信息组成，如图 3-2 所示。

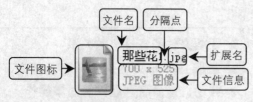

图 3-2 文件的组成

文件中各组成部分的作用介绍如下。

◎ **文件名**：用于标识当前文件的名称，用户可以自行创建。

◎ **分隔点**：用于将文件名与文件扩展名分隔开，便于用户识别。

◎ **扩展名**：是操作系统用来标识文件格式的一种机制。如在名为"First.txt"的文件中，.txt 是其扩展名，表示这个文件是一个纯文本文件。

◎ **文件图标**：与文件扩展名的功能类似，用于表示当前文件的类别，它是应用程序自动建立的，而且不同类型文件的图标和扩展名也不相同。

◎ **文件信息**：用于显示当前文件的类型、大小等信息。

文件夹用于保存和管理电脑中的文件，它是为了方便用户更好地管理各类文件而设计的，其功能与办公室用的公文夹、档案袋类似。其外观由文件夹图标和文件夹名称组成，如图 3-3 所示。

图 3-3 文件夹的组成

> ⓘ 提示：管理文件时可以将不同的文件归类存放于不同的文件夹中，以便于能够快速找到需要的文件，同时在文件夹中可以存放下一级子文件夹或文件，下一级子文件夹同样还可以存放文件或子文件夹。

2. 常见文件类型

为了便于管理和操作，不同类型的文件的外观表现形式是不一样的，可以通过文件的图标和扩展名来判断，从而让用户快速了解该文件的类型和作用。常见文件的图标和扩展名如表 3-1 所示。

表 3-1　　　　常见文件的类型

文件图标	扩展名	文件类型	功能及作用
	txt	文本文件	用于记录最简单的文字信息
	doc	Word 文件	使用 Word 程序编写的文档，支持文字和图像信息，常用于编辑和排版报告、简介等
	exe	可执行文件	用于执行程序，包括程序文件和安装文件等。不同的可执行文件，其图标是不一样的
	exe 或 com	系统文件	操作系统和绝大部分程序所需的文件，主要包括动态链接库文件（.dll）和控件（.ocx）。这些文件会自动被系统或程序调用
	wma、mp3、wmv 等	媒体文件	媒体文件包括视频和音频文件，默认采用 Windows Media Player 程序打开
	jpg、gif、bmp、png 等	图像文件	用于记录图像信息，如扫描的照片或风景图等，可给用户最直观的视觉享受，安装的看图软件不同，图标显示的形式也不同
	rar、zip	压缩文件	将文件进行压缩后生成的文件，要正常使用此类文件，一般需安装解压缩软件，如 WinRAR
	hlp	帮助文件	提供相关的帮助信息，使用户快速了解软件和掌握对软件的基本操作，支持文字和图像的显示

提示：如果在电脑中发现有显示为▥形状的图标，这就表示该文件不能被操作系统或程序所识别，其原因主要有两种，一是没有安装这个文件对应的应用程序，二是系统或程序的注册信息出错。

3. 打开文件和文件夹

打开文件和文件夹的方法一般都比较简单，主要有两种：一是直接双击所需文件或文件夹图标将其打开，二是在所需文件或文件夹图标上单击鼠标右键，在弹出的快捷菜单中选择"打开"命令。在打开之前应先找到文件和文件夹的保存位置，一般打开"我的电脑"窗口，双击所需的磁盘，在打开的磁盘窗口中显示了该磁盘中的所有文件和文件夹，然后再执行打开操作。

3.1.2　文件和文件夹的基本操作

无论是在学习或工作中，都会对大量的文件进行整理，而通过对文件和文件夹进行新建、复制、移动、重命名等操作，可使电脑中存储的文件变得井然有序，以方便进行查看和管理。

1. 新建文件和文件夹

要对文件和文件夹进行操作，首先要学会新建文件和文件夹的方法，下面将分别进行介绍。

◎ 新建文件：在桌面空白处单击鼠标右键，在弹出的快捷菜单中选择"新建"命令，或者选择【文件】→【新建】命令，在弹出的子菜单中选择相应类型的文件命令，即可新建一个空白文件，如图 3-4 所示。

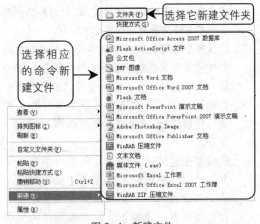

图 3-4　新建文件

◎ **新建文件夹**：在要新建文件夹的窗口左侧的任务窗格中单击"创建一个新文件夹"超级链接，或在窗口空白处单击鼠标右键，在弹出的快捷菜单中选择【新建】→【文件夹】命令便可新建一个空文件夹，如图3-5所示。

图3-5　新建文件夹

> 提示：新建的文件、文件夹名默认分别为"新建*文件"（*表示相应文件类型）和"新建文件夹"，且呈可编辑状态，在其中输入文件名或文件夹名称，按【Enter】键即可对其进行命名。

2. 选择文件和文件夹

选择文件和文件夹是对其进行复制、移动、重命名等操作的前提，下面分别介绍选择文件和文件夹的各种方法。

◎ **选择单个文件和文件夹**：使用鼠标直接单击文件或文件夹图标即可将其选择，此时被选择的文件或文件夹呈蓝底白字形式显示。

◎ **选择多个相邻的文件和文件夹**：在要选择的文件和文件夹的起始位置处按住鼠标左键不放，此时窗口中会出现一个蓝色的矩形框，当矩形框框选了需选择的所有文件和文件夹后释放鼠标，便可将其全部选择，如图3-6所示。

◎ **选择多个连续的文件和文件夹**：单击某个文件或文件夹图标后，按住【Shift】键不放，再单击另一个文件或文件夹图标，可以选择这两个或两者之间所有连续的文件

与文件夹。

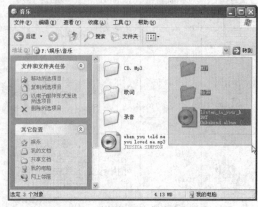

图3-6　选择相邻的文件或文件夹

◎ **选择多个不连续的文件和文件夹**：按住【Ctrl】键不放，再依次单击要选择的文件或文件夹，可选择多个不连续的文件和文件夹，如图3-7所示。

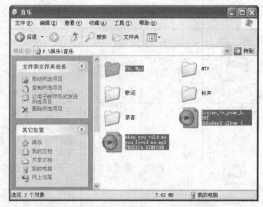

图3-7　选择不连续的文件或文件夹

◎ **选择所有文件和文件夹**：选择【编辑】→【全部选定】命令或者直接按【Ctrl+A】组合键，可选择该窗口中的所有文件和文件夹。

3. 复制、移动文件和文件夹

复制文件和文件夹就是为文件或文件夹在指定位置创建一个备份，而原位置的文件和文件夹仍然保留；移动文件和文件夹是指将文件或文件夹从一个地方移动到另一个地方。移动和复制文件或文件夹可以通过以下3种方法实现。

◎ **通过快捷键复制或移动**：选择文件或文件夹后，按【Ctrl＋C】或【Ctrl＋X】组合键将其复制或剪切到剪贴板，然后在目标窗口中按【Ctrl＋V】组合键粘贴便可。

◎ **通过右键快捷菜单复制或移动**：选择文件或文件夹后，单击鼠标右键，在弹出的快捷菜单中选择"复制"或"剪切"命令，如图 3-8 所示，然后在目标窗口中单击鼠标右键，在弹出的快捷菜单中选择【粘贴】命令便可。

◎ **通过菜单栏复制或移动**：选择需要复制或移动的文件或文件夹，选择【编辑】→【复制】命令，或【编辑】→【剪切】命令，如图 3-9 所示，切换到要放置文件的目标位置，然后选择【编辑】→【粘贴】命令将其粘贴，完成操作对象的复制或移动操作。

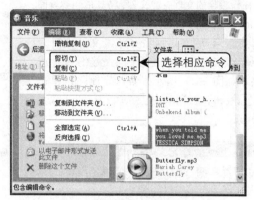

图 3-8　通过右键快捷菜单复制或移动　　　　图 3-9　通过菜单栏复制或移动

4. 重命名文件和文件夹

如果在新建文件和文件夹时没有为其命名，或为了更好地区分与管理文件和文件夹，而需要重新更改其名称时，就可以进行重命名操作，其具体操作如下。

❶ 选择文件或文件夹后，按【F2】键或在该图标上单击鼠标右键，在弹出的快捷菜单中选择"重命名"命令，此时原文件名处于可编辑状态。

❷ 直接输入新的文件名称后，按【Enter】键或单击窗口中的空白处即可，如图 3-10 所示。

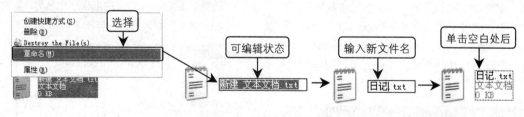

图 3-10　重命名文件的过程

> **注意**：Windows XP 中不允许在同一文件夹中有两个相同名称的文件或文件夹。此外，在对文件进行重命名时，应只更改文件的名称，而不要更改文件的扩展名，否则很可能造成文件无法打开。

5. 删除文件和文件夹

为了释放更多的磁盘空间，以存放更多有用的资源，可以将不需要的、重复的文件和文件夹删除。删除文件和文件夹的方法主要有以下几种。

◎ 选择需删除的文件夹或文件，选择【文件】→【删除】命令。

◎ 选择需删除的文件夹或文件，按【Delete】键。

◎ 在需删除的文件夹或文件上单击鼠标右键，然后在弹出的快捷菜单中选择"删除"命令。

◎ 选择需删除的文件夹或文件，单击任务窗格中相应的"删除"超级链接。

◎ 选择需删除的文件夹或文件，将其拖动到桌面上的"回收站"图标 中。

用前面 4 种方法删除文件或文件夹时，Windows XP 系统会询问是否确定删除该文件或文件夹，如图 3-11 所示。若确定删除则单击 是(Y) 按钮，否则单击 否(N) 按钮，放弃删除操作。

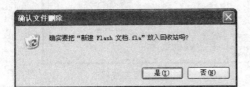

图 3-11 删除文件提示对话框

⚠ 注意：删除文件夹时，该文件夹中的所有文件和子文件夹将同时被删除。

6. 案例——创建"学习"文件夹体系

本案例将在 E 盘中建立一个"学习"文件夹，在其中创建"语文"、"数学"、"英语"3 个文件夹，以及一个"计划"Excel 表格，然后将图 3-12 所示的文件夹中的文件分类移动至"学习"文件夹体系中相应的文件夹中。图 3-13 所示为"学习"文件夹体系布局图。

图 3-12 各类资料

图 3-13 "学习"文件夹体系布局图

其具体操作如下。

❶ 打开"我的电脑"窗口，双击其中的 E 盘图标，打开 E 盘窗口。

❷ 在 E 盘窗口的空白处单击鼠标右键，在弹出的快捷菜单中选择【新建】→【文件夹】命令，出现一个新建的文件夹，其名称框处于可编辑状态。

❸ 直接在名称框中输入"学习"后按【Enter】键，其操作过程如图 3-14 所示。

图 3-14 新建"学习"文件夹

❹ 双击"学习"文件夹，用相同的方法在其中创建一个名为"语文"的文件夹。

❺ 选择"语文"文件夹，按【Ctrl＋C】组合键将其复制，然后按【Ctrl＋V】组合键将其粘贴，此时该文件夹中出现一个名为"复件 语文"的文件夹，再次按【Ctrl＋V】组合键进行粘贴，此时该文件夹中出现一个名为"复件（2）语文"的文件夹，如图 3-15 所示。

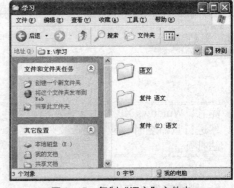

图 3-15 复制"语文"文件夹

❻ 选择"复件 语文"文件夹，按【F2】键，使文件夹名称框变为可编辑状态，然后输入"数

学"，按【Enter】键确定文件夹名称。

❼ 用同样的方法将"复件（2）语文"文件夹重命名为"英语"，如图 3-16 所示。

图 3-16　重命名文件夹

❽ 在"学习"窗口的空白处单击鼠标右键，在弹出的快捷菜单中选择【新建】→【Microsoft Office Excel 97-2003 工作表】命令，如图 3-17 所示。

图 3-17　新建 Excel 文件

❾ 新建的 Excel 文件的文件名呈可编辑状态，在其中输入"计划"后按【Enter】键，如图 3-18 所示。

图 3-18　命名 Excel 文件

❿ 打开保存各类文件资料的窗口，按住【Ctrl】键，单击属于"语文"类型的"唐诗300首"和"作文训练"文件，选择【编辑】→【剪切】命令，如图 3-19 所示。

图 3-19　剪切"语文"类型的文件

⓫ 打开"语文"文件夹，然后选择【编辑】→【粘贴】命令，将剪切的文件粘贴到其中，如图 3-20 所示。

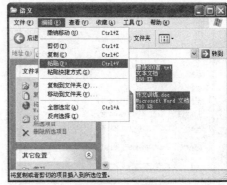

图 3-20　粘贴文件

⓬ 使用同样的方法，将"函数资料"、"几何资料"文件移动到"数学"文件夹中，然后将"老人与海英文版 mp3+电子书"文件夹和"飞鸟集（中英对照）"文件移动到"英语"文件夹中，至此"学习"文件夹体系制作完成。

⏱ 试一试

根据需要创建一个文件夹系统，并将相应的文件或文件夹放置到其中。

3.1.3　设置与管理文件和文件夹

在对文件或文件夹进行管理的过程中，可以对其属性进行设置，对重要的文件和文件夹进行隐藏，对找不到的文件和文件夹进行搜索，此外还可以对文件和文件夹的显示方式进行设置，以方便查看。

1. 设置文件和文件夹属性

文件和文件夹的属性包括只读、存档和隐藏3种形式，其中只读形式表示其他用户只能查看文件或文件夹中的内容却不能修改；隐藏形式表示不能在窗口中看到文件和文件夹（需要结合后面的设置才能生效）。下面以将 F 盘中的"演讲稿"文件夹的属性设为只读、隐藏为例进行讲解，其具体操作如下。

❶ 打开 F 盘窗口，在"演讲稿"文件夹上单击鼠标右键，在弹出的快捷菜单中选择"属性"命令。

❷ 打开"演讲稿 属性"对话框，在"属性"栏中选中 ☑只读(R) 和 ☑隐藏(H) 复选框，单击 确定 按钮，如图 3-21 所示。

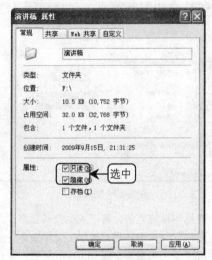

图 3-21　设置属性

❸ 打开"确认属性更改"对话框，在其中选中 ◉将更改应用于该文件夹、子文件夹和文件 复选框，这样该文件夹中的所有对象都将应用该属性，单击 确定 按钮，如图 3-22 所示。

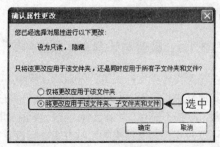

图 3-22　应用属性

❹ 此时可以发现 F 盘窗口中的"演讲稿"文件夹处于半透明状态，当进行后面的设置，并刷新或再次打开窗口时，就会发现文件被隐藏了。

2. 隐藏文件和文件夹

要使设置了"隐藏"属性的文件和文件夹彻底"隐形"，可通过"文件夹选项"对话框进行设置。下面将隐藏前面设置为"隐藏"属性的"演讲稿"文件夹，其具体操作如下。

❶ 打开 F 盘窗口，此时可见设置为"隐藏"属性的"演讲稿"文件夹呈半透明状态，选择【工具】→【文件夹选项】命令，如图 3-23 所示。

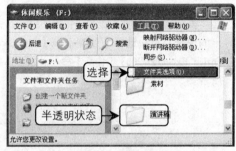

图 3-23　选择命令

❷ 打开"文件夹选项"对话框，单击"查看"选项卡，在"高级设置"列表框中选中 ◉ 不显示隐藏的文件和文件夹 单选项，单击 确定 按钮，如图 3-24 所示。

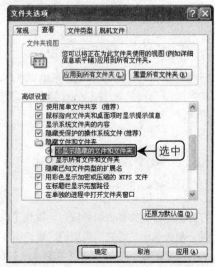

图 3-24　设置不显示隐藏的文件

❸ 返回 F 盘窗口后，可以看到"演讲稿"文件夹"消失"了，同时在该窗口的状态栏中可以看到关于隐藏对象的信息，如图 3-25 所示。

图 3-25　隐藏文件后的效果

3. 搜索文件和文件夹

当电脑中的资源越来越多时，有时会记不清文件和文件夹的具体保存位置，这时如果要手动进行查找，既费时又不一定能够找到。为了解决这一类问题，在 Windows XP 中提供了搜索功能，利用该功能可以查找所需文件和文件夹。选择【开始】→【搜索】命令，或在任意 Windows 窗口中单击工具栏中的 按钮或按【F3】键，打开"搜索助理"任务窗格，在其中单击不同的超级链接，可以设置不同的搜索条件，如图 3-26 所示。

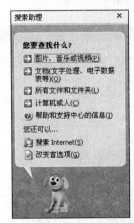

图 3-26　"搜索助理"任务窗格

> ⚠ 技巧：在搜索文件或文件夹时，如记不清该文件的全名，可用星号（*）和问号（?）代替记不清的字符，其中*可代表一个或多个字符，? 只能代表一个字符。

下面对电脑中文件名中带有"New Stories"的音乐文件进行搜索，其具体操作如下。

❶ 打开"搜索助理"任务窗格，单击"图片、音乐或视频"超级链接。

❷ 在出现的窗格中选中 音乐(U) 复选框，在"全部或部分文件名"文本框中输入"New Stories"，单击 搜索(R) 按钮，如图 3-27 所示。

图 3-27　设置搜索条件

❸ 系统开始搜索所有符合条件的音乐文件，搜索完毕后会在右边的窗口中列出搜索结果，如图 3-28 所示。

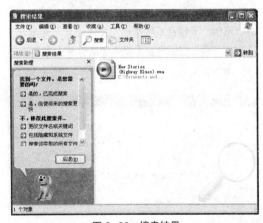

图 3-28　搜索结果

4. 设置文件和文件夹的显示方式

为了使用户能够按照所需的方式查看文件和文件夹，在 Windows XP 中提供了缩略图、平铺、图标等文件和文件夹的显示方式。在文件夹窗口中单击工具栏中"查看"按钮 右侧的 ▾

按钮，在弹出的下拉列表中选择相应的选项，如图 3-29 所示，便可以相应的方式显示文件和文件夹。

图 3-29　设置显示方式

◎ **缩略图**：缩略图是将文件或文件夹中包含的图像显示在文件或文件夹图标上，从而可以快速识别该窗口中文件或文件夹中包含的内容，如图 3-30 所示。

图 3-30　以缩略图方式显示

◎ **平铺**：平铺是系统默认的文件和文件夹显示方式，表示以图标显示文件和文件夹，如图 3-31 所示。

图 3-31　以平铺方式显示

◎ **图标**：该方式显示文件和文件夹的图标及名称，文件名显示在图标的下方，如图 3-32 所示。

图 3-32　以图标形式显示

◎ **列表**：列表是将文件或文件夹名以列表形式显示，便于快速查找需要的文件，如图 3-33 所示。

图 3-33　以列表形式显示

◎ **详细信息**：列出已打开的文件夹中的内容并提供有关文件的详细信息，包括名称、大小和类型等，如图 3-34 所示。

图 3-34　以详细信息方式显示

> **提示**：在图片文件夹中，还可选择"幻灯片"选项，使图片文件以幻灯片形式显示，如图 3-35 所示。

图 3-35 以幻灯片方式显示

5. 压缩文件和文件夹

在管理文件和文件夹时，可以使用 WinRAR 软件（其安装方法将在第 5 课中进行讲解）对文件和文件夹进行压缩，压缩后可以减小文件的大小、节省磁盘空间或便于传输，当需要使用时再进行解压缩操作。压缩文件的具体操作如下。

❶ 选择需压缩的文件或文件夹，如选择"学习"文件夹，然后单击鼠标右键，在弹出的快捷菜单中选择"添加到压缩文件"命令。

❷ 在打开的"压缩文件名和参数"对话框中单击"常规"选项卡，设置压缩文件名等，然后单击 确定 按钮，如图 3-36 所示。

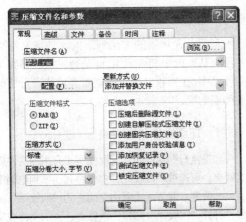

图 3-36 设置压缩参数

❸ 系统将打开"正在创建压缩文件"窗口，并显示压缩进度，如图 3-37 所示。

图 3-37 "正在创建压缩文件"窗口

提示：在需要时可以对压缩对象进行解压，其方法与压缩文件较为类似，方法是在要解压的文件上单击鼠标右键，在弹出的快捷菜单中选择"解压文件"命令，打开"解压路径和选项"对话框，进行所需设置后单击 确定 按钮即可解压文件。

6. 利用可移动存储设备管理文件

除了可以在同一台电脑中进行文件和文件夹的复制、移动等操作外，还可以利用可移动存储设备在不同的电脑之间进行这些操作。常用的可移动存储设备有 U 盘、移动硬盘和光盘等。下面以利用 U 盘进行文件传输为例进行讲解，其具体操作如下。

❶ 将 U 盘插入电脑主机的 USB 接口，如图 3-38 所示。当任务栏的通知区域中出现 图标时，表示 U 盘已与电脑连接。

插入的 U 盘

图 3-38 将 U 盘插入电脑的 USB 接口

❷ 打开"我的电脑"窗口，在"有可移动存储的设备"栏中可看到 U 盘的盘符，如图 3-39 所示。

U 盘盘符

图 3-39 出现的 U 盘盘符

❸ 在"我的电脑"窗口中打开要复制的文件所在的磁盘或文件夹，然后选择要复制的文件或文件夹，执行复制操作后，打开 U 盘窗口，按【Ctrl＋V】组合键执行粘贴操作。

❹ 操作完毕后，需要将 U 盘从电脑上拔下。可单击任务栏中的 图标，再选择弹出菜单中的"安全删除 USB 驱动器"命令，如图 3-40 所示。

图 3-40 移除 U 盘

❺ 当出现"安全地移除硬件"提示信息后，将 U 盘轻轻拔出。

7. 案例——搜索和查看文件夹

本案例将对电脑中的"示例图片"文件夹进行搜索并对其中的内容进行查看。通过该案例的学习，可以掌握在电脑中搜索文件和文件夹的方法，其具体操作如下。

❶ 在 Windows 文件夹窗口中单击工具栏中的 搜索 按钮或按【F3】键，打开"搜索助理"任务窗格，单击"所有文件和文件夹"超级链接。

❷ 在"全部或部分文件名"文本框中输入"示例图片"文本，其他保持默认设置，单击 搜索(R) 按钮，如图 3-41 所示。

图 3-41 设置搜索条件

❸ 系统开始搜索所有符合条件的内容，搜索完毕后会在右侧的窗口中列出搜索结果，如图 3-42 所示。根据路径双击所需的文件夹对其进行查看，如图 3-43 所示。

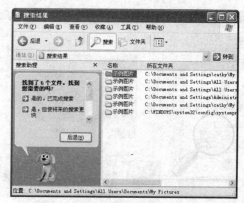

图 3-42 搜索结果

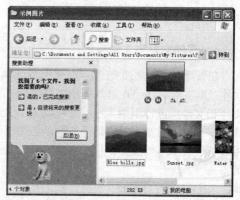

图 3-43 查看文件夹

试一试

搜索电脑 E 盘中是否有 MP3 音乐文件，搜索文件名可输入"*.mp3"。

3.1.4 使用回收站

利用前面讲解的方法删除的文件或文件夹并没有从电脑中彻底删除，而是暂时被转移到了回收站中，在回收站中可根据需要对其进行还原或彻底删除。

1. 还原文件和文件夹

如果执行删除操作后发现误删了有用的文件或文件夹，可通过"回收站"窗口将其还原到电脑中的原始位置。其方法为双击桌面上的"回收站"图标，打开"回收站"窗口，选择要还原的文件或文件夹，单击任务窗格中的"还原此项目"超级链接，此时"回收站"窗口中的该文件被还原，如图 3-44 所示，可在该对象原来保存的位置找到它。

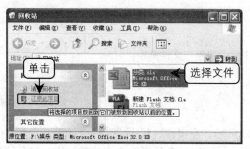 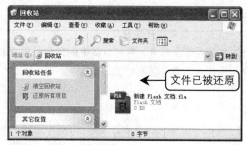

图 3-44　还原文件

> 提示：在"回收站"窗口中的任务窗格中单击"还原所有项目"超级链接可将所有文件还原到原位置。

2. 彻底删除文件和文件夹

在"回收站"窗口中选择所需对象并单击鼠标右键，在弹出的快捷菜单中选择"删除"命令，如图 3-45 所示，在打开的对话框中单击 是(Y) 按钮，可将其彻底删除。另外单击"清空回收站"超级链接，如图 3-46 所示，然后在打开的提示对话框中单击 是(Y) 按钮，可以将回收站中的所有对象彻底从电脑中删除。

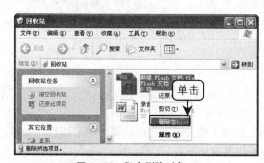 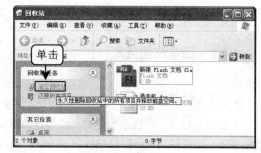

图 3-45　彻底删除对象　　　　　　　　　图 3-46　清空回收站

3.2　上机实战

本课上机实战将分别进行管理 U 盘中的文件，以及使用回收站的操作，通过练习进一步巩固文件和文件夹的基本操作。

上机目标：
◎　掌握在 U 盘中管理文件的方法；
◎　掌握还原所需文件及清空回收站的方法。

建议上机学时：1 学时。

3.2.1　管理 U 盘中的文件

1. 操作要求

本例要求首先连接 U 盘，在其窗口中创建各类文件夹，然后将电脑中的文件分类复制到 U 盘中的相应文件夹中，具体操作要求如下。

◎ 插入U盘并打开其窗口。

◎ 创建各类文件夹，并将电脑中的文件分类复制到U盘中的相应文件夹中。

◎ 完成后，安全拔出U盘。

2. 操作思路

根据上面的实例目标，本例的操作思路如图3-47所示。在操作过程中需要注意的是，在U盘中创建文件夹的方法与在电脑中的方法是一致的，并且在使用完U盘后不能直接将其拔出，以免造成数据损失及影响U盘的使用寿命。

① 连接U盘

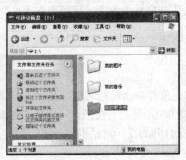
② 创建文件夹

③ 复制文件到各类文件夹

图3-47　管理U盘中文件的操作思路

3.2.2　回收站的使用

1. 操作要求

本例要求打开"回收站"窗口，将被误删除的文件和文件夹还原到原位置，然后清空回收站。通过本例的操作熟练掌握回收站的使用方法，具体操作要求如下。

◎ 还原所需文件和文件夹。

◎ 清空回收站。

2. 操作思路

根据上面的实例目标，本例的操作思路如图3-48所示。在练习时要注意清空回收站后，将不能再对这些文件进行还原，因此在清空前要先确定回收站中的文件是否还有用。

① 选择要还原的文件

② 还原文件

③ 清空回收站

图3-48　使用回收站的操作思路

3.3 常见疑难解析

问：为什么在电脑中看不到文件的扩展名？

答：有可能是文件扩展名被隐藏了，此时可以打开"文件夹选项"对话框，单击"查看"选项卡，在"高级设置"列表框中取消选中 ☐ 隐藏已知文件类型的扩展名 复选框，单击 确定 按钮。

问：怎样才能直接将不需要的文件与文件夹彻底删除呢？

答：如需直接将文件或文件夹彻底删除，可以按【Shift + Delete】组合键，在打开的对话框中单击 是(Y) 按钮。

问：怎样查看隐藏后的文件和文件夹？

答：隐藏文件或文件夹后，如果想对其进行查看，可以打开"文件夹选项"对话框，单击"查看"选项卡，在"高级设置"列表框中选中 ⦿ 显示所有文件和文件夹 单选项，单击 确定 按钮。

问：怎样为文件夹更换图标？

答：打开要更换图标的文件夹的属性对话框，单击"自定义"选项卡，单击 更改图标(I)… 按钮，打开"为文件夹类型*更改图标"对话框（*为文件夹名称），在"从以下列表选择一个图标"列表框中选择所需图标选项，然后单击 确定 按钮。若要还原图标样式，可以单击 还原为默认值(R) 按钮。

问：在操作文件与文件夹的过程中进行了错误的操作，该怎么办呢？

答：若在进行文件和文件夹的操作过程中执行了错误操作，而又未进行其他操作前，可通过按【Ctrl+Z】组合键，或选择【编辑】→【撤销】命令，也可以在窗口空白处单击鼠标右键，在弹出的快捷菜单中选择"撤销**"命令来恢复。

3.4 课 后 练 习

(1) 为电脑硬盘中的各个磁盘划分功能并对其进行重命名，其方法与文件夹的重命名方法相同。

(2) 在每个磁盘中新建相应的分类文件夹，并将相应的文件存放到其中。

(3) 在电脑中搜索重要文件及文件夹，然后将其隐藏。

(4) 将电脑中不需要的文件和文件夹删除到回收站中，然后清空回收站。

(5) 利用移动硬盘对电脑中的重要文件及文件夹进行备份。

第4课
在 Windows XP 中输入汉字

学生：老师，我会用键盘输入数字和英文，但是该怎样输入汉字呢？

老师：这就需要使用汉字输入法了，熟练掌握一种汉字输入法便可以输入汉字。

学生：什么是汉字输入法？

老师：汉字输入法就是为了方便用户输入汉字而设计的输入法程序，不同的用户可以选择适合自己的输入法进行汉字的输入。常用的汉字输入法有智能 ABC 输入法、微软拼音输入法和五笔字型输入法等。

学生：听说学习五笔字型输入法可以提高打字速度是吗？

老师：如果需要录入大量的文字，如专业的打字员和办公用户等，便可以掌握五笔字型输入法的使用，对于一般用户使用拼音输入法就可以了。下面我们就来学习如何输入汉字。

学习目标

▶ 了解输入汉字的基础知识

▶ 掌握五笔字型输入法的使用方法

▶ 掌握智能 ABC 输入法的使用方法

▶ 熟悉安装新字体的方法

4.1 课堂讲解

本课主要讲述什么是汉字输入法、添加和删除输入法、选择和切换输入法以及设置输入法等输入汉字的基础知识，以及五笔字型输入法和智能 ABC 输入法的使用方法、安装新字体等知识。通过相关知识点的学习，应熟悉使用汉字输入法输入汉字的方法。

4.1.1 输入汉字的基础知识

要进行汉字的输入，首先需要对其基础知识进行了解，包括什么是汉字输入法，怎样添加和删除输入法以及设置输入法等，下面分别进行介绍。

1. 汉字输入法介绍

汉字输入法是指输入中文（也就是汉字）的方法。汉字输入法按其编码方式的不同，主要分为音码、形码和音形结合码 3 种类型，介绍如下。

◎ 音码：以汉字的读音为基准进行的编码。该类输入法的特点是简单、易学，且需记忆的编码信息量少，因此较为常用，缺点是重码率比较高。目前常用的音码输入法包括微软拼音输入法、搜狗拼音输入法和紫光华宇拼音输入法等。

◎ 形码：根据汉字字形的特点，经分割、分类并定义键盘的表示法后形成的编码。该类输入法的特点是重码率低，并能达到较高的输入速度，缺点是需记忆大量的编码规则、拆字方法和原则，学习难度相对较大。目前常用的形码输入法包括王码五笔字型输入法、极品五笔输入法和万能五笔输入法等。

◎ 音形结合码：结合汉字的语音特征和字形特征而进行的编码，该类编码的优点和缺点介于音码和形码之间，需记忆部分输入规则和方法，但也存在部分重码。"自然码"输入法就是比较典型的音形结合输入法。

2. 添加和删除系统自带的输入法

Windows XP 操作系统自带了一些汉字输入法，根据需要可以对其进行添加和删除。下面以添加智能 ABC 输入法并删除内码输入法为例进

行介绍，其具体操作如下。

❶ 在语言栏上单击鼠标右键，在弹出的快捷菜单中选择"设置"命令。

❷ 打开"文字服务和输入语言"对话框，在"已安装的服务"列表框中列出了电脑中已添加的输入法，单击 添加(D)... 按钮。

❸ 打开"添加输入语言"对话框，在"输入语言"下拉列表框中选择"中文（中国）"选项，在"键盘布局/输入法"下拉列表框中选择"中文（简体）- 智能 ABC"选项，单击 确定 按钮，如图 4-1 所示。

图 4-1 添加输入法

❹ 返回"文字服务和输入语言"对话框，在"已安装的服务"列表框中可以看到刚刚添加的"中文（简体）- 智能 ABC"选项。

❺ 选择"中文（简体）- 内码"选项，单击 删除(R) 按钮将其删除，如图 4-2 所示，然后单击 确定 按钮确认设置。

> 提示：这里的删除操作只是将输入法从输入法菜单中删除，并不是将其彻底从电脑中删除，因此删除输入法后还可以重新添加到输入法菜单中使用。

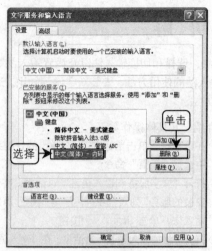

图 4-2　删除输入法

3. 安装其他输入法

安装其他输入法，即安装非系统自带的输入法时，需要首先获得该输入法的安装文件，然后再双击其图标，在打开的安装向导对话框的指引下一步步进行安装即可。下面以安装王码五笔输入法为例，介绍输入法的安装方法，其具体操作如下。

❶ 打开王码五笔安装程序所在的文件夹，双击其安装文件图标 ，进行王码五笔的安装。

> 提示：王码五笔的安装文件可以从网上下载得到，另外，Office 2003 的安装光盘中也自带了王码五笔的安装程序。

❷ 在打开的"安装王码输入法"对话框中单击 下一步(N) 按钮，如图 4-3 所示（不同版本的输入法的安装程序与安装过程都有一定的区别，安装时根据提示进行操作）。

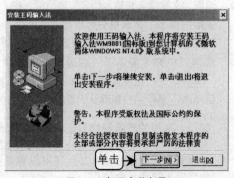

图 4-3　打开安装向导

❸ 打开"中文输入法组件安装程序"对话框，选中 ☑王码五笔86版 和 ☑王码五笔98版 复选框，如图 4-4 所示。

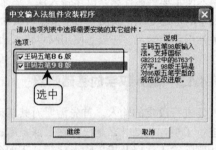

图 4-4　选择安装版本

❹ 单击 继续 按钮，在打开的"接受用户许可协议"对话框中，单击 是(Y) 按钮确认安装。

❺ 系统自动进行安装，完成安装后，将打开安装完成的提示对话框，在提示对话框中单击 确定(O) 按钮关闭该对话框并完成安装，如图 4-5 所示。

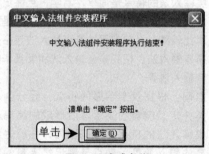

图 4-5　完成安装

> 注意：对于紫光华宇和搜狗等拼音输入法来说，在完成安装后，还可以通过打开的向导对话框对该输入法进行设置。

4. 选择和切换输入法

若要使用输入法进行字符的输入，首先要对其进行选择，方法非常简单，只需单击语言栏上的输入法指示图标 ，在弹出的输入法菜单中选择所需的输入法，如图 4-6 所示。选择不同的输入法后，语言栏中的输入法指示图标会显示为相应的图标，如选择微软拼音输入法后，将显示 图标。

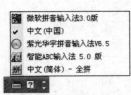

微软拼音输入法3.0版
中文(中国)
紫光华宇拼音输入法V6.5
智能ABC输入法 5.0 版
中文(简体) - 全拼

图 4-6　输入法菜单

在默认情况下，按【Ctrl + Shift】组合键可在各种汉字输入法之间依次切换；按【Ctrl + 空格】组合键可在中文输入法与英文输入法之间切换。

5. 输入法工具栏

在输入法菜单中选择非英文输入法后，将出现对应的输入法工具栏。它们有的位于语言栏中，图 4-7 所示为微软拼音输入法工具栏，有的输入法工具栏则单独出现在电脑屏幕中，图 4-8 所示为智能 ABC 输入法工具栏。

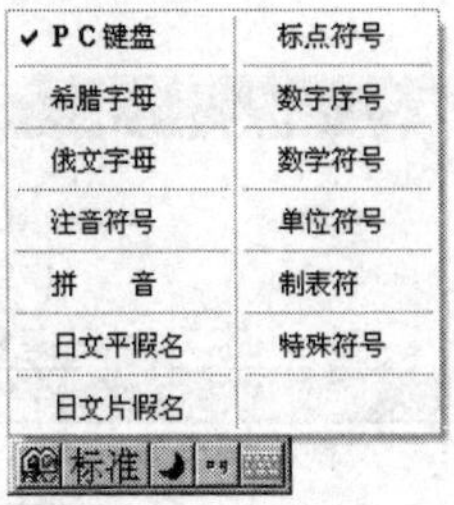

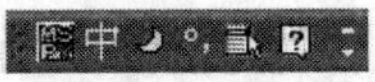

中

图 4-7　微软拼音输入法工具栏

标准

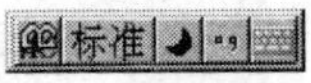

图 4-8　智能 ABC 输入法工具栏

下面以智能 ABC 输入法为例，介绍输入法工具栏的使用方法。其中各常用按钮的功能介绍如下。

◎ **中文/英文切换按钮**：单击它可在中文和英文输入状态之间切换。这里表示可以输入中文；当该图标显示为 A 时，则只能输入英文。

◎ **全角/半角切换按钮**：单击它可在全角和半角符号输入状态之间切换。这里表示处于半角状态，在该状态下输入的字母、字符和数字只占半个汉字的位置。全角状态为●，在该状态下输入的字母、字符和数字均占一个汉字的位置。

◎ **中/英文标点切换按钮**：单击它可在中文和英文标点输入状态之间进行切换。这里表示处于中文标点输入状态，英文标点输入状态为 ·,。

◎ **软键盘开/关切换按钮**：输入法工具栏上的软键盘用于特殊符号和特殊字符的输入。在该按钮上单击鼠标右键将弹出图 4-9 所示的快捷菜单，在其中可选择所需的软键盘类型。

✔PC键盘
标点符号
希腊字母
数字序号
俄文字母
数学符号
注音符号
单位符号
拼　音
制表符
日文平假名
特殊符号
日文片假名
标准

图 4-9　软键盘选择菜单

提示：在软键盘选择菜单中选择某一命令后，将出现相应的软键盘，在软键盘中单击或按下键盘中对应的键即可输入相应的符号，完成输入后单击软键盘开/关切换按钮即可返回正常输入状态。

6. 设置输入法热键

通过对输入法设置热键可以快速切换到所需输入法。下面以将【Ctrl + Shift + 0】组合键设置为智能 ABC 输入法的快捷键为例进行介绍，其具体操作如下。

❶ 在语言栏上单击鼠标右键，在弹出的快捷菜单中选择“设置”选项。

❷ 在打开的“文字服务和输入语言”对话框中单击 键设置(K)... 按钮。

❸ 打开“高级键设置”对话框，在“操作”列表框中选择“切换至 中文（中国－中文（简体）－智能 ABC”选项，单击 更改按键顺序(C)... 按钮。在打开的“更改按键顺序”对话框中，选中 ☑启用按键顺序(E) 复选框以激活下面的选项，选择所需的单选项。这里选中 ⊙CTRL(C) 单选项，在“键”下拉列表框中选择“0”选项，如图 4-10 所示。

❹ 单击 确定 按钮，返回到“高级键设置”对话框，“操作”列表框中的“切换至 中文（中国）－中文（简体）－智能 ABC”选项后面已经添加了快捷键“【Ctrl+Shift+0】”。

❺ 单击 确定 按钮，返回“文字服务和输入语言”对话框，单击 确定 按钮完成设置。

7. 案例——安装和设置搜狗拼音输入法

本例要求通过安装向导对话框对搜狗拼音输入法进行安装和设置。通过该案例的学习，可以掌握输入法以及其他软件的安装方法，其具体操作如下。

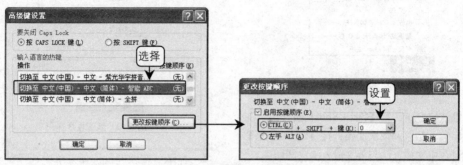

图 4-10　设置输入法快捷键

❶　双击搜狗拼音输入法 4.2 正式版的安装文件图标 ，打开"欢迎使用'搜狗拼音输入法 4.2 正式版'安装向导"对话框。

❷　单击 下一步(N) > 按钮，打开"许可证协议"对话框，在其中阅读许可协议，如无异议则单击 我同意(I) 按钮。

❸　打开"选择安装位置"对话框，在"目标文件夹"文本框中输入安装路径，也可保持默认设置或通过单击 浏览(B)... 按钮指定，如图 4-11 所示。

❹　单击 下一步(N) > 按钮，打开"选择'开始菜单'文件夹"对话框，在上方的文本框中指定输入法在"开始"菜单中显示的文件夹名，这里保持默认设置。

❺　单击 安装(I) 按钮，开始安装搜狗拼音输入法，安装完成后保持默认设置不变，如图 4-12 所示。

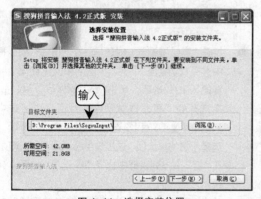

图 4-11　选择安装位置

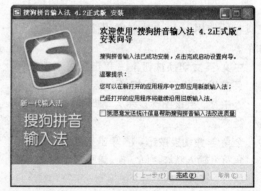

图 4-12　完成安装

❻　单击 完成(F) 按钮，打开个性化设置向导的"搜狗功能推荐"对话框。

❼　单击 下一步(N) > 按钮，打开"英文输入法"对话框，查看其中的内容。

❽　单击 下一步(N) > 按钮，打开"输入法管理"对话框，选中 ☑切换搜狗拼音快捷键：Ctrl+ 复选框，在其右侧的文本框中输入快捷键，这里输入"0"（表示按【Ctrl+0】组合键即可快速切换到该输入法），如图 4-13 所示。

❾　单击 下一步(N) > 按钮，打开"细胞词库设置"对话框，在下方的列表框中选中所需词库的复选框，如图 4-14 所示。

❿　单击 下一步(N) > 按钮，打开"个人词库随身行"对话框，若申请了搜狐通行证，则可单击 立即登录通行证 按钮进行登录。

⓫　单击 下一步(N) > 按钮，打开"配置完成"对话框，单击 完成 按钮完成该输入法的设置。

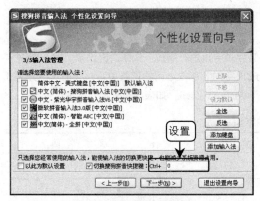

图 4-13　输入法管理设置

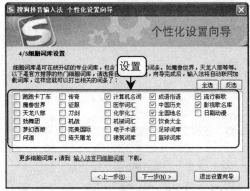

图 4-14　细胞词库设置

⏱ **试一试**

在电脑中安装其他输入法，看看过程有什么相同和不同之处。

4.1.2　五笔字型输入法

在众多的汉字输入法中，五笔字型输入法以其重码率低、不受方言限制和录入速度快等优点受到需要大量输入文字的用户的青睐，成为使用广泛的汉字输入法之一。虽然五笔字型输入法类型众多，但除了编码和功能稍有差别外，其输入汉字的方法基本相同。本课将以使用最广泛的王码五笔字型输入法 86 版为例介绍此类输入法的使用方法。

⚠ 提示：常用的五笔字型输入法有王码五笔、万能五笔和智能陈桥五笔输入法等。

1. 汉字的结构

五笔字型输入法是以汉字的字形结构进行编码的，因此，要掌握五笔输入法首先要掌握汉字的结构。

🖉 **汉字的 3 个层次**

从汉字的组成结构来看，可将其划分为 3 个层次，即笔画、字根和单字。汉字的 3 个层次之间的关系如图 4-15 所示。

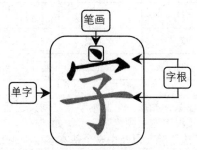

图 4-15　汉字的 3 个层次

◎ 笔画：书写汉字时不间断地一次写成的一个线段。

◎ 字根：指由若干笔画复合交叉而形成的相对不变的结构，它是构成汉字的基本单位，也是五笔字型编码的依据。如"字"，它是由"宀"和"子"组成，这里的"宀"和"子"就是字根。

◎ 单字：将字根按一定的位置组合起来就形成了单字。

🖉 **汉字的 5 种笔画**

根据各种笔画书写时运笔方向的不同，可将笔画归纳为横、竖、撇、捺、折 5 种。在五笔字型中为了便于编码，用数字 1、2、3、4、5 代表这 5 种基本笔画，如表 4-1 所示。

表 4-1　汉字的 5 种基本笔画

笔画代号	笔画名称	笔画走向	笔画及变形
1	横	从左至右	一 ／
2	竖	从上至下	｜ 亅
3	撇	从右上至左下	丿
4	捺	从左上至右下	丶 丶
5	折	带转折	乙 乛 乛 乚 乚 乚

汉字的 3 种字型

五笔字型输入法是将一个汉字拆分为若干个字根，然后对字根进行编码，从而输出汉字。把一个汉字拆分为字根是根据该汉字的字型结构来进行的。根据构成汉字的各字根之间的位置关系，可把汉字分为 3 种结构，分别为左右型、上下型和杂合型，其字型代码分别为 1、2、3，如表 4-2 所示。

表 4-2 汉字的 3 种字型

字型代号	字 型	图 示	汉字举例
1	左右型		对、嗨、语、荆
2	上下型		早、意、花、华
3	杂合型		国、幽、匪、司、巫、心

> 注意：如果一个基本字根之间或之后带有一个孤立的点，无论字中的点与基本字根是否相连，该汉字均被视为杂合型，如"鸟"、"术"和"义"等。另外，含有"辶"的汉字，如"连"和"边"等，以及由一个基本字根构成的汉字也属于杂合型。

字根的 4 种关系

一般来说，汉字可以按照字根之间的位置关系分为单、散、连和交 4 种类型，各类型的含义介绍如下。

◎ 单：指单独可成为汉字的字根，也称为成字字根，如"刀"、"甲"、"米"、"川"和"八"等。

◎ 散：指构成汉字的基本字根间可保持一定的距离，如"经"、"字"、"秋"、"明"和"员"等。

◎ 连：指一个基本字根连一个单笔画，一个基本字根前后的孤立点也视为连，如"太"、"白"和"于"等。

◎ 交：指几个基本字根交叉套迭之后构成的汉字，如"丹"、"民"、"冉"、"再"和"无"等。

2. 字根在键盘上的分布

五笔字型输入法将汉字拆分为字根，并将组成汉字的各个字根根据其组字能力和出现频率等合理地分布到键盘除【Z】键以外的 25 个字母键上，通过这些键位上的字根组成编码便可输入相应的汉字。因此，掌握字根在键盘上的分布是学习五笔输入法的关键。图 4-16 所示为五笔字根在各键位上的分布图。

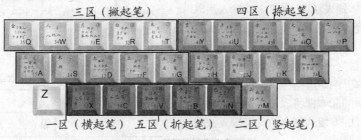

图 4-16 字根的键位分布图

> 提示：五笔字根在键盘上的分布规则为：将首笔笔画代码相同的字根归于同一区中，各个区以横、竖、撇、捺、折的顺序进行编号，如字根"二"的首笔画为"一"，就属于横区，即一区；字根"目"的首笔画是竖"丨"，就属于竖区（二区）；字根"白"的首笔画是撇"丿"，就属于撇区（三区）等。另外，每个区中有 5 个键位，每个键位分别以 1、2、3、4、5 表示位号，通过"区号+位号"的方式可以准确地确定各个键位，五笔字根分布图中每个键位右下角的数字就表示键位的区位。

为了快速记住字根在键盘上的分布，五笔字型还提供了助记词口诀，其具体内容如表 4-3 所示。

表 4-3 字根助记词

区 位		助 记 词	区 位		助 记 词
1 区	【G】键（11）	王旁青头戋（兼）五一	3 区	【W】键（34）	人和八，三四里
	【F】键（12）	土士二干十寸雨		【Q】键（35）	金勹缺点无尾鱼，犬旁留叉儿一点夕，氏无七（妻）
	【D】键（13）	大犬三羊古石厂	4 区	【Y】键（41）	言文方广在四一，高头一捺谁人去
	【S】键（14）	木丁西		【U】键（42）	立辛两点六门疒
	【A】键（15）	工戈草头右框七		【I】键（43）	水旁兴头小倒立
2 区	【H】键（21）	目具上止卜虎皮		【O】键（44）	火业头，四点米
	【J】键（22）	日早两竖与虫依		【P】键（45）	之字军盖建道底，摘礻（示）衤（衣）
	【K】键（23）	口与川，字根稀	5 区	【N】键（51）	已半巳满不出己，左框折尸心和羽
	【L】键（24）	田甲方框四车力		【B】键（52）	子耳了也框向上
	【M】键（25）	山由贝，下框几		【V】键（53）	女刀九臼山朝西
3 区	【T】键（31）	禾竹一撇双人立，反文条头共三一		【C】键（54）	又巴马，丢矢矣
	【R】键（32）	白手看头三二斤		【X】键（55）	慈母无心弓和匕，幼无力
	【E】键（33）	月彡（衫）乃用家衣底			

> 注意：记住汉字的字根及其键盘分布，是使用五笔字型输入法输入汉字的前提条件。对于初学者而言，在实际操作中，若遇到难于记忆或不常见的字根，可以马上对照助记口诀或查阅五笔字型字典，以便记忆。

3. 汉字的拆分原则

学习了字根以及各字根在键盘上的分布后，还应掌握如何将汉字拆分为字根。在将汉字拆分为字根时，需要遵照书写顺序、取大优先、能散不连、能连不交和兼顾直观的原则，下面分别进行介绍。

◎ 书写顺序：在拆分汉字时，首先应按照汉字的书写顺序进行拆分，即从左到右，从上到下，从外到内。例如，"明"字应从左到右拆分为"日"、"月"。

◎ 取大优先：在拆分汉字时，应尽量使拆分出的字根笔画最多，称之为"取大优先"原则。例如，"夫"字应拆分为"二"、"人"，而不应拆分为"一"、"大"。

◎ 能散不连：是指能将汉字拆分成"散"结构的字根就不拆分成"连"结构的字根。例如，"午"字应拆分为"⺅"、"十"（散开），而不应拆分为"丿"、"干"（相连）。

◎ 能连不交：指能将汉字拆分成相互连接的字根就不拆分成相互交叉的字根。例如，"于"字应拆分为"一"、"十"（相连），而不应拆分为"二"、"丨"（相交）。

◎ 兼顾直观：指拆分出来的字根要符合一般人的直观感觉。例如，"自"字应拆分为"丿"、"目"，而不应拆分为"白"、"一"。

4. 输入单字

在日常的汉字输入中,最常见的是单字录入,单字录入主要包括输入键名汉字、成字字根和键外汉字 3 种情况。

✎ 输入键名汉字

键名汉字又叫键名字根,它是每个键位上所有字根中最具有代表性的字根,位于字根分布图中每个键位的左上角。除【X】键上的"纟"字根,以及【Z】键没有字根以外,其余 24 个键上都是一个独立的汉字,其分布情况如图 4-17 所示。若要输入某个键名汉字,只需连续按 4 次其所对应的键即可将其输入到所需位置。例如,要输入键名汉字"言",连续按 4 次对应的【Y】键即可。

Q 金	W 人	E 月	R 白	T 禾	Y 言	U 立	I 水	O 火	P 之
A 工	S 木	D 大	F 土	G 王	H 目	J 日	K 口	L 田	
Z	X 纟	C 又	V 女	B 子	N 已	M 山			

图 4-17　键名汉字分布图

✎ 输入成字字根汉字

在字根的键盘分布图中,除 25 个键名汉字外,还有一些独立成字的字根,称为成字字根汉字,如【G】键上的"五"、【I】键上的"小"、【J】键上的"虫"等。成字字根汉字的输入方法为:先敲一下成字字根所在的键,然后按它的书写顺序依次敲击它的第一、第二及最后一笔所在的键位,若不足 4 码补按空格键,如图 4-18 所示。

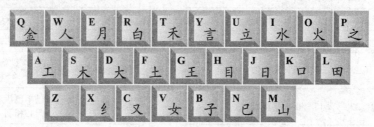

图 4-18　成字字根汉字的取码法则

> ❗ 提示:如要输入【L】键上的成字字根"甲",应首先按下该汉字所在的键位【L】键,接着按下"甲"字的第一笔对应的【H】键和第二笔对应的【N】键,最后按下"甲"字最后一笔对应的【H】键。

✎ 输入键外汉字

键外汉字顾名思义就是指键盘分布图上没有的汉字,其输入方法为:按照书写顺序依次输入汉字的第一、第二、第三和最后一个字根相对应的键位,若不足 4 码则补按交叉识别码(若仍不足 4 码,补按空格键),如图 4-19 所示。

> ❗ 提示:如输入"遮"字,首先按下第一个字根所在的键位【Y】键,接着按下第二、第三个字根所在的键位【A】、【O】键,最后按【P】键完成输入。

图 4-19　键外汉字的取码法则

　　需要注意的是，在输入单字时，有的汉字笔画较少，不够拆足 4 个字根，如"码"和"个"等字，通常在输入这类汉字时，汉字提示框中会显示出多个汉字选项供选择。由于这种情况的出现会降低输入速度、影响正确率，因此五笔字型输入法采用了"交叉识别码"，通过"末笔识别码"和"字型识别码"相结合的方法来减少重码，提高输入速度。其中"末笔识别码"指汉字最后一笔笔画的代码，"横"、"竖"、"撇"、"捺"、"折"分别为"1"、"2"、"3"、"4"、"5"；"字型识别码"指汉字字型的代码，"左右型"、"上下型"、"杂合型"分别为"1"、"2"、"3"。交叉识别码的详细构成如表 4-4 所示。

表 4-4　　　　　　　　　　　　　　　　交叉识别码的构成

字型识别码 ＼ 末笔识别码	横（1）	竖（2）	撇（3）	捺（4）	折（5）
左右型（1）	11（G）	21（H）	31（T）	41（Y）	51（N）
上下型（2）	12（F）	22（J）	32（R）	42（U）	52（B）
杂合型（3）	13（D）	23（K）	33（E）	43（I）	53（V）

5. 输入简码汉字

　　在五笔字型输入法中，为了提高汉字输入速度，根据汉字使用频率的高低，将一些常用汉字划分为一级简码、二级简码和三级简码，即只需输入这类汉字的第一个字根编码、前两个或三个字根编码，再按一下空格键即可输入该字，下面分别进行介绍。

◎　**一级简码：**一级简码又叫高频字，包括常用的 25 个汉字，键盘上除【Z】键以外的每个字母键都对应一个一级简码，如图 4-20 所示。其分布规律与字根的分布规律相同，即以笔画横起笔的放在 1 区，以笔画竖起笔的放在 2 区，以笔画撇起笔的放在 3 区，以笔画捺起笔的放在 4 区，以笔画折起笔的放在 5 区。一级简码的输入方法是按该简码对应的键位一次，然后再按空格键即可完成操作。

图 4-20　一级简码分布图

◎　**二级简码：**二级简码的使用频率比一级简码略低，约 600 个汉字。其输入方法为按该汉字编码的前两个编码，然后再按空格键即可完成。

◎　**三级简码：**三级简码的汉字大约有 4 400 个，输入时只需输入前 3 码，然后按空格键即可完成操作。

> 　提示：简码汉字与一般汉字相比，减少了输入交叉识别码的过程，尽可能地避免了对汉字的选择，从而大幅提高了汉字的输入速度。

6. 输入词组

同拼音输入法一样,使用五笔字型输入法同样可以输入词组,从而提高输入速度。根据词组字数的不同,五笔输入法将词组的输入分为双字词组、三字词组、四字词组和多字词组几种情况,下面分别进行介绍。

◎ **双字词组**:即两个汉字构成的词组,其取码方法为分别取第一个和第二个汉字的前两码,共 4 码组成词组编码。如要输入词组"她们",则分别取这两个字的前两个字根"女"、"也"和"亻"、"门",其编码为"VBWU"。

◎ **三字词组**:其取码方法为分别取前两个汉字的第一码,再取第三个汉字的前两码。如要输入词组"直辖市",则取前两个汉字的第一个字根"十"和"车",再取第三个汉字的前两个字根"亠"、"冂",其编码为"FLYM"。

◎ **四字词组**:其取码方法为分别取每个字的第一码。如要输入词组"能工巧匠",则各取每个字的第一码"厶"、"工"、"工"、"匚",其编码为"CAAA"。

◎ **多字词组**:指多于 4 个字的词组,其取码方法为取前 3 个字的第一码和最后一个字的第一码。如要输入词组"当一天和尚撞一天钟",则取前 3 个字的第一码和最后一个字的第一码"小"、"一"、"一"、"钅",其编码为"IGGQ"。

4.1.3 智能 ABC 输入法

智能 ABC 输入法是 Windows XP 自带的一种音形结合码输入法,它具有要求记忆的内容少和操作简单等特点。

1. 使用智能 ABC 输入法输入汉字

智能 ABC 输入法可以使用全拼、简拼和混拼等输入方式进行汉字的输入,下面分别进行介绍。

◎ **全拼**:指在输入汉字时依次输入每个汉字的所有拼音字母,如要输入"国庆",则应输入"guoqing"并按空格键。

◎ **简拼**:指在输入汉字时只取各个音节的第一个字母,如要输入"生日",则应输入"sr"并按空格键,然后根据出现在汉字候选框中的词组进行选词。

◎ **混拼**:指在输入两个音节以上的词语时,使用全拼与简拼相结合的方法进行输入,如要输入"快乐",应输入"kle"并按空格键。

2. 智能 ABC 输入法的设置

在输入法工具栏中软键盘开/关切换按钮 以外的地方单击鼠标右键,在弹出的快捷菜单中选择"属性设置"命令,在打开的"智能 ABC 输入法设置"对话框中可以对其风格和功能进行设置,如图 4-21 所示。其中各选项的作用介绍如下。

图 4-21 "智能 ABC 输入法设置"对话框

◎ **光标跟随**:选择 光标跟随 单选项后,在各种文字处理软件窗口中,将鼠标光标(文本插入点)定位在不同位置,拼音输入框和汉字候选框将跟随它移动到相应位置。

◎ **固定格式**:选择 固定格式 单选项后,拼音输入框和汉字候选框将固定在某处,不跟随文本插入点移动。

◎ **词频调整**:选择 词频调整 复选框后,使用频率较高的字词将自动位于外码框中。

3. 智能 ABC 笔形输入法的使用

在智能 ABC 输入法中,还可以使用笔形输入法进行汉字的输入,该输入方式是指按汉字的书写顺序来输入汉字。该输入法是为一些不懂拼音但又需要输入少量汉字的用户设置的,其笔形编码共有 8 个,并且编码的位数最多为 6 位,其编码规则如表 4-5 所示。

表 4-5   智能 ABC 笔形输入规则

笔 形 代 码	笔 形	笔 形 名 称	示 例	备 注
1	一（√）	横（提）	二、工、正、下	将"提"也算作横
2	∣	竖	同、竖、师、少	
3	ノ	撇	月、年、合、香	
4	、（乀）	点（捺）	安、豪、写、言	将"捺"也算作点
5	ㄱ（㇖）	折（竖弯勾）	又、猜、力、弓	顺时针方向弯曲，多折笔画，以尾折为准，如"了"
6	ㄴ	弯	七、好、丝、绸	逆时针方向弯曲，多折笔画，以尾折为准，如"乙"
7	十（乂）	叉	艾、芝、木、十	交叉笔画只限于正交
8	口、囗	方	是、中、国、晨	包括所有四边整齐的方框

在"智能 ABC 输入法设置"对话框中选中 ☑笔形输入 复选框，即可使用该方法进行汉字的输入。智能 ABC 的笔形输入方式分为以下两种。

◎ **单体字输入**：单体字是指字体结构单一的汉字，此类汉字无法拆分为其他单一汉字，输入时按笔画书写顺序依次取码，如输入"又"字，应输入"54"并按空格键。

◎ **合体字输入**：合体字是指能拆分为其他单体字的汉字，输入此类汉字时，应按汉字的组成部分采取分块取码法。若第一个字块多于三码，限取三码，然后开始取第二个字块的笔形码；若第一个字块不足三码，第二个字块可顺延取码；第二个字块仍可一分为二，按每步顺取码。如"眠"字的编码应为"811516"。

4.1.4 安装新字体

在进行文字编辑时，常常会根据文字要表达的内容设置相应的字体，若系统中默认安装的字体不能满足使用的需要，则可以安装新字体。只需将字体文件复制或移动到"*:\WINDOWS"下的"Fonts"文件夹中即可完成安装，其中"*"代表操作系统所位于的磁盘。

> 提示：选择【开始】→【控制面板】命令，双击"字体"图标，将新字体复制到打开的"字体"窗口中也可完成字体的安装。

4.2 上 机 实 战

本课上机实战将分别使用五笔字型输入法和智能 ABC 输入法进行文字输入的操作。在练习过程中重点掌握五笔字型输入法的使用，并尽量使用简码和词组的方式进行输入，这样可以提高输入速度。另外，也可安装金山打字通等专业的打字练习软件进行五笔打字练习，通过大量的练习便可掌握五笔字型输入法。

上机目标：

◎ 掌握使用五笔字型输入法输入汉字的方法；

◎ 掌握使用智能 ABC 输入法输入汉字的方法。

建议上机学时：1 学时。

4.2.1 使用五笔字型输入法输入汉字

1. 操作要求

本例要求使用五笔字型输入法输入一段文字，具体操作要求如下。

◎ 打开"记事本"窗口并切换至五笔字型输入法。

◎ 使用五笔字型输入法输入汉字。

2. 操作思路

根据上面的实例目标，本例的操作思路如图 4-22 所示。在操作过程中要注意汉字和词组的拆分规则，并牢记字根在键盘上的分布，以便快速打出所需的汉字和词组。

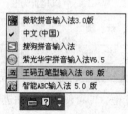

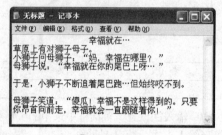

① 选择输入法　　　　　　　　② 输入文字

图 4-22　使用五笔字型输入法输入文字的操作思路

4.2.2　使用智能 ABC 输入法输入汉字

1. 操作要求

本例要求使用智能 ABC 输入法输入一首词，具体操作要求如下。

◎ 打开"记事本"窗口并切换至智能 ABC 输入法。

◎ 综合使用智能 ABC 输入法的全拼、简拼和混拼方式进行输入。

2. 操作思路

根据上面的实例目标，本例的操作思路如图 4-23 所示。根据本例的操作思路，还可以练习篇幅更长的散文和小说的输入，以巩固所学知识。

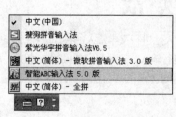

① 选择输入法　　　　　　　　② 输入《浪淘沙令》

图 4-23　使用智能 ABC 输入汉字的操作思路

4.3　常见疑难解析

问：使用智能 ABC 输入法键入拼音后，若当前汉字候选框中没有显示所需的汉字或词组，该怎样操作？

答：在使用汉字输入法的过程中，当汉字候选框中有多页字词时，可以通过单击汉字候选框底部的▲和▼按钮翻页查找，也可以通过按【Page Down】或【=】键向后翻页，按【Page Up】或【-】键向前翻页。

问：使用智能 ABC 输入法时，怎么不能通过输入"nü"来输入汉字"女"呢？

答：在智能 ABC 输入法中，应使用"v"来代替"ü"，因此要输入"女"字，则要输入"nv"再按空格键。

问：如何使用智能 ABC 输入法直接输入英文？

答：在输入英文前先输入"v"，然后输入所需英文，输入结束后按空格键即可。如要输入"tomorrow"，只需输入"vtomorrow"。

问：每次启动电脑后，都要重新选择要使用的输入法，有什么方法能够解决这一问题吗？

答：有的，可以将某个输入法设置为默认输入法，这样每次启动 Windows XP 系统后都会自动切换到该输入法。其方法是在语言栏上单击鼠标右键，在弹出的快捷菜单中选择"设置"命令，打开"文本服务和输入语言"对话框，在"默认输入语言"下拉列表框中选择所需选项，单击 确定 按钮。

4.4 课后练习

（1）在电脑中添加系统自带的智能 ABC 输入法，然后安装五笔字型输入法，最后将不用的输入法删除。

（2）为常用的汉字输入法设置热键。

（3）使用不同的输入法在记事本中输入汉字、英文、数字以及标点符号，看看这些输入法之间的区别。

（4）打开"记事本"窗口，用常用的输入法输入图 4-24 所示的文字。

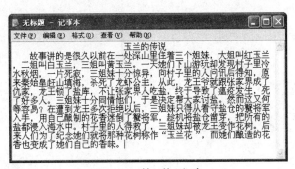

图 4-24　练习输入汉字

第 5 课
设置与管理 Windows XP

学生：老师，不同电脑用户的桌面外观不一样，是因为安装了其他版本的操作系统吗？

老师：当然不是，根据需要我们可以对 Windows XP 的显示外观进行设置，如更换桌面背景，设置外观颜色的显示方案和窗口字体大小等，这样便可以获得不同外观的显示效果。

学生：原来是这样，那具体是怎样设置的？

老师：通过本课的学习，就可以掌握设置方法，而且还可学会 Windows XP 操作系统的其他设置和管理，如设置日期与时间、管理用户账户和添加软硬件等，下面将进行详细的讲解。

学生：老师，我们开始吧！

学习目标

▶ 掌握设置桌面显示的方法

▶ 熟悉日期与时间以及鼠标和键盘的设置方法

▶ 掌握管理用户账户以及软硬件的方法

▶ 熟悉设置音频和使用媒体播放器的方法

5.1 课 堂 讲 解

本课主要讲述设置桌面显示、设置日期与时间、设置鼠标和键盘、管理用户账户、管理软硬件以及使用媒体播放器等知识。通过相关知识点的学习，可以掌握设置与管理 Windows XP 操作系统的方法。

5.1.1 设置桌面显示

通过设置桌面显示方式可以使 Windows XP 操作系统的外观更加美观，包括设置桌面主题、桌面背景、屏幕保护程序、显示外观以及分辨率和颜色质量，下面分别进行介绍。

1. 更改桌面主题

桌面主题是指将桌面的背景、屏幕保护程序及显示外观集合在一起形成一个主题，通过选择主题来改变这些设置。下面以将桌面主题更改为"Windows 经典"样式为例进行介绍，其具体操作如下。

❶ 在桌面空白处单击鼠标右键，在弹出的快捷菜单中选择"属性"命令。

❷ 打开"显示 属性"对话框，单击"主题"选项卡，在预览区中显示了当前主题，在"主题"下拉列表框中选择"Windows 经典"选项，单击 确定 按钮完成桌面主题的更改，返回桌面即可看到更改后的效果，如图 5-1 所示。

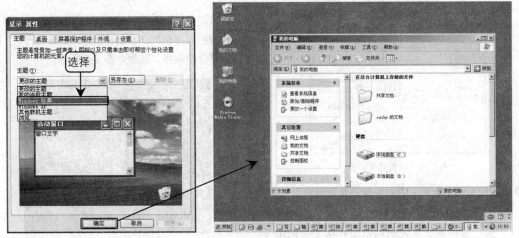

图 5-1 更改桌面主题

2. 更改桌面背景

在 Windows XP 中可以将电脑中的任意图片设置为桌面背景，其具体操作如下。

❶ 在桌面空白处单击鼠标右键，在弹出的快捷菜单中选择"属性"命令。

❷ 打开"显示 属性"对话框，单击"桌面"选项卡，在"背景"列表框中选择所需图片，如没有满意的背景图片，可以单击 浏览(B)... 按钮添加。

❸ 打开"浏览"对话框，在"查找范围"下拉列表框中选择图片保存的位置，在其中间的列表框中选择所需图片，单击 打开(O) 按钮，如图 5-2 所示。

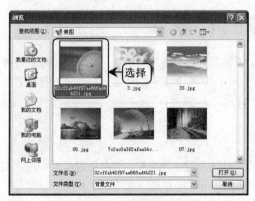

图 5-2 选择电脑中保存的图片

❹ 在返回的"显示属性"对话框的"位置"下拉列表框中选择图片在桌面上的放置方式,这里选择"拉伸"选项,在列表框上方的预览区中可预览更改的桌面背景效果,单击 确定 按钮,如图 5-3 所示。

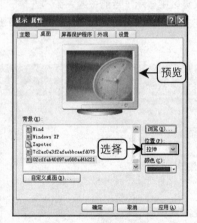

图 5-3 设置桌面背景

❺ 返回桌面后就可以看到设置的新背景。

> 提示:在"位置"下拉列表框中,选择"居中"选项表示将桌面背景图片放在桌面中央;选择"平铺"选项表示用多个桌面背景图片平铺排满整个桌面;选择"拉伸"选项表示将背景图片横向或纵向拉伸,以覆盖整个桌面。

3. 设置屏幕保护程序

屏幕保护程序是一个在屏幕上显示动画或移动字幕的程序,其作用是不让图像或字符长时间停留在屏幕的某个固定位置上,从而起到保护

屏幕的作用。下面以将屏幕保护程序设置为"三维飞行物"为例进行介绍,其具体操作如下。

❶ 用前面介绍的方法打开"显示 属性"对话框,单击"屏幕保护程序"选项卡,在"屏幕保护程序"下拉列表框中选择一种屏幕保护程序,这里选择"三维飞行物"选项,在"等待"数值框中输入"10",单击 确定 按钮,如图 5-4 所示。

图 5-4 "显示 属性"对话框

❷ 当超过 10 分钟没有对电脑进行操作时,屏幕保护程序会自动启动,运行"三维飞行物"屏幕保护程序,效果如图 5-5 所示。

图 5-5 进入屏幕保护状态

> 提示:对于某些屏幕保护程序,在将其选择后,还可单击 设置 按钮对其进行设置;当电脑进入屏幕保护状态后,按键盘上的任意键或轻摇鼠标,均可以恢复桌面操作状态。

4. 设置屏幕显示外观

通过对屏幕显示外观进行设置可以改变屏幕的色彩方案和字体大小等,从而让桌面更加舒

适和美观。下面以将屏幕显示色彩方案设置为"银色",将字体设置为"大字体"为例进行介绍,其具体操作如下。

❶ 打开"显示 属性"对话框,单击"外观"选项卡。在"色彩方案"下拉列表框中选择所需方案,这里选择"银色"选项,在"字体大小"下拉列表框中选择所需大小,这里选择"大字体"选项,如图 5-6 所示。单击 确定 按钮完成设置,并关闭该对话框。

图 5-6 设置外观属性

❷ 返回桌面,打开任意一个窗口,即可看到屏幕显示外观已发生相应的变化,效果如图 5-7 所示。

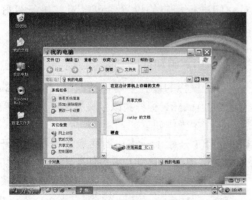

图 5-7 设置后的效果

5. 设置屏幕的分辨率和颜色质量

显示器的屏幕以行和列的方式被分割成许多个像素点,分辨率就是指水平和垂直方向上最多能显示的像素点。一般来说分辨率越高,屏幕中的像素点就越多,从而可以显示的内容就越多,屏幕中的图像也就越清晰。同时,颜色质量越高,屏幕中所显示的图案其色彩就越逼真(其质量高低不容易被直接看出来)。

对分辨率和颜色质量的设置都可以在"显示 属性"对话框中的"设置"选项卡中进行,如图 5-8 所示。

图 5-8 设置显示属性

6. 案例——自定义桌面显示

本案例将对桌面背景以及屏幕显示外观进行设置。通过该案例的学习,可以掌握自定义桌面显示的方法,其具体操作如下。

❶ 在桌面空白处单击鼠标右键,在弹出的快捷菜单中选择"属性"命令。

❷ 打开"显示属性"对话框,单击"桌面"选项卡,在"背景"列表框中选择所需图片,这里选择"Tulips"选项,如图 5-9 所示。

图 5-9 设置桌面背景

❸ 单击"外观"选项卡,在"色彩方案"下拉列表框中选择"橄榄绿"选项,在"字体大小"下拉列表框中选择"大字体"选项,单击 确定 按钮完成设置,如图 5-10 所示。

图 5-10 设置显示外观

❹ 返回到桌面,查看设置后的效果,如图 5-11 所示。

图 5-11 设置后的效果

⏱ 试一试

为电脑设置一个适合的桌面主题,再设置一个"飞越星空"屏幕保护程序。

5.1.2 设置日期与时间

通过任务栏通知区域中的"时间"图标可以查看当前时间,并可将鼠标光标移动到该图标上,查看当前日期。如果发现显示的时间和日期不正确,还可以重新对其进行设定,具体操作如下。

❶ 在任务栏通知区域中双击"时间"图标,打开"日期和时间属性"对话框。

❷ 在"时间和日期"选项卡的"日期"栏中的下拉列表框中可选择当前月份,如选择"十月",在其后的数值框中可设置年份,这里选择"2009",在下方的列表框中选择日期,这里选择"3"。

❸ 在"时间"数值框中输入准确的时间,这里输入"17:29:37",单击 确定 按钮确认设置,如图 5-12 所示。

图 5-12 设置日期和时间

5.1.3 设置鼠标和键盘

鼠标和键盘都是电脑的重要输入设备,对它们进行相应的设置,可以对其进行更好的使用。

1. 设置鼠标

对于鼠标的设置主要包括调整双击鼠标的速度、更换鼠标光标样式以及设置鼠标光标选项等,其具体操作如下。

❶ 选择【开始】→【控制面板】命令,打开"控制面板"窗口,单击任务窗格中的"切换到经典视图"超级链接,然后双击"鼠标"图标。

❷ 打开"鼠标属性"对话框,在默认打开的"鼠标键"选项卡中可交换鼠标左右键的功能、调节双击速度以及启用单击锁定。这里仅在"双击速度"栏中拖动滑动块调整双击鼠标的速度,其他保持默认设置不变,如图 5-13 所示。

图 5-13 调整双击鼠标的速度

图 5-15 设置鼠标光标的移动速度

❸ 单击"指针"选项卡,在其中可以选择鼠标光标方案,并可单击 浏览(B)... 按钮对其进行更改,这里在"方案"下拉列表框中选择"指挥家(系统方案)"选项,如图 5-14 所示。

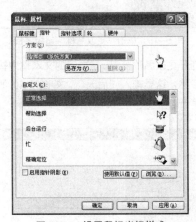

图 5-14 设置鼠标光标样式

❹ 单击"指针选项"选项卡,在其中可对鼠标光标的移动速度和可见性等进行设置,这里在"移动"栏中拖动滑动块调整鼠标光标的移动速度,然后单击 确定 按钮使所有设置生效,如图 5-15 所示。

2. 设置键盘

设置键盘主要是指设置键盘的响应速度。在经典样式的"控制面板"窗口中双击"键盘"图标,在打开的"键盘 属性"对话框中进行相应的设置,如图 5-16 所示。下面对"键盘 属性"对话框中几个重要选项的含义和作用进行介绍。

图 5-16 "键盘 属性"对话框

◎ "重复延迟"滑动块:重复延迟是指按住某个键时,输入第一个字符和第二个字符之间的时间间隔,拖动该滑动块可调整重复延迟的时间长短。

◎ "重复率"滑动块:重复率是指按住某个键时,重复输入该字符的速率,拖动该滑动块可调整重复按键的速度。

◎ "光标闪烁频率"滑动块:拖动该滑动块可调整插入文档中光标的闪烁频率。若光标闪烁过快,容易引起视觉疲劳;若光标闪烁过慢,又不容易找到它;若将滑动块移动到最左端,光标将呈静止可见状态 I。

5.1.4 管理用户账户

在 Windows XP 中可以设置多个用户账户,从而方便不同的用户共用一台电脑而又互不影响。

1. 创建用户账户

以管理员账户登录系统后，便可以进行用户账户的创建操作。下面以创建一个名为"明天"的管理员账户为例进行介绍，其具体操作如下。

❶ 在经典模式下的"控制面板"窗口中，双击"用户账户"图标。

❷ 在打开的"用户账户"窗口中，单击"挑选一项任务"栏中的"创建一个新账户"超级链接。

❸ 打开"为新账户起名"窗口，在"为新账户键入一个名称"文本框中输入新用户的名称，如输入"明天"，如图 5-17 所示。

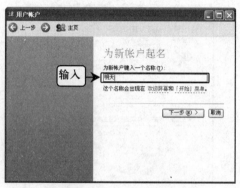

图 5-17　为新账户命名

❹ 单击 下一步(N) > 按钮，打开"挑选一个账户类型"窗口，选中 ⊙计算机管理员(A) 单选项，单击 创建帐户(C) 按钮完成新账户的创建，如图 5-18 所示。

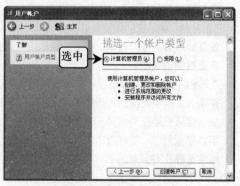

图 5-18　选择账户类型

❺ 返回"用户账户"主页窗口后，就可以看到新添加的账户名称及其权限。

2. 更改用户账户名称和头像

如果对新建用户账户的名称以及系统随机安排的头像不满意，可对其进行更改。下面以更改刚刚创建的账户的名称和头像为例进行介绍，其具体操作如下。

❶ 打开"用户账户"主页窗口，单击"明天"超级链接。

❷ 打开用户账户更改选项窗口，单击"更改名称"超级链接，如图 5-19 所示。

图 5-19　单击"更改名称"超级链接

❸ 打开更改名称窗口，在中间的文本框中输入新名称，这里输入"后天"，如图 5-20 所示，单击 改变名称(C) 按钮。

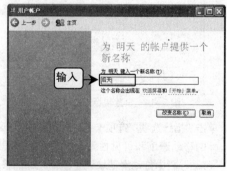

图 5-20　输入新名称

❹ 系统自动切换至用户账户更改选项窗口，单击"更改图片"超级链接。

❺ 打开选择新图像窗口，在中间的列表框中选择 Windows XP 自带的用户头像，这里选择图 5-21 所示的图像，单击 更改图片(C) 按钮。

❻ 系统自动切换至用户账户更改选项窗口，可以看到该用户账户的名称和头像都已进行相应的更改，如图 5-22 所示。

图 5-21　选择新头像

图 5-23　单击"创建密码"超级链接

图 5-22　设置后的效果

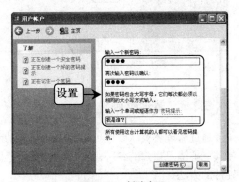

图 5-24　创建密码

> 提示：在选择新图像窗口中单击"浏览图片"超级链接，还可将电脑中的图片设置为用户账户头像。

3. 设置用户账户密码

若不希望别人使用自己的账户，可以为其设置密码。下面以为刚刚进行修改的用户账户设置密码为例进行介绍，其具体操作如下。

❶ 打开"用户账户"主页窗口，单击"后天"超级链接。

❷ 打开用户账户更改选项窗口，单击"创建密码"超级链接，如图 5-23 所示。

❸ 打开创建用户密码窗口，在"输入一个新密码"和"再次输入密码以确认"文本框中输入相同的用户密码，然后在最后一个文本框中输入密码提示，这里输入"我是谁？"，如图 5-24 所示，单击 创建密码(C) 按钮完成设置。

4. 启用或禁用来宾账户

对于使用电脑的非固定账户，可以为其启用来宾账户；若电脑连接了互联网，为了安全起见应禁用来宾账户。其方法分别介绍如下。

◎ 启用来宾账户：打开"用户账户"主页窗口，单击默认情况下的"Guest 来宾账户没有启用"超级链接，打开图 5-25 所示的窗口，单击 启用来宾帐户(T) 按钮即可将其启用。

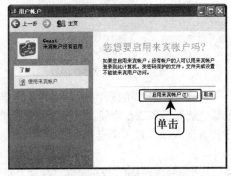

图 5-25　启用来宾账户

◎ 禁用来宾账户：在"用户账户"主页窗口中，单击"Guest 来宾账户处于启用状态"超级链接，打开图 5-26 所示的窗口，单击"禁用来宾账户"超级链接即可将其禁用。

图 5-26　禁用来宾账户

5.1.5　管理软硬件

通过管理各类软硬件可以拓展电脑的功能，使其能够满足用户的各种需要。下面介绍管理软硬件的方法。

1. 安装和卸载软件

在第 4 课中介绍的安装其他输入法的方法就是安装一般软件的方法，尽管各类软件的功能大不相同，但其安装方法都是大同小异的，只需双击其安装文件图标，然后根据其安装向导一步一步进行设置即可。其安装过程可参照图 5-27 所示的流程图进行，这里不再赘述。

图 5-27　安装软件的流程

对于不再需要的软件可以将其从电脑中卸载，从而节省磁盘空间。下面以卸载紫光华宇拼音输入法软件为例进行介绍，其具体操作如下。

❶ 打开经典模式下的"控制面板"窗口，双击"添加或删除程序"图标。

❷ 打开"添加或删除程序"窗口，在"当前安装的程序"列表框中选择需要卸载的软件，这里选择"紫光华宇拼音输入法 6.5"选项，单击 更改/删除 按钮，如图 5-28 所示。

图 5-28　"添加或删除程序"窗口

❸ 打开是否确认卸载的提示对话框，单击 是(Y) 按钮，如图 5-29 所示。

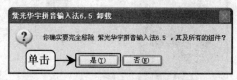

图 5-29　确认卸载

❹ 打开显示卸载进度的对话框，稍等片刻即可打开卸载成功的对话框，单击 确定 按钮完成卸载。

2. 添加和删除 Windows 组件

如果在使用电脑的过程中找不到所需的 Windows 组件，就可以对其进行添加，反之若发现电脑中安装了不需要的 Windows 组件则可将其删除。其方法是打开"添加或删除程序"窗口，单击左侧的"添加/删除 Windows 组件"按钮，在打开的"Windows 组件向导"对话框（如图 5-30 所示）中选中或取消选中某个组件的复选框，其中带☑标记的表示已安装该组件，取消选中可将其删除；反之，选中复选框将添加该组件。

⚠ 注意：若选择某个组件后， 详细信息(D)... 按钮被激活，表示该组件下还有其他组件，可单击该按钮，在打开的对话框中添加或删除某个组件。此外，在添加 Windows 组件时还需按照提示将带有该组件的光盘或 Windows XP 安装盘放入光驱中。

图 5-30　"Windows 组件向导"对话框

3. 安装硬件外设的驱动程序

有些电脑外部设备如打印机、扫描仪和摄像头等,在将其接口连接到主机上相应的端口上以后,还要为其安装驱动程序才能正常使用。下面以安装摄像头的驱动程序为例进行介绍,其具体操作如下。

❶ 将摄像头的数据接口插到电脑的 USB 接口上,系统自动打开"欢迎使用找到新硬件向导"对话框,在对话框中可以选择是否在网上搜索驱动程序,这里选中◉否,暂时不(T)单选项。

❷ 单击 下一步(N) > 按钮,打开选择安装方式对话框,将摄像头的驱动光盘插入光驱中,选中◉自动安装软件(推荐)(I)单选项,如图 5-31所示。

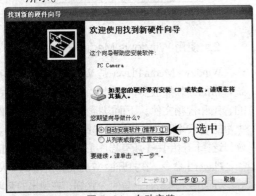

图 5-31　自动安装

❸ 单击 下一步(N) > 按钮,系统自动安装驱动程序,并显示安装进度。安装完成后系统自动打开"完成找到新硬件向导"对话框,提示完成摄像头的安装,单击 完成 按钮,如图 5-32

所示。

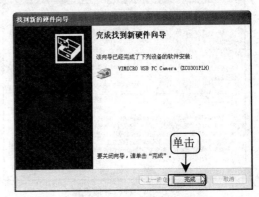

图 5-32　完成安装

4. 案例——安装压缩软件 WinRAR

本案例将对 WinRAR 压缩软件进行安装。通过该案例的学习,可以掌握非 Windows 自带组件的安装方法,其具体操作如下。

❶ 双击 WinRAR 压缩软件的安装文件图标📦,在打开的对话框中上方的"目标文件夹"下拉列表框中输入保存路径,阅读协议后单击 安装 按钮,如图 5-33 所示。

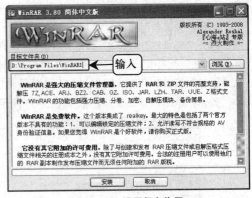

图 5-33　设置保存位置

❷ 在打开的对话框中对"WinRAR 关联文件"和"界面"等进行设置,一般保持默认设置,然后单击 确定 按钮,如图 5-34 所示。

❸ 在打开的对话框中单击 完成 按钮,完成软件的安装。

⏱ 试一试

在电脑中添加需要的 Windows 组件,然后将不需要的组件卸载。

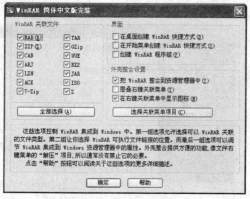

图 5-34 进行其他设置

5.1.6 设置音频设备和使用媒体播放器

在 Windows XP 中可以通过媒体播放器来播放音乐和电影等多媒体文件,播放前要对音频设备进行设置以达到更好的播放效果。

1. 设置音频设备

在播放媒体文件前,可以通过"声音和音频设备 属性"对话框对播放音量和扬声器类型等进行设置,其具体操作如下。

❶ 打开经典模式下的"控制面板"窗口,双击"声音和音频设备"图标。

❷ 打开"声音和音频设备 属性"对话框,单击"音频"选项卡,在"声音播放"栏的"默认设备"下拉列表框中可以选择默认的播放设备,单击 音量(V)... 按钮,如图 5-35 所示。

图 5-35 "声音和音频设备 属性"对话框

❸ 打开"音量控制"窗口,在其中拖动各个栏的滑动块可调整相应的音量大小和平衡度,从而

对该播放设备的音量等进行更精确地调整,如图 5-36 所示。

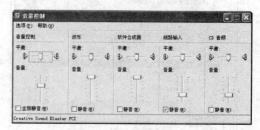

图 5-36 调整音量

❹ 单击"关闭"按钮 ⨯ ,返回"声音和音频设备 属性"对话框。单击"声音播放"栏中的 高级(N)... 按钮,打开"高级音频属性"对话框,在默认选项卡的"扬声器设置"下拉列表框中选择相应的扬声器类型,如图 5-37 所示,依次单击 确定 按钮完成设置。

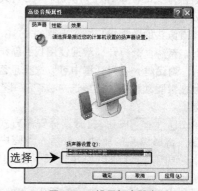

图 5-37 设置扬声器类型

2. 使用 Windows Media Player

Windows Media Player 是 Windows XP 操作系统自带的一款播放器,通过它可以播放多种格式的音频和视频文件。下面以播放电脑中某个文件夹中的音乐为例进行介绍,其具体操作如下。

❶ 选择【开始】→【所有程序】→【Windows Media Player】命令,在打开的 Windows Media Player 界面中,单击右上角的 ▼ 按钮,在弹出的菜单中选择【文件】→【打开】命令。

❷ 打开"打开"对话框,在"查找范围"下拉列表框中选择需要播放的歌曲所在的文件夹,在中间的列表框中按【Ctrl+A】键选择所有歌曲,单击 打开(O) 按钮,如图 5-38 所示。

图 5-38　选择音乐文件

❸ Windows Media Player 开始依次播放选择的歌曲，并在视频显示区中显示系统默认的可视化效果，如图 5-39 所示。

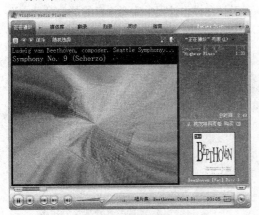

图 5-39　播放音乐文件

> 提示：在播放的过程中可以利用界面左下方播放控制栏中的各个按钮进行播放控制，将鼠标光标移动到某个按钮上即可看到对该按钮功能的提示，通过提示单击相应的按钮即可。

3. 案例——播放 CD 音乐

本案例将使用 Windows Media Player 播放 CD 中的音乐，通过该案例的学习，可以掌握利用播放器播放媒体文件的方法。其具体操作如下。

❶ 将音乐 CD 放入光盘驱动器中，选择【开始】→【所有程序】→【Windows Media Player】命令。

❷ 在打开的 Windows Media Player 界面中，单击右上角的 ▼ 按钮，在弹出的下拉菜单中选择【播放】→【DVD、VCD 或 CD 音频】命令。

❸ Windows Media Player 开始依次播放选择的歌曲，并在视频显示区中显示默认的可视化效果，如图 5-40 所示。

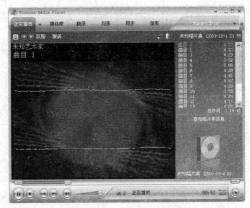

图 5-40　播放 CD 音乐

> 试一试
> 利用 Windows Media Player 播放 VCD 影片。

5.2 上 机 实 战

本课上机实战将分别练习新建账户并设置桌面外观，以及安装千千静听并播放音乐的操作。通过练习巩固桌面外观和用户账户的设置方法，并总结出安装软件的一般方法与步骤。

上机目标：
◎ 掌握新建并设置用户账户的方法；
◎ 掌握设置桌面外观的方法；
◎ 掌握安装软件的方法；
◎ 掌握使用播放器播放音乐的方法。
建议上机学时：1 学时。

5.2.1 新建账户并设置桌面外观

1. 操作要求

本例要求新建并设置一个非管理员账户，然后登录该账户，对桌面背景、屏幕显示外观和屏幕分辨率进行设置，具体操作要求如下。

◎ 新建一个名为"希米"的受限用户账户。

◎ 将电脑中的图片设置为新建账户的新头像，并创建账户密码。

◎ 登录新建的用户账户。

◎ 将电脑中的图片设置为桌面背景。

◎ 将屏幕显示外观的色彩方案设置为"橄榄绿"。

◎ 将屏幕的分辨率设置为最大。

2. 操作思路

根据上面的实例目标，本例的操作思路如图 5-41 所示。在操作过程中需要注意的是，对于非管理员账户，有些权限是受限制的，如不能登录该账户对其他账户的信息进行更改。

① 创建并设置用户账户　　② 设置桌面背景　　③ 设置屏幕外观及分辨率

图 5-41　新建账户并设置桌面外观的操作思路

5.2.2 安装千千静听并播放音乐

1. 操作要求

本例要求安装千千静听播放器软件，然后利用该软件播放电脑中的音乐，具体操作要求如下。

◎ 双击千千静听的安装程序图标，在打开的安装向导对话框中依次进行同意许可协议、选择组件、指定安装路径和设置附件任务等操作完成其安装。

◎ 启动千千静听，在其界面中的"播放列表"中选择【添加】→【文件】命令。

◎ 在打开的对话框中选择所需的音乐文件进行添加。

◎ 添加音乐后，在"播放列表"右侧的列表框中双击所需歌曲名称进行播放。

2. 操作思路

根据上面的实例目标，本例的操作思路如图 5-42 所示。利用本例的操作思路，还可以练习使用其他播放器软件对各类多媒体文件进行播放，以巩固所学知识。

① 安装千千静听

② 将音乐添加至播放列表

③ 播放音乐

图 5-42 安装千千静听并播放音乐的操作思路

5.3 常见疑难解析

问：如何快速设置桌面背景？

答： 打开所需图片的文件夹窗口，若文件与文件夹的显示方式为"幻灯片"或"缩略图"方式，可在所需图片上单击鼠标右键，在弹出的快捷菜单中选择"设为桌面背景"命令，快速将其设置为桌面背景。

问：当电脑进入屏幕保护状态后，怎样在恢复时使用密码保护？

答： 打开"显示 属性"对话框，单击"屏幕保护程序"选项卡，在其中进行设置并选中 ☑在恢复时使用密码保护(P) 复选框，设置后在退出屏幕保护程序时需要输入设定的密码才能恢复桌面操作状态。需要注意的是，Windows XP 的屏幕保护密码即当前用户账户登录 Windows 的密码，若之前没有设置登录密码，则启动屏幕保护密码后也不能起到相应的保护作用。

问：可以不通过"控制面板"卸载程序吗？

答： 某些软件除了可以通过控制面板进行卸载外，还可通过软件安装时自动生成的卸载程序来完成。卸载程序的快捷方式一般位于"所有程序"菜单下该软件所在的子菜单中，其名称一般包括"卸载"、"反安装"或"Uninstall"等文字，单击即可进入卸载界面进行卸载。

问： 在"显示 属性"对话框中的"屏幕保护程序"选项卡中的"屏幕保护程序"下拉列表框中，没有"字幕"、"图片收藏幻灯片"、"贝塞尔曲线"和"三维飞行物"等屏幕保护程序，这是什么原因呢？

答： 这应该是系统文件夹下的几个屏幕保护程序文件丢失了，可以在其他电脑的"*:\WINDOWS\system32"（*代表系统盘）目录下搜索 scr 文件，然后复制到本机的相应位置就可以了。

问：怎样进行控制面板两种视图的切换？

答：打开"控制面板"窗口，在其左侧的任务窗格中单击"切换到经典视图"超级链接，将切换到经典视图显示，此时单击"切换到分类视图"超级链接，便可切换到默认的分类视图显示。在分类视图下需要通过依次选择相应的类别进行设置，而在经典视图下可以通过双击图标，直接打开对话框进行设置。

5.4 课后练习

（1）在 Windows XP 中添加一个名为"学习"的受限账户，并为该账户设置密码，然后将用户账户的头像更换为"国际象棋"图片。

（2）将出游所拍摄的照片设置为桌面背景，并更改鼠标外观为"变奏"方案。

（3）将屏幕保护程序设置为"贝塞尔曲线"，等待时间设置为 15 分钟。

（4）将屏幕显示外观的颜色方案设置为与桌面背景匹配的方案，然后将屏幕分辨率和颜色质量设置为最高。

（5）在电脑中安装 Office 2003 软件中的 Word 2003 和 Excel 2003 组件。

（6）选择适当的音频设备并调整音量，然后使用 Windows Media Player 播放电脑中的 S 视频文件。

第 6 课
Word 2003 基础知识

学生：老师，我想编辑一份个人简历，使用 Windows XP 中的"记事本"程序可以编辑吗？

老师："记事本"程序是一个简单的文字编辑软件，要想制作出比较专业的文档，还需要使用专业的 Word 2003 文字处理软件才行。

学生：什么是 Word 2003 啊？

老师：Word 2003 是 Microsoft 公司推出的 Office 2003 的核心组件之一，通过它可以制作出各类专业的文档，如报告、手册和宣传海报等。Word 具有操作界面美观、功能强大且易学易用等特点，它是目前处理文字的首选软件。在本课中我们将学习 Word 2003 文档编辑的相关基础知识，为后面的学习打好基础。

学生：老师，我们开始上课吧！

学习目标

- ▶ 掌握 Word 2003 的启动和退出方法
- ▶ 熟悉 Word 2003 的操作界面
- ▶ 掌握 Word 文档的操作方法
- ▶ 掌握文本的输入与编辑方法

6.1 课堂讲解

本课主要讲述启动与退出 Word 2003、认识 Word 2003 的操作界面、Word 文档操作，以及文本的输入与编辑等知识。通过相关知识点的学习，可以掌握 Word 2003 的基础知识。

6.1.1 启动和退出 Word 2003

在完成 Office 2003 的安装以后，即可对其组件进行启动和退出操作，其方法大致相同。下面介绍 Word 2003 的启动和退出方法。

1. 启动 Word 2003

启动 Word 2003 是对其进行操作的前提，方法主要有如下几种。

◎ 选择【开始】→【所有程序】→【Microsoft Office】→【Microsoft Office Word 2003】命令。

◎ 若已为 Word 2003 创建了桌面快捷图标，可直接双击其图标 。

◎ 双击电脑中已有的 Word 格式的文档。

2. 退出 Word 2003

退出 Word 2003 的方法主要有如下几种。

◎ 选择【文件】→【退出】命令。

◎ 单击标题栏右侧的"关闭"按钮 。

◎ 当 Word 窗口为当前活动窗口时，按【Alt+F4】键。

◎ 单击 Word 2003 窗口中标题栏上的 图标，在弹出的菜单中选择"关闭"命令。

6.1.2 认识 Word 2003 的操作界面

启动 Word 2003 后，将打开图 6-1 所示的操作界面，其中主要包括标题栏、菜单栏、工具栏、文档编辑区、任务窗格和状态栏等几部分。下面主要介绍 Word 2003 的工具栏、文档编辑区、任务窗格和状态栏这几个组成部分的作用。

1. 工具栏

Word 2003 将一些常用的命令以按钮的形式集合在一起，就形成了工具栏。Word 中的工具栏种类很多，但默认情况下只显示"常用"

工具栏和"格式"工具栏。若要显示其他工具栏，可选择【视图】→【工具栏】命令，在弹出的子菜单中选择相应的命令（再次选择可将其隐藏）。

> 提示："常用"工具栏主要用于放置常用操作项目，如"新建"按钮 、"打开"按钮 等；"格式"工具栏主要放置格式设置项目，如"字体"下拉列表框和"加粗"按钮 **B** 等。此外，若不明白工具栏中某个按钮的作用，只需将鼠标光标置于该按钮上并停留一会儿，便会出现提示信息说明该按钮的作用。

2. 文档编辑区

文档编辑区是 Word 2003 操作界面中最大也是最重要的区域。在 Word 中输入与编辑文档等操作都需要在文档编辑区中进行，其四周围绕着水平和垂直标尺、水平和垂直滚动条，以及视图切换按钮等。文档编辑区的左上角还有一条闪烁的黑色竖线，称为文本插入点。文档编辑区的各组成部分如图 6-2 所示。

下面简要介绍标尺和视图切换按钮的作用。

◎ 水平标尺与垂直标尺：主要用于确定文档中各种浮动版式对象的位置。通过水平标尺上的缩进按钮可设置段落的缩进格式；垂直标尺主要用于制作表格时准确调整表格各行的行高。

◎ 视图切换按钮：在 Word 2003 中共有 4 种不同的文档视图方式，单击此处的视图切换按钮，可在各视图方式间切换。默认情况下，文档一般显示为页面视图，编辑文档通常也是在页面视图方式下进行的。

3. 任务窗格

Word 2003 中的任务窗格是一个在默认情况下位于工作界面右侧的分栏窗口，它会根据用户的某些操作而自动出现，以便用户及时获得所需的工具。

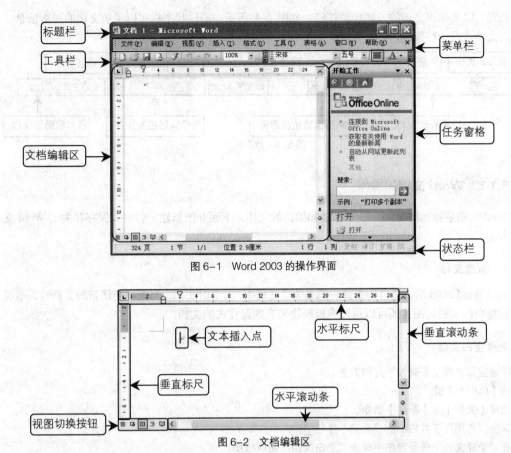

图 6-1　Word 2003 的操作界面

图 6-2　文档编辑区

在 Word 2003 中提供了"新建文档"、"剪贴板"、"搜索结果"和"剪贴画"等 14 个任务窗格。单击任务窗格右上角的▼按钮，在弹出的下拉菜单中选择某个命令即可切换到相应的任务窗格中，如图 6-3 所示。

图 6-3　切换任务窗格

技巧：如果操作界面中没有显示出任务窗格，可选择【视图】→【任务窗格】命令将其显示出来。

4. 状态栏

状态栏位于窗口最底端，用于显示窗口中当前页的页码、文档的当前页数、总页数、文本插入点的位置,以及编辑文档的一些控制按钮,如图 6-4 所示。通过状态栏可以了解文档的许多信息,并能对文档进行一些控制。

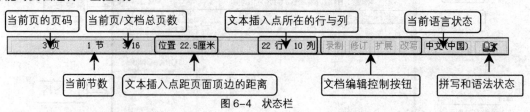

图 6-4 状态栏

6.1.3 Word 文档的操作

Word 文档是指利用 Word 2003 创建和编辑的文件。下面介绍新建、打开、保存和关闭 Word 文档的方法。

1. 新建文档

启动 Word 2003 后,会自动新建一篇名为"文档 1"的空白文档。当需要新建新的文档时,不仅可以新建空白文档,而且还可以通过模板新建带有预置样式的文档。

新建空白文档

新建空白文档主要有如下几种方法。

◎ 按【Ctrl+N】键。
◎ 选择【文件】→【新建】命令。
◎ 单击"常用"工具栏中的"新建"按钮 。
◎ 在"新建文档"任务窗格中单击"空白文档"超级链接。

通过模板新建文档

在 Word 2003 中提供了许多常用专业文档的模板,根据这些模板可以快速创建出报告、备忘录、论文等 Word 文档。下面通过"论文"模板新建一篇文档,其具体操作如下。

❶ 选择【文件】→【新建】命令,在操作界面右侧将打开"新建文档"任务窗格,在"模板"栏中单击"本机上的模板"超级链接。

❷ 在打开的"模板"对话框中单击相应的选项卡,如"出版物"选项卡,选择"论文"选项,在"新建"栏中选中 ⊙ 文档(D) 单选项,单击 确定 按钮,如图 6-5 所示。

❸ 返回文档编辑区,即可看到根据"论文"模板新建的 Word 文档,如图 6-6 所示。

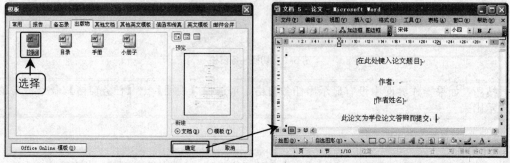

图 6-5 "模板"对话框   图 6-6 根据模板创建的文档

2. 打开文档

如果要对电脑中已存在的文档进行查看或编辑，必须首先将其打开，常用的方法有如下几种。
◎ 选择【文件】→【打开】命令。
◎ 单击"常用"工具栏中的"打开"按钮。
◎ 按【Ctrl+O】键。

执行上述任意一种操作后，将打开"打开"对话框，在"查找范围"下拉列表框中指定文档所在的位置，在列表框中选择需打开的文档，单击 打开(O) 按钮即可打开该文档，如图6-7所示。

图6-7 "打开"对话框

> 技巧：单击 打开(O) 按钮右侧的 按钮，在弹出的下拉菜单中选择相应的命令，可以以只读、副本，以及打开并修复等方式打开文档。

3. 保存文档

为了方便以后对文档进行查看、编辑，以及避免资料丢失，应将编辑后的文档保存到电脑磁盘中，常用方法有如下几种。
◎ 选择【文件】→【保存】命令。
◎ 单击"常用"工具栏中的"保存"按钮。
◎ 按【Ctrl+S】键。

执行保存操作后，将打开"另存为"对话框，在"保存位置"下拉列表框中为其指定保存路径后，在"文件名"下拉列表框中输入要保存的文件名称，单击 保存(S) 按钮即可将其保存，如图6-8所示。

> 注意：执行"保存"命令时，只有从未保存过的文档才会打开"另存为"对话框，若该文档已被保存过，则将直接保存文档。

图6-8 "另存为"对话框

4. 关闭文档

除了可以使用退出 Word 2003 的方法来关闭文档外，还可以通过选择【文件】→【关闭】命令，或单击菜单栏右侧的×按钮来关闭当前文档。若当前打开了多个文档窗口，使用该方法将不会退出 Word 2003，此时可以继续编辑其他Word 文档。

> 提示：如果没有对修改后的文档进行保存，关闭该文档时，Word 会打开提示对话框询问是否进行保存，其操作与保存文档相同。

6.1.4 文本的输入与编辑

文本的输入与编辑是 Word 2003 文档中重要的操作之一，下面分别进行介绍。

1. 输入普通文本

在进行文字的输入与编辑操作之前，必须先将文本插入点定位到需要编辑的位置，然后再切换到需要的输入法，即可开始输入文本。定位文本插入点有如下两种情况。
◎ 刚新建一篇文档或打开一篇文档时，文本插入点位于整篇文档的最前面，可以直接在该位置输入文字。
◎ 若文档中已存在文字，需要在某一具体位置输入文字时，则将鼠标光标移至文档编辑区中，当其变为 I 形状后在需定位的目标位置单击，即可将文本插入点定位到该位置处。

2. 输入特殊符号

在输入文本时，若要输入键盘上没有的特殊符号，则可以通过 Word 2003 提供的插入符号的功能来完成。下面在文档中通过"符号"对话框输入符号"π"，其具体操作如下。

❶ 将文本插入点定位到要输入特殊符号的位置，选择【插入】→【符号】命令。

❷ 打开"符号"对话框，在"符号"选项卡中的"字体"下拉列表框中选择所需字体，这里选择"（普通文本）"选项，在"子集"下拉列表框中选择符号的具体类型，这里选择"基本希腊语"选项。

❸ 在中间的列表框中选择要插入的特殊符号，这里选择"π"选项，单击 插入(I) 按钮，如图 6-9 所示，将其插入到文档中，单击 关闭 按钮，关闭对话框。

❹ 返回文档编辑区，即可看到输入的特殊符号"π"，如图 6-10 所示。

图 6-9 插入"π"符号　　　　　　图 6-10 查看效果

> ⚠ 技巧：要想输入不常见的汉字，只需在"字体"下拉列表框中选择一种所需的字体，然后在中间的列表框中寻找并选择所需汉字即可；如果要插入"商标"、"版权所有"等特殊字符，只需单击"特殊字符"选项卡，然后在其中的列表框中选择并插入所需字符即可；此外，选择【插入】→【特殊符号】命令，在打开的对话框中也可以选择所需符号进行插入。

3. 选择文本

在对文本等对象进行编辑前，必须对其进行选择，即确定编辑的对象，选中的文本呈黑底反色显示。选择文本分为使用鼠标进行选择和使用鼠标与键盘结合进行选择两种方式，下面分别进行介绍。

🖊 使用鼠标进行选择

使用鼠标选择文本的方法有如下几种。

◎ 将鼠标光标移到文档中，当鼠标光标变成I形状时，在要选择的文本的起始位置按住鼠标左键拖动至终止位置，则起始位置和终止位置之间的文本被选择。

◎ 在一个单词或词语中双击鼠标左键可以选择该单词或词语。

◎ 在文本的任意位置快速地单击 3 次鼠标左键，可选择鼠标光标所在位置的整个段落。

◎ 将鼠标光标移至某行的左侧，当光标变成⤢形状时，单击鼠标左键可选择该行，如图 6-11 所示。

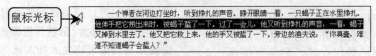

图 6-11 选择一行文本

◎ 将鼠标光标移至段落的左侧，当光标变成⤢形状时，双击鼠标左键可选择该段文本。

◎ 将鼠标光标移至某行的左侧，当光标变成⤢形状时，向上或向下拖动鼠标可选择多行文本。

◎ 将鼠标光标移至正文左侧，当光标变成⤢形状时，连续单击 3 次鼠标左键可选择整篇文档。

使用鼠标与键盘结合进行选择

使用鼠标与键盘结合选择文本的方法有如下几种。

◎ 将文本插入点定位在需要选择文本的起始位置，然后在按住【Shift】键的同时单击终止位置，可选择起始位置和终止位置之间的文本。

◎ 将文本插入点定位在需要选择文本的起始位置，然后在按住【Shift】键的同时按键盘编辑键区中的光标键，可选择相应的文本。

◎ 按住【Ctrl】键，在任意文本中单击鼠标左键可选择一个句子。

◎ 先选择一个文本区域，按住【Ctrl】键再选择其它文本，这些文本区域可以是连续的，也可以是不连续的，如图 6-12 所示。

图 6-12　选择不连续的文本区域

◎ 按住【Alt】键的同时拖动鼠标可纵向选择文本，如图 6-13 所示。

◎ 将鼠标光标定位到文档中的任意位置，按【Ctrl+A】键可选择整篇文档。

图 6-13　纵向选择文本

4. 删除和修改文本

若在文档中输入了错误的内容，则需要对文本进行删除或修改，下面分别进行介绍。

删除文本

删除文本的方法通常有如下几种。

◎ 按【Delete】键可删除文本插入点右侧的文本。

◎ 按【BackSpace】键可删除文本插入点左侧的文本。

◎ 选中需删除的文本，按【Delete】键或【BackSpace】键可将其删除。

修改文本

修改文本的方法通常有如下几种。

◎ 先删除输入错误的文本，再重新输入正确的文本。

◎ 选中要修改的文本，然后输入新内容。

◎ 将文本插入点定位到需要修改的文本前，然后按【Insert】键进入"改写"状态，此时输入的新内容可覆盖其后同样字数的文本。

提示：Word 2003 在默认情况下处于"插入"状态。要判断此时处于什么输入状态，可查看状态栏中的文档编辑控制按钮，当 改写 按钮处于激活状态时，表示处于"改写"状态，当 改写 按钮为灰色显示时，表示处于"插入"状态。除了按【Insert】键外，双击该按钮也可在"改写"和"插入"状态间进行切换。

5. 复制和移动文本

在编辑文档的过程中，若要输入与已经存在的部分文本相同的内容，可以使用复制操作提高工作效率；若需要将某些内容从一个位置移到另一个位置，或从一个文档移动到另一个文档，则可使用移动操作来完成。图 6-14 所示为复制和移动文本前后的对比效果。

复制和移动文本的方法有如下几种。

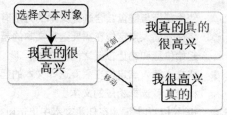

图 6-14　复制和移动文本

◎ 选择所需文本，按【Ctrl+C】键进行复制，或按【Ctrl+X】键进行剪切，然后在目标位置按【Ctrl+V】键进行粘贴。

◎ 选择所需文本，按住鼠标左键不放，拖动文本到目标位置后，释放鼠标可完成移动操作。若按住【Ctrl】键进行拖动即可完成复制操作。

◎ 选择所需文本，选择【编辑】→【复制】命令进行复制，或选择【编辑】→【剪切】命令进行剪切，在目标位置选择【编辑】→【粘贴】命令进行粘贴。

◎ 选择所需文本，单击"常用"工具栏中的"复制"按钮 📋 进行复制，或单击"剪切"按钮 ✂ 进行剪切，然后在目标位置单击"常用"工具栏中的"粘贴"按钮 📋 进行粘贴。

6. 查找和替换文本

如果发现在一篇文档中多次输错某个字或词组，若一一修改将花费大量时间，而且难免会出现遗漏，此时就可以使用 Word 2003 提供的查找与替换功能来纠正错误。

📝 查找文本

使用 Word 2003 的查找功能可以快速在文档中查找所需要的文本，其具体操作如下。

❶ 在要进行文本查找的文档中，选择【编辑】→【查找】命令。

❷ 打开"查找和替换"对话框，在"查找内容"下拉列表框中输入要查找的文本，如"生活"，单击 查找下一处(F) 按钮，可以找到文本插入点后的第一处"生活"文本，继续单击该按钮可以依次找到其他"生活"文本。

❸ 若选中 ☑突出显示所有在该范围找到的项目(T)复选框，单击 查找全部(F) 按钮，即可看到文档中所有"生活"文本呈被选择的状态，如图 6-15 所示。单击 关闭 按钮可关闭该对话框。

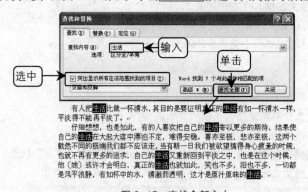

图 6-15　查找全部文本

📝 替换文本

对查找到的内容查看无误后，可将其替换成所需内容，其具体操作如下。

❶ 在要进行文本替换的文档中，选择【编辑】→【替换】命令。

❷ 打开"查找和替换"对话框的"替换"选项卡，在"查找内容"下拉列表框中输入要查找的文本，如"生活"文本，在"替换为"下拉列表框中输入要替换的文本，如"人生"文本。若单击 替换(R) 按钮，可自动替换文本插入点后的第一处"生活"文本，这里单击 全部替换(A) 按钮。

❸ 在打开的提示信息对话框中提示已替换的文本数量，单击 确定 按钮，然后关闭"查找和替换"对话框。返回文档编辑区，即可看到文档中所有"生活"文本都被替换成了"人生"文本，如图 6-16 所示。

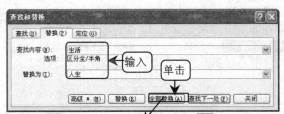

图 6-16 替换全部文本

7. 撤销与恢复操作

在 Word 2003 中会自动记录输入和编辑文本的过程中每次的操作和执行过的命令，如果在编辑文档的过程中执行了错误的操作，可以进行撤销，使其回到前一步或前几步时的状态，同时还可以恢复撤销了的操作，其方法介绍如下。

◎ 撤销操作：按【Ctrl+Z】键或单击"常用"工具栏中的 按钮，可撤销到上一步的操作。

◎ 恢复操作：单击 按钮可以恢复到单击 按钮前的状态。

> 技巧：单击 或 按钮右侧的 ▾ 按钮，可在弹出的下拉列表中选择要撤销或恢复到的某一步操作。图 6-17 所示为选择撤销最近执行过的前面 3 步操作。

图 6-17 撤销多项操作

8. 案例——编辑"表扬信"文档

本案例将对"表扬信.doc"文档进行复制、查找和替换文本等编辑操作，通过该案例的学习，可以掌握文本的一些常见的编辑方法。

其具体操作如下。

❶ 打开"表扬信.doc"文档，选择"重庆市华宜中学教务处"文本，按住【Ctrl】键的同时，按住鼠标左键不放将文本拖动到图 6-18 所示的位置后，再释放鼠标完成文本的复制操作。

❷ 选择【编辑】→【查找】命令，打开"查找和替换"对话框，在"查找内容"下拉列表框中输入"文化"文本，选中 ☑突出显示所有在该范围找到的项目(T)复选框。单击 查找全部(F) 按钮，即可看到文档中所有"文化"文本呈被选择的状态，如图 6-19 所示。

❸ 单击"替换"选项卡，在"替换为"下拉列表框中输入"文明"文本，单击 全部替换(A) 按钮。

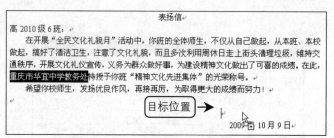

图 6-18　复制文本

❹ 在打开的提示信息对话框中提示 Word 已完成对文档的搜索并完成 5 处替换，单击 确定 按钮。

❺ 此时在文档编辑区中，即可看到文档中所有"文化"文本都被替换成了"文明"文本，如图 6-20 所示。单击 关闭 按钮关闭该对话框。

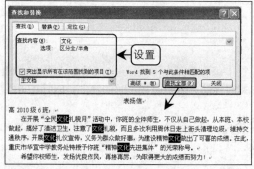

图 6-19　查找文本

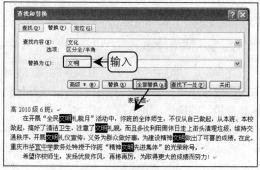

图 6-20　替换文本

⏱ 试一试

按【Ctrl+F】键和【Ctrl+E】键，分别打开"查找和替换"对话框的"查找"和"替换"选项卡，通过它们对文本进行查找和替换。

6.2　上 机 实 战

本课上机实战将分别练习制作"公司营销计划"文档及复制、查找并替换文本的操作，综合练习本课所学的知识点。

上机目标：

◎ 掌握新建、保存和打开文档的方法；

◎ 掌握复制、查找并替换文本的方法。

建议上机学时：1 学时。

6.2.1 制作"公司营销计划"文档

1. 实例目标

本例要求根据"现代型报告"模板新建一篇文档，再将其保存并命名为"公司营销计划.doc"，然后打开该文档。新建的文档效果如图 6-21 所示。

图 6-21 新建的文档效果

2. 专业背景

公司营销计划是在对市场营销环境进行充分调研的基础上，按年度制定的计划书，除了封面外，一般还包括以下 8 个方面的内容。

◎ **内容提要**：这是市场营销计划的开头部分，是对主要营销目标和措施的简要概括说明。

◎ **当前营销状况**：这部分是对产品当前营销状况的简要说明分析。

◎ **风险与机会**：这部分是对企业营销环境中的有利和不利因素进行分析。

◎ **目标和课题**：在分析市场营销活动现状和预测未来的机会与威胁的基础上，还要确定本期的营销目标和所要解决的课题，这是市场营销计划的核心内容。

◎ **营销策略**：为了达到营销目标，必须采取一定的营销策略，包括目标市场的选择和市场定位策略、营销组合策略及营销费用策略。

◎ **营销活动程序**：要做些什么？何时开始，何时完成？由谁负责？需要多少费用？按上述问题为每项活动编制出详细程序，以便执行检查。

◎ **营销预算**：预算收入、支出和利润。

◎ **营销控制**：对市场营销计划的执行过程进行控制称为营销控制，其做法常常是将计划规定的目标和预算按月分解，随时督促检查，根据市场变化做出相应修正。

3. 操作思路

根据上面的实例目标，本例的操作思路如图 6-22 所示。在操作过程中需要注意的是，在保存文档时要记住文档的名称和保存路径，否则打开时只有通过搜索对其进行查找。

① 根据模板新建文档

② 保存文档

③ 打开的文档

图 6-22 制作"公司营销计划"文档的操作思路

本例的主要操作步骤如下。

❶ 启动 Word 2003，选择【文件】→【新建】命令，打开"新建文档"任务窗格，在"模板"栏中单击"本机上的模板"超级链接。

❷ 在打开的"模板"对话框中单击"报告"选项卡，选择"现代型报告"选项，在"新建"栏中选中 ⊙ 文档⑪ 单选项，单击 确定 按钮。

❸ 返回文档编辑区即可看到根据"现代型报告"模板新建的文档，选择【文件】→【保存】命令。

❹ 打开"另存为"对话框，在"保存位置"下拉列表框中为其指定保存路径，在"文件名"下拉列表框中输入"报告.doc"，单击 保存⑤ 按钮将其保存。单击菜单栏右侧的 × 按钮关闭当前文档。

❺ 打开该文档时，在文档的保存位置双击其图标即可将其打开。

6.2.2　复制、查找并替换文本

1．实例目标

本例要求对文档中的"行课"文本进行复制，然后将"五一"文本全部替换为"国庆"文本，图 6-23 所示为对文本进行编辑后的最终效果。

国庆放假通知

全校师生员工：

　　接上级通知，为了庆祝祖国六十华诞，学校决定：09 年 9 月 30 日开始放国庆长假，09 年 10 月 9 日收假并随即行课（含国庆、中秋和周日）。10 日上午补周六上午的课，下午补周四上午一、二节课；11 日补周三的课；12 日开始按课表行课。请全校师生相互转告，特此通知。

学校校长办
2009 年 9 月 28 日

图 6-23　最终效果

2．专业背景

使用 Word 软件编辑通知、申请等文档时，一定要注意其格式。一般来说这类文档都有特定的格式，它们通常由标题、称呼、正文及落款等部分组成，其具体格式介绍如下。

◎ 标题：写在第一行正中。
◎ 称呼：在第二行顶格写被通知者的姓名或职称或单位名称。
◎ 正文：另起一行，空两格写正文。
◎ 落款：分两行写在正文右下方，一行署名，一行写日期。

3．操作思路

根据上面的实例目标，本例的操作思路如图 6-24 所示。在进行文本的查找和替换时要注意的是，如果不是所有的文本都要进行替换，就不能使用本例中全部替换的方法来进行操作，以避免将不需要修改的文本进行了错误的替换。

本案例的主要操作步骤如下。

❶ 打开文档"通知.doc"，选择正文第二行中的"行课"文本，选择【编辑】→【复制】命令进行复制，

将文本插入点定位到正文第三行中的"12 日开始按课表"之后，然后选择【编辑】→【粘贴】命令进行粘贴。

① 复制文本

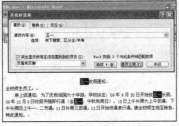

② 查找文本

③ 替换文本

图 6-24　复制、查找和替换文本的操作思路

❷　将文本插入点定位到文档开始处，选择【编辑】→【查找】命令。

❸　单击"查找和替换"对话框中的"查找"选项卡，在"查找内容"下拉列表框中输入"五一"文本，选中☑突出显示所有在该范围找到的项目(T)复选框，单击查找全部(F)按钮，即可看到文档中所有"五一"文本呈被选择的状态。

❹　单击"替换"选项卡，在"替换为"下拉列表框中输入"国庆"文本，单击全部替换(A)按钮。在打开的提示信息对话框中提示已替换的文本数量，单击　确定　按钮，然后关闭"查找和替换"对话框。返回文档编辑区，即可看到文档中所有"五一"文本都被替换成了"国庆"文本。

6.3　常见疑难解析

问：如何获得更多的 Word 模板？

答：单击"新建文档"任务窗格中的"Office Online 模板"或"网站上的模板"超级链接，或者在"模板"对话框的"信函和传真"选项卡中单击 Office Online 模板(O) 按钮，在打开的网页中可下载更多 Word 模板。

问：如何让移动或复制后的文本不再具有原来的格式？

答：可采用选择性粘贴的方法，方法是将文本插入点定位于目标位置，选择【编辑】→【选择性粘贴】命令，打开"选择性粘贴"对话框，在"形式"列表框中选择所需选项，即可使剪切或复制的文本以相应的格式如无格式文本、图片等进行粘贴。

6.4　课后练习

（1）启动 Word 2003，对其中的各个组成部分进行查看，熟悉各个组成部分的功能。

（2）根据 Word 自带的"手册"模板新建一篇文档，然后将其保存，再根据其中的提示输入相应的文本，并对输入的文本进行编辑，最后关闭该文档并退出 Word 2003。

第 7 课
Word 文档排版

老师：前面我们学习了 Word 2003 的文本录入与编辑操作，在实际应用中还需要掌握文档排版操作，这样才能制作出赏心悦目的文档。

学生：那 Word 2003 在文档排版方面具有哪些功能？

老师：Word 2003 具有较强的文档排版功能，除了可以进行字符格式与段落格式的设置外，一般在纸质印刷品上看到的效果如分栏显示、编号、项目符号、边框及底纹等都可以使用它来完成，本课我们就将学习这些 Word 排版操作。

学生：那可太好了，我们正在编辑校报，需要实现分栏等效果，通过本课的学习我们就可以制作出漂亮的校报了。

学习目标

▶ 掌握设置字符格式及段落格式的方法

▶ 掌握设置项目符号和编号的方法

▶ 掌握设置边框和底纹的方法

▶ 掌握页面设置及打印文档的方法

7.1 课 堂 讲 解

本课主要讲述在 Word 2003 中设置字符格式、段落格式、项目符号和编号、边框和底纹、页面设置以及打印文档的方法。通过相关知识点的学习和案例的制作，可以熟悉使用 Word 2003 进行文档排版的相关知识。

7.1.1 设置字符格式

字符的格式设置包括对字体、字形、大小和颜色等的设置，这些格式的设置可通过"格式"工具栏或"字体"对话框进行，下面分别进行介绍。

1. 使用"格式"工具栏

使用"格式"工具栏中的部分项目，如图 7-1 所示，可以对字符的格式进行方便、快捷的设置。选择文本后，单击"格式"工具栏上的按钮或在下拉列表框中选择某个选项，即可设置相应的文本格式。

楷体_GB2312 ▾ 五号 ▾ | B I U ▾ A A A ▾ A ▾ |

图 7-1 "格式"工具栏

"格式"工具栏中的按钮及设置选项的作用介绍如下。

◎ "字体"下拉列表框：单击其右侧的 ▾ 按钮，在弹出的下拉列表中可选择字符的字体样式。

◎ "字号"下拉列表框：单击其右侧的 ▾ 按钮，在弹出的下拉列表中可选择字符的字号大小。

> 提示：在"字号"下拉列表框中选择中文标识的字号，如一号、五号等，其数值越小，设置后的字越大；选择阿拉伯数字标识的字号，其数值越小，设置后的字越小。

◎ "加粗"按钮 **B**、"倾斜"按钮 *I* 和"下划线"按钮 **U**：单击相应的按钮可将选择的字符分别设置为"**加粗**"、"*倾斜*"、"带下划线"效果。

◎ "字符边框"按钮 A：单击该按钮可为选择的字符添加边框，如"边框"。

◎ "字符底纹"按钮 A：单击该按钮可为选择的

字符添加底纹，如"底纹"。

◎ "字符缩放"按钮 ⚌ ▾：单击该按钮可将选择的字符的宽度放大一倍。在其下拉列表中可为选择的字符设置字符宽度的缩放百分比。

◎ "字体颜色"按钮 A ▾：单击该按钮右侧的 ▾ 按钮，在弹出的下拉列表中可为选择的字符设置颜色。

2. 使用"字体"对话框

通过"字体"对话框可以对文本格式进行更加详细的设置。选择要设置格式的文本，选择【格式】→【字体】命令，或单击鼠标右键，在弹出的快捷菜单中选择"字体"命令，打开"字体"对话框，在默认打开的"字体"选项卡中进行相应的设置，完成后单击 确定 按钮，如图 7-2 所示。

3. 案例——美化"通知"文档

本案例将对"通知.doc"文档中的字符格式进行设置，以达到美化的目的。通过本案例的学习，进一步掌握设置字符格式的操作。其具体操作如下。

❶ 打开文档"通知.doc"，选择标题文本，然后选择【格式】→【字体】命令，打开"字体"对话框。

❷ 在"中文字体"下拉列表框中选择字体"隶书"，在"字形"和"字号"列表框中选择字形和字号，这里选择"常规"和"小二"，在"字体颜色"和"下划线线型"下拉列表框中选择颜色和下划线样式，这里选择"红色"和"———"，完成设置后单击 确定 按钮，如图 7-3 所示。

❸ 选择"全校师生员工："文本，单击"格式"工具栏中的"加粗"按钮 A，其效果如图 7-4 所示。

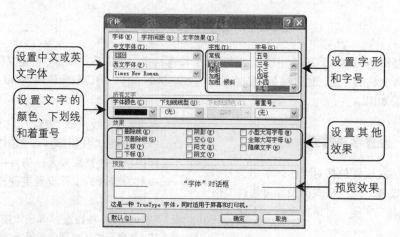

图 7-2 "字体"对话框

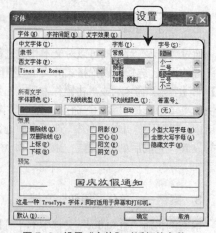

图 7-3 设置"字体"对话框的参数

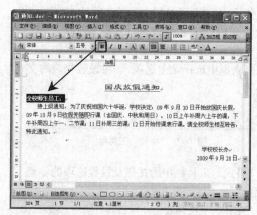

图 7-4 通过"格式"工具栏设置

试一试

在"字体"对话框中选中 ☑空心(O) 复选框，看看有什么样的效果。

7.1.2 设置段落格式

为文档设置段落格式，可使文档的结构清晰、层次分明。段落格式的设置可以通过"格式"工具栏、"段落"对话框等方式进行，下面分别进行介绍。

1. 使用"格式"工具栏

利用"格式"工具栏中的部分按钮，可以快速地对段落格式进行设置。选择所需段落后，单击"格式"工具栏上的按钮即可设置相应的段落格式。"格式"工具栏中用来设置段落格式的常用按钮如图 7-5 所示，其作用介绍如下。

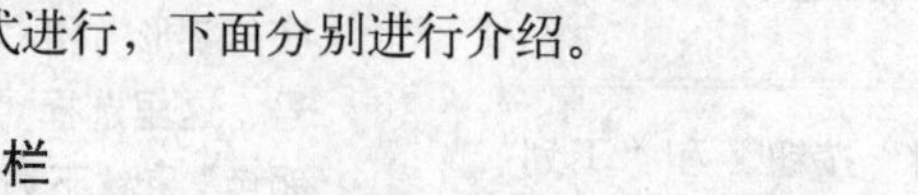

图 7-5 "格式"工具栏

◎ "两端对齐"按钮▤：可以使选择的段落或文本插入点所处段落的文字两端对齐，即除该段最后一行之外的所有行中的文字均匀分布在左右页边界之间。

◎ "居中"按钮▤：可以使选择的段落或文本插入点所处段落的文字居中对齐。

◎ "右对齐"按钮▤：可以使选择的段落或文本插入点所处段落的文字靠右对齐。

◎ "分散对齐"按钮▤：可以使选择的段落或文本插入点所处段落的文字分散对齐，这种对齐方式可使段落中每行文本的两侧具有整齐的边缘。与两端对齐不同的是，其任意一行文字都均匀分布在左右页边界之间。

◎ "行距"按钮▤：单击该按钮右侧的▾按钮，在弹出的下拉列表中可以为选择的段落或文本插入点所处的段落设置行间距。

◎ "编号"按钮▤：可以为选择的段落或文本插入点所处的段落按顺序添加编号。

◎ "项目符号"按钮▤：可以为选择的段落或文本插入点所处的段落自动添加项目符号。

◎ "减少缩进量"按钮▤：可以减少选择的段落或文本插入点所处段落的缩进量。

◎ "增加缩进量"按钮▤：可以增加选择的段落或文本插入点所处段落的缩进量。

2. 使用"段落"对话框

利用"段落"对话框可以对段落格式进行更全面、更精确的设置。其方法是先选择要设置格式的段落，选择【格式】→【段落】命令，或单击鼠标右键，在弹出的快捷菜单中选择"段落"命令，打开"段落"对话框。在默认打开的"缩进和间距"选项卡中进行相应的设置，完成后单击 确定 按钮，如图 7-6 所示。

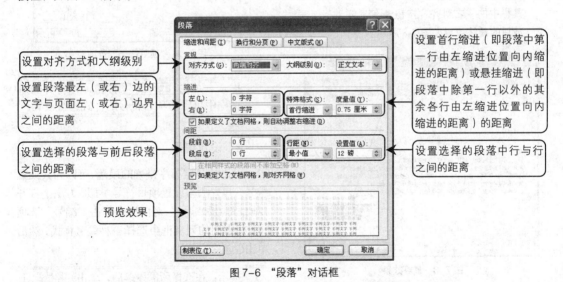

图 7-6 "段落"对话框

3. 案例——美化"表扬信"文档

本案例将对"表扬信.doc"文档中的段落格式进行设置，以达到美化的目的。通过该案例的学习，进一步掌握设置段落格式的操作。

其具体操作如下。

❶ 打开文档"表扬信.doc"，选择标题文本或将文本插入点定位到标题文本中，单击"格式"工具栏中的"居中"按钮▤，使其居中对齐。

❷ 选择第 3、4 段文本，选择【格式】→【段落】命令。

❸ 打开"段落"对话框，在"特殊格式"下拉列表框中选择"首行缩进"选项，在其后的"度量值"数值框中自动出现"2 字符"，单击 确定 按钮，如图7-7所示。

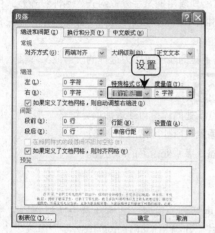

图7-7　设置"段落"对话框

❹ 在文档中选择最后两段文本，单击"格式"工具栏中的"右对齐"按钮 使其右对齐，完成后的最终效果如图7-8所示。

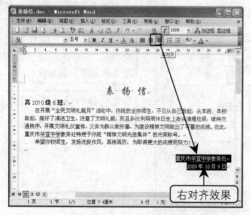

图7-8　最终效果

⏱ **试一试**

在"段落"对话框中设置段前和段后间距，看看有什么效果。

7.1.3 设置项目符号和编号

在进行文档排版时，对于按一定顺序或层次结构排列的项目，如计划、报告和合同条款等，可以为其设置项目符号和编号。

1. 设置项目符号

为使一篇文章的层次感更加鲜明，可以为同一层次并列存在的段落添加项目符号。方法是选择所需段落后，选择【格式】→【项目符号和编号】命令，或单击鼠标右键，在弹出的快捷菜单中选择"项目符号和编号"命令，打开"项目符号和编号"对话框，单击"项目符号"选项卡，在中间的列表框中选择一种项目符号样式，单击 确定 按钮即可，如图7-9所示。

图7-9　"项目符号"选项卡

❗ 提示：单击 自定义(T)... 按钮，在打开的对话框中可以对项目符号的样式进行设置。

2. 设置编号

对于按一定顺序排列的段落，可以为其设置编号。其方法与设置项目符号类似，方法是打开"项目符号和编号"对话框，单击"编号"选项卡，在中间的列表框中选择一种编号样式，然后单击 确定 按钮。

❗ 提示：在选择所需段落后，单击"格式"工具栏中的"项目符号"按钮 或"编号"按钮 ，可为其设置默认的项目符号或编号。

3. 案例——制作"生活小技巧"文档

本案例将为"生活小技巧.doc"文档中的文本设置编号及项目符号，使其更有层次感。通过该案例的学习，进一步掌握设置项目符号和编号的操作。

其具体操作如下。

❶ 打开"生活小技巧.doc"文档，按住【Ctrl】键的同时，选择正文的第 2、5、6、7 段，选择【格式】→【项目符号和编号】命令。

❷ 打开"项目符号和编号"对话框，单击"编号"选项卡，在中间的列表框中选择图 7-10 所示的编号样式，单击 确定 按钮。

❸ 选择正文的第 3、4 段文本，单击"格式"工具栏中的"项目符号"按钮 ≡ 为其添加项目符号，效果如图 7-11 所示。

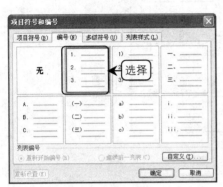

图 7-10　设置编号

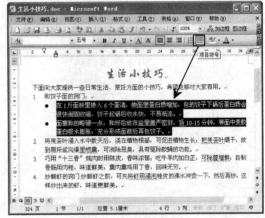

图 7-11　设置项目符号

试一试

单击"多级符号"选项卡，在其中选择一种样式，看看有什么效果。

7.1.4　设置边框和底纹

为文档中的内容添加边框及底纹，可以增强文字的视觉效果，使文档更加赏心悦目，下面分别进行介绍。

1. 设置边框

使用"格式"工具栏中的"字符边框"按钮 Ａ，可以为选择的字符添加直线边框。若要进行更多的设置，可以选择【格式】→【边框和底纹】命令，打开"边框和底纹"对话框，在"边框"选项卡中选择所需的选项即可设置相应的边框线，如图7-12所示。

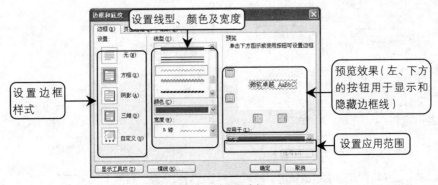

图 7-12　设置边框

2. 设置底纹

与设置边框一样，可以使用"格式"工具栏中的"字符底纹"按钮**A**，为选择的字符添加灰色底纹。还可以通过"边框和底纹"对话框的"底纹"选项卡设置具有更多颜色和样式的底纹，如图 7-13 所示。

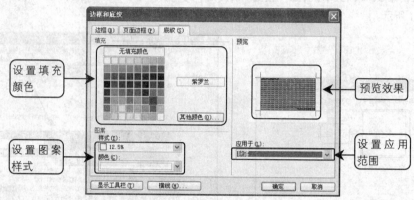

图 7-13　设置底纹

3. 案例——美化"生活小技巧"文档

本案例将为前面制作的"生活小技巧.doc"文档添加边框和底纹，使其更加美观。通过该案例的学习，进一步掌握设置边框和底纹的操作。

其具体操作如下。

❶ 在"生活小技巧.doc"文档中选择标题文本，然后选择【格式】→【边框和底纹】命令，打开"边框和底纹"对话框。

❷ 单击"边框"选项卡，在"设置"栏中选择"方框"选项，在"线型"列表框中选择"〜〜〜〜〜〜"选项，在"应用于"下拉列表框中选择"文字"选项，如图 7-14 所示。

❸ 单击"底纹"选项卡，在"填充"栏中选择"浅青绿"选项，其他保持默认设置，如图 7-15 所示。

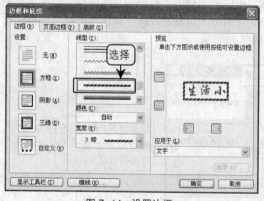

图 7-14　设置边框

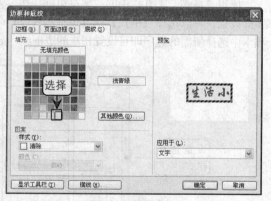

图 7-15　设置底纹

❹ 单击 确定 按钮，返回文档编辑区，即可看到设置后的效果，如图 7-16 所示。

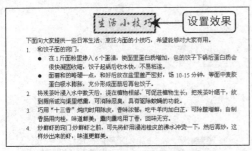

图 7-16 设置边框和底纹后的效果

🕐 试一试

分别在"边框和底纹"对话框的"边框"和"底纹"选项卡的"应用于"下拉列表框中选择"段落"选项，看看有什么样的效果。

7.1.5 设置页面格式

文档的用途不同，所需的页面大小和内容版式也不相同，因此可以对页面的大小、版式、页眉和页脚、页码、分栏及分页等页面格式进行设置。

1. 设置页面大小和版式

在新建文档时，使用的是 Word 默认的页面格式，在实际操作中可以根据需要进行设置。其方法为：选择【文件】→【页面设置】命令，打开"页面设置"对话框，在"纸张"选项卡中可对页面（纸张）大小等进行设置，如图 7-17 所示；在"版式"选项卡中可设置首页不同、奇偶页不同及页眉和页脚距文档边界的距离等，如图 7-18 所示。

图 7-17 "纸张"选项卡

图 7-18 "版式"选项卡

❗ 提示：在"页边距"选项卡中可对页边距、纸张方向等进行设置；在"文档网格"选项卡中可对文字的排列方向、是否需要网格以及每页文档包括的行数等进行设置。

2. 设置页眉和页脚

利用 Word 2003 的页眉和页脚功能，可以在文档每页的顶部或底部添加如标识、标题等相同的内容，避免重复操作。方法是在页面顶部或底部双击，或者选择【视图】→【页眉和页脚】命令进入页眉和页脚视图，此时文档编辑区中的文字处于灰色的不可编辑状态，而在页眉和页脚处可以直接输入文字、插入图片（插入图片的操作将在第 8 课中进行介绍）等，完成编辑后双击页眉和页脚以外的编辑区域。

3. 设置页码

对于篇幅较长的多页文稿，可以为其插入并设置页码，以便于查阅文档的内容。其方法为：选择【插入】→【页码】命令，打开"页码"对话框，如图 7-19 所示，在其中选择页码在页面中的位置及对齐方式即可。

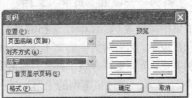

图 7-19 "页码"对话框

提示：单击 格式(F)... 按钮，打开"页码格式"对话框，在其中可以设置页码的数字格式，以及页码的编排信息。

4. 设置分栏

分栏排版样式在报刊、杂志和海报等印刷品中比较常见，其设置方法为：选择要设为分栏排版的文本，然后选择【格式】→【分栏】命令，打开"分栏"对话框，在其中选择分栏数量，设置栏宽和间距，单击 确定 按钮，如图 7-20 所示。

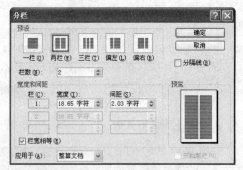

图 7-20 "分栏"对话框

技巧：单击"常用"工具栏中的"分栏"按钮 ▦，在弹出的下拉列表中拖动鼠标选择要设置的栏数，释放鼠标后也可实现分栏。

5. 文档分页

若在文档中输入的文本超过一页，Word 将自动进行分页。此外，还可以在所需位置按【Ctrl+Enter】键，或选择【插入】→【分隔符】命令，在打开的"分隔符"对话框中选中 ⊙ 分页符(P) 单选项进行手动分页。

6. 案例——设置"贺卡"文档

本案例将设置"贺卡.doc"文档的页面大小、方向和页边距，然后对其中的文本进行分栏，使其更加美观，页面更符合贺卡样式，其最终效果如图 7-21 所示。通过该案例的学习，进一步掌握设置页面格式和分栏等操作。

图 7-21 "贺卡"文档的最终效果

其具体操作如下。

❶ 打开"贺卡.doc"文档，选择【文件】→【页面设置】命令，打开"页面设置"对话框。单击"纸张"选项卡，在"纸张大小"下拉列表框中选择"自定义大小"选项，在"宽度"和"高度"数值框中分别输入"19 厘米"和"14 厘米"，如图 7-22 所示。

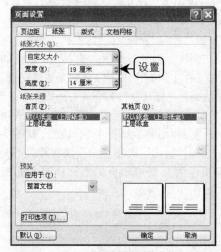

图 7-22 设置页面大小

❷ 单击"页边距"选项卡，在"方向"栏中选择"横向"选项，在"上"、"下"、"内侧"和"外侧"数值框中分别输入"10.11 厘米"、"1.09 厘米"、"2.2 厘米"和"3 厘米"，其他保持默认设置，单击 确定 按钮，如图 7-23 所示。

❸ 在文档编辑区中选择所有文本，选择【格式】→【分栏】命令，打开"分栏"对话框，在"预设"栏中选择"两栏"选项，单击 确定 按

钮，如图 7-24 所示。

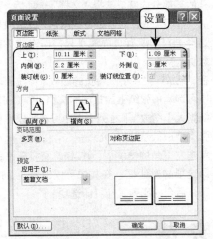

图 7-23 设置方向和页边距

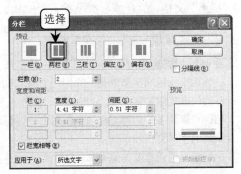

图 7-24 设置分栏效果

❹ 返回文档编辑区，即可看到设置后的最终效果。

⏱ 试一试

在"分栏"对话框中选中 ☑分隔线⑧ 复选框，看看有什么样的效果。

7.1.6 打印文档

为了便于查看和使用制作好的文档，可以将文档打印输出。在打印前可对打印效果进行预览，再进行打印设置并打印。

1. 预览打印效果

利用 Word 的打印预览功能可以在屏幕上预览实际打印的效果，若无须修改就可直接打印，若有需要修改的地方，可退出打印预览视图后对文档进行修改。选择【文件】→【打印预览】命令，或单击"常用"工具栏中的"打印预览"按

钮 🖨，即可切换到打印预览视图中。使用其中的"打印预览"工具栏（如图 7-25 所示）可对预览方式等进行设置。

图 7-25 "打印预览"工具栏

"打印预览"工具栏中各个选项的功能如下。

◎ "打印"按钮 🖨：单击该按钮可直接打印文档。

◎ "放大镜"按钮 🔍：单击该按钮可使鼠标光标在"放大镜"状态和编辑状态之间切换，从而放大或缩小文档的显示效果。

◎ "单页"按钮 ▯：单击该按钮将在打印预览视图中显示一页。

◎ "多页"按钮 ▦：单击该按钮，在弹出的下拉列表中可选择在打印预览视图中显示的页数。

◎ "显示比例"下拉列表框：在该下拉列表框中可设置文档显示的比例。

◎ "查看标尺"按钮 🔲：单击该按钮可显示或隐藏标尺。

◎ "缩小字体填充"按钮 🔳：单击该按钮可缩小字体填充。

◎ "全屏显示"按钮 ▯：单击该按钮可进行全屏显示。

◎ 关闭⒞ 按钮：单击该按钮可退出打印预览视图。

2. 设置打印参数

在进行打印预览后，如果确认文档的内容及格式正确无误，便可对文档进行设置和打印。选择【文件】→【打印】命令，打开"打印"对话框，如图 7-26 所示。对其中的项目进行设置后，单击 确定 按钮即可进行打印。在该对话框中根据不同的打印需要，可进行如下设置。

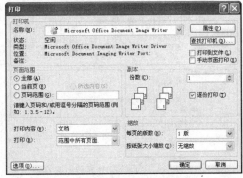

图 7-26 "打印"对话框

◎ 在“打印机”栏中的“名称”下拉列表框中选择需要使用的打印机。

◎ 单击“名称”下拉列表框右边的[属性(P)]按钮，将打开该打印机的“属性”对话框，可设置打印机的属性。

◎ 在“页面范围”栏中选中不同的单选项可设置打印的页面范围。

◎ 在“副本”栏中的“份数”数值框中可以设置要打印的份数；选中☑逐份打印(T)复选框将逐份打印文档，即在打印多份文档时，先打印完一份文档，再打印下一份文档，否则将逐页打印出需要的份数。

◎ 在“打印内容”下拉列表框中可选择只打印文档的某部分内容。选择“文档”选项后，下面的“打印”下拉列表框将被激活，在其中可以选择是打印所有页面还是只打印奇数页或偶数页。

◎ 在“缩放”栏中的“每页的版数”下拉列表框中可选择每张纸上要打印的文档页数，在“按纸张大小缩放”下拉列表框中可选择以哪种纸张类型进行缩放打印。

◎ 单击左下角的[选项(O)...]按钮，将打开设置打印选项的对话框，在其中可以设置逆页序打印、后台打印等其他打印选项。

7.2 上机实战

本课上机实战将分别练习制作“招聘启事”文档和“请柬”文档，综合练习本课所学的知识点。

上机目标：

◎ 掌握设置字符格式、段落格式及编号的方法；

◎ 掌握设置页面格式、分栏效果、边框及底纹的方法。

建议上机学时：1 学时。

7.2.1 制作“招聘启事”文档

1. 实例目标

本例要求制作一篇“招聘启事”文档，完成后的参考效果如图 7-27 所示。本例主要运用设置字符格式、段落格式和编号等操作。

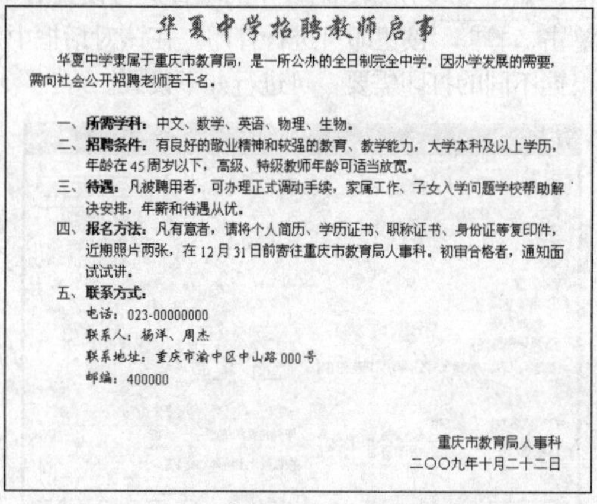

华夏中学招聘教师启事

华夏中学隶属于重庆市教育局，是一所公办的全日制完全中学。因办学发展的需要，需向社会公开招聘老师若干名。

一、**所需学科**：中文、数学、英语、物理、生物。

二、**招聘条件**：有良好的敬业精神和较强的教育、教学能力，大学本科及以上学历，年龄在 45 周岁以下，高级、特级教师年龄可适当放宽。

三、**待遇**：凡被聘用者，可办理正式调动手续，家属工作、子女入学问题学校帮助解决安排，年薪和待遇从优。

四、**报名方法**：凡有意者，请将个人简历、学历证书、职称证书、身份证等复印件，近期照片两张，在 12 月 31 日前寄往重庆市教育局人事科。初审合格者，通知面试试讲。

五、**联系方式**：

电话：023-00000000

联系人：杨洋、周杰

联系地址：重庆市渝中区中山路 000 号

邮编：400000

重庆市教育局人事科

二〇〇九年十月二十二日

图 7-27 “招聘启事”制作完成后的效果

2. 专业背景

在制作招聘启事时，应注意以下一些事项。

◎ 招聘启事要遵循实事求是的原则，对所招聘的各项内容均应如实写出。

◎ 招聘启事的各项内容可标项分条列出，也可用不同的字体列出以示区别。

◎ 招聘启事的语言要简练得体、庄重严肃、礼貌热情。

3. 操作思路

了解了制作“招聘启事”文档的注意事项后便可开始进行制作。根据上面的实例目标，本例的操作思路如图 7-28 所示。

制作本案例的主要操作步骤如下。

❶ 打开“招聘启事.doc”文档，通过“格式”工具栏中的“字体”、“字号”下拉列表框，将标题文本的字符格式设置为“华文行楷”、“二号”。

❷ 按住【Ctrl】键的同时，选择“所需学科：”、“招聘条件：”、“待遇：”、“报名方法：”和“联系方式：”文本，单击“加粗”按钮 **B** 将其加粗。

❸ 选择“联系方式：”下的 4 行文本，选择【格式】→【字体】命令，打开“字体”对话框。在“中文字体”和“西文字体”下拉列表框中分别选择“楷体_GB2312”和“Times New Roman”选项，单击[确定]按钮。

① 设置字符格式

② 设置段落格式

③ 设置编号

图 7-28　制作"招聘启事"的操作思路

❹ 选择标题文本，单击"格式"工具栏中的"居中"按钮▤将其居中。

❺ 选择首段正文文本，选择【格式】→【段落】命令，打开"段落"对话框。在"特殊格式"下拉列表框中选择"首行缩进"选项，在其后的"度量值"数值框中输入"0.75 厘米"，单击 ▭确定 ▭按钮。

❻ 选择"所需学科："至"联系方式："段落，打开"段落"对话框。在"缩进"栏的"左"数值框中输入"0.75 厘米"，单击 ▭确定 ▭按钮。

❼ 用同样的方法将"联系方式："下的 4 行文本设置为"左缩进 1.5 厘米"。

❽ 选择最后两段落款文本，单击"格式"工具栏中的"右对齐"按钮▤使其右对齐。

❾ 选择"所需学科："至"联系方式："文本，选择【格式】→【项目符号和编号】命令，打开"项目符号和编号"对话框。单击"编号"选项卡，选择右上角的选项，将其设置为"一、二、三……"编号样式。完成后的最终效果如图 7-27 所示。

7.2.2　制作"请柬"文档

1. 实例目标

本例将制作"请柬"文档，要求内容简单、明了，样式能烘托出婚庆喜气的气氛。本案例完成后的参考效果如图 7-29 所示，主要运用设置页面大小、方向、页边距、分栏、边框和底纹等操作。

2. 专业背景

在制作请柬、贺卡等文档时通常都需要对其页面大小进行设置，同时为了使其颜色鲜明、美观大方，一般需要添加图片等对象。在没有添加图片等对象时，也可以通过对字体颜色、边框、底纹进行设置来达到同样的效果，使其具有观赏性。

图 7-29　"请柬"效果

3. 操作思路

了解了制作"请柬"的相关知识后便可开始进行编辑制作。根据上面的实例目标，本例的操作思路如图 7-30 所示。

制作本案例的主要操作步骤如下。

❶ 打开"请柬.doc"文档，选择【文件】→【页面设置】命令，打开"页面设置"对话框。单击"纸张"选项卡，在"纸张大小"下拉列表框中选择"Japanese Postcard"选项。

① 设置页面

② 设置分栏

③ 设置边框和底纹

图 7-30　制作"请柬"的操作思路

❷ 单击"页边距"选项卡，在"方向"栏中选择"横向"选项，在"上"、"下"、"内侧"和"外侧"数值框中分别输入"2.66 厘米"、"2.25 厘米"、"2 厘米"和"2 厘米"，其他保持默认设置，单击 确定 按钮。

❸ 在文档编辑区中选择所有文本，选择【格式】→【分栏】命令，打开"分栏"对话框，在"预设"栏中选择"两栏"选项，单击 确定 按钮。

❹ 选择除"囍"字以外的文本，然后选择【格式】→【边框和底纹】命令。

❺ 打开"边框和底纹"对话框，单击"边框"选项卡，在"设置"栏中选择"方框"选项，在"线型"列表框中选择"〰〰〰〰〰"选项，在"应用于"下拉列表框中选择"段落"选项。

❻ 单击"底纹"选项卡，在"填充"栏中选择"浅黄"选项，其他保持默认设置，单击 确定 按钮完成设置。

7.3　常见疑难解析

问：怎样设置首字下沉？

答：将文本插入点定位到要设置首字下沉的段落中，选择【格式】→【首字下沉】命令，在打开的"首字下沉"对话框的"位置"栏中可选择"下沉"或"悬挂"，在"选项"栏中可以对具体的选项进行设置，完成后单击 确定 按钮。

问：怎样只打印文档中的部分文本？

答：在文档中选择要打印的部分内容，再打开"打印"对话框，在其中选中⊙所选内容(S)单选项，进行其他设置后即可开始打印。

问：如何快速打印文档？

答：如果要按照已设置好的内容进行打印，可直接单击"常用"工具栏上的"打印"按钮 进行快速打印，而不需要在"打印"对话框中进行设置。

问：怎样在页脚中插入总页数和日期？

答：进入页眉和页脚视图，将文本插入点定位到页脚中的所需位置，单击"页眉和页脚"工具栏中的按钮可以插入文档总页数，单击按钮可以插入当前系统日期。

问：怎样设置页面边框？

答：在文档中选择【格式】→【边框和底纹】命令，打开“边框和底纹”对话框，单击“页面边框”选项卡，在其中按照设置边框的方法进行设置。需注意的是，在“页面边框”选项卡的“艺术型”下拉列表框中可以选择一些 Word 预设的边框类型，如“”和“☆☆☆☆☆”等，从而使文档更加美观。

问：怎样设置和打印页面背景？

答：在要设置页面背景的文档中，选择【格式】→【背景】命令，在弹出的子菜单中选择所需颜色，即可为页面设置背景色；选择“其他颜色”和“填充效果”命令可以设置更多的颜色效果；选择“水印”命令，在打开的对话框中进行相应的操作，可以为文档添加水印文字或者图片背景。默认情况下进行打印时，是不会打印页面背景的，因此在打印前需要进行设置。按【Ctrl+P】键，打开“打印”对话框，单击 选项(O)... 按钮，在打开的对话框中的“打印文档的附加信息”栏中选中 ☑背景色和图像(K) 复选框，单击 确定 按钮即可将其打印出来。

7.4 课后练习

（1）在“郊游通知.doc”文档中，将标题设置为“黑体”、“小二”，将其他文本设置为“宋体”、“Arial（西文）”，效果如图 7-31 所示。

通　知

各位员工：

本公司将于 10 月 24 日（星期六）组织到铁山坪郊游一天。当天早上 8 点整在公司大门口集合，中午由公司组织集体用餐，下午 5 点所有活动结束直接解散。活动期间，各位员工注意人身安全，请听从领导的安排。

总经理办公室

2009 年 10 月 20 日

图 7-31　设置字符格式

（2）在练习（1）的基础上，将文档标题居中，将其他段落文本的行距设置为“1.5 倍行距”，将正文设置为“首行缩进 2 字符”、“1.5 倍行距”，最后将落款文字右对齐。完成后的效果如图 7-32 所示。

通　知

各位员工：

本公司将于 10 月 24 日（星期六）组织到铁山坪郊游一天。当天早上 8 点整在公司大门口集合，中午由公司组织集体用餐，下午 5 点所有活动结束直接解散。活动期间，各位员工注意人身安全，请听从领导的安排。

总经理办公室

2009 年 10 月 20 日

图 7-32　设置段落格式

第8课
Word 2003 的高级应用

学生：老师，我看见好多广告、宣传册上面都有精美的图片、图形，利用 Word 2003 也能做出这样的效果吗？

老师：可以，本课将讲解为文档添加艺术字、文本框、图形和表格等对象的知识，从而使文档更加美观、实用。此外，本课还将介绍长文档的排版方法。

学生：学会了本课中的知识，是不是就可制作出各种 Word 文档了？

老师：将本课所学的知识与前面两课学习的内容结起来，便可以制作出各种类型的 Word 文档。在实际应用中要注意综合应用 Wrd 的各个知识点进行文档制作，并注意不同类型的文档其格式设置与排版要求是有区的，如艺术字、文本框在公文类文档中就使用得很少，而在宣传、简介类文档中使用较。下面开始学习本课的内容。

学习目标

▶ 掌握插入并编辑艺术字的方法

▶ 掌握插入并编辑文本框的方法

▶ 掌握插入并编辑图形的方法

▶ 掌握插入并编辑表格的方法

▶ 熟悉长文档的排版方法

8.1 课堂讲解

本课主要讲述在 Word 2003 中插入并编辑艺术字、文本框、图形和表格等对象，以及长文档的排版方法。通过相关知识点的学习和案例的制作，可以进一步熟悉 Word 2003 高级应用的相关知识。

8.1.1 插入并编辑艺术字

艺术字是 Word 2003 提供的一种带有醒目的颜色、阴影、扭曲、旋转或拉伸等特殊效果的文字，使用它可以使文档的内容更加生动，颜色更加丰富。

1. 插入艺术字

艺术字常用于文档标题、宣传册和海报中，可以达到增强文档吸引力的目的。在文档中插入艺术字的具体操作如下。

❶ 将文本插入点定位到文档中要插入艺术字的位置，单击"绘图"工具栏上的"艺术字"按钮 或选择【插入】→【图片】→【艺术字】命令。

❷ 打开"艺术字库"对话框，选择需要的艺术字样式后单击 确定 按钮。

❸ 打开"编辑'艺术字'文字"对话框，在"文字"文本框中输入艺术字文本，如输入"放飞梦想"。

❹ 在对话框上方对字符格式进行设置，这里设置为"汉仪花蝶体简"、"36"、"加粗"，单击 确定 按钮。即可在文档中插入艺术字。其操作过程如图 8-1 所示。

图 8-1 插入艺术字的操作过程

2. 编辑艺术字

若对插入的艺术字效果不满意，可对其进行编辑。选择艺术字对象后，会显示"艺术字"工具栏，通过单击相应的按钮，可对艺术字进行相应的编辑操作，如图 8-2 所示。

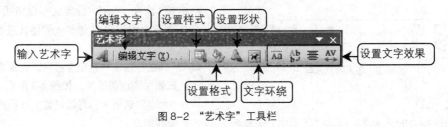

图 8-2 "艺术字"工具栏

⚠ 提示：选择艺术字，拖动其四周的控制点，可从整体调节艺术字的大小。

---

3. 案例——制作艺术字标题

本案例将在一篇还未编辑的空白文档中插入并编辑艺术字作为其标题，效果如图 8-3 所示。通过该案例的学习，进一步熟悉插入并编辑艺术字的操作。

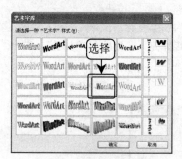

图 8-3　艺术字标题效果

其具体操作如下。

❶ 将文本插入点定位到文档中，单击"绘图"工具栏上的"艺术字"按钮　。

❷ 打开"艺术字库"对话框，选择图 8-4 所示的样式，单击　确定　按钮。

图 8-4　选择艺术字样式

❸ 打开"编辑'艺术字'文字"对话框，在"文字"文本框中输入"多彩世界甜点屋"，在对话框上方将字符格式设置为"方正卡通简体"、"36"、"加粗"，单击　确定　按钮，插入图 8-5 所示的艺术字。

❹ 选择插入的艺术字，单击"艺术字"工具栏中的"艺术字形状"按钮　，在弹出的下拉列表中选择"波形 1"选项　，完成艺术字的编辑。

图 8-5　插入的艺术字

试一试

选择插入的艺术字，单击"艺术字"工具栏中的"艺术字竖排文字"按钮　，看看有什么样的效果。

8.1.2　插入并编辑文本框

通过插入并编辑文本框，可以将文本、图片等放置在文档中的任意位置，使其与文档中的其他内容融合在一起。

1. 插入文本框

下面讲解如何在文档中插入文本框，其具体操作如下。

❶ 选择【插入】→【文本框】→【横排】（或【竖排】）命令。

❷ 此时在文档编辑区中出现"在此处创建图形"的画布，其作用是便于对绘制的图形或文本进行统一的操作，按【Esc】键关闭画布。

❸ 此时鼠标光标呈┼形状，在文本编辑区中按住鼠标左键不放并拖动，即可绘制出矩形文本框。开鼠标左键后文本框中会出现闪烁的文本插入点，在其中输入文本内容或插入图片。图 8-6 所示为横排和竖排文本框的效果。

图 8-6　横排和竖排文本框的效果

2. 编辑文本框

对于文本框中的文本，可以像对文档中的普通文本一样进行格式设置等操作。对于文本框本身的格式，则可单击其边框将其选择，然后单击鼠标右键，在弹出的快捷菜单中选择"设置文本框格式"命令，打开"设置文本框格式"对话框，在各选项卡中可以对文本框的格式进行设置。各选项卡的作用如下。

◎ "颜色与线条"选项卡：可以设置文本框的填充效果和线条效果，如图 8-7 所示。

◎ "大小"选项卡：可以设置文本框的尺寸、旋转和缩放。

◎ "版式"选项卡：可以设置文本框的环绕方式，如浮于文字上方、衬于文字下方、四周型等。

设置文本框格式
颜色与线条 大小 版式 图片 文本框 网站
填充
颜色(C):
透明度(T):
0 %
线条
颜色(O):
线型(S):
虚实(D):
粗细(W):
0.75 磅
箭头
始端样式(B):
末端样式(E):
始端大小(I):
末端大小(Z):
确定 取消

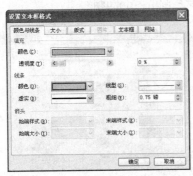

图 8–7 “颜色与线条”选项卡

◎ “文本框”选项卡：可以设置文本框中的内容与文本框的距离，如图 8-8 所示。

设置文本框格式
颜色与线条 大小 版式 图片 文本框 网站
内部边距
左(L): 0 厘米
上(O): 0 厘米
右(R): 0 厘米
下(B): 0 厘米
Word 在自选图形中自动换行(W)
重新调整自选图形以适应文本(T)
转换为图文框(F)...
确定 取消

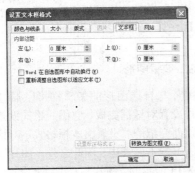

图 8–8 “文本框”选项卡

技巧：选择文本框后，将鼠标光标移动至文本框四周的控制点处，当其变为双箭头↕、↔、↘或↙时，拖动鼠标可改变文本框的大小；当鼠标光标变为四箭头✥时，拖动鼠标可以移动文本框的位置。

3. 案例——用文本框添加说明

本案例将在文档中插入文本框，并在其中添加说明性文字，然后对文本框进行编辑，效果如图 8-9 所示。通过该案例的学习，进一步巩固文本框的使用方法。

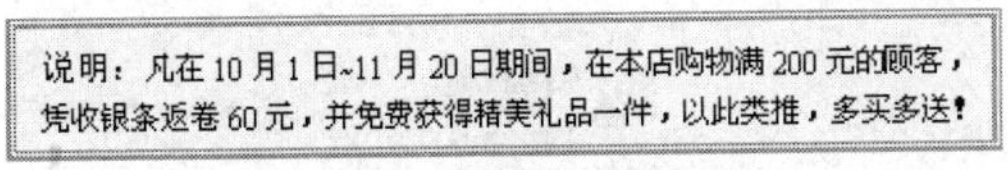

说明：凡在 10 月 1 日~11 月 20 日期间，在本店购物满 200 元的顾客，凭收银条返卷 60 元，并免费获得精美礼品一件，以此类推，多买多送！

图 8–9 编辑文本框后的效果

其具体操作如下。

❶ 选择【插入】→【文本框】→【横排】命令，按【Esc】键关闭画布。

❷ 此时鼠标光标呈十形状，在文本编辑区中按住鼠标左键不放并拖动，至合适的位置释放鼠标，得到绘制的文本框，在其中输入说明性文字。

❸ 利用“格式”工具栏将其中的“说明：”文本设置为“黑体”、“五号”，将其他文本设置为“宋体”、“小五”，效果如图 8-10 所示。

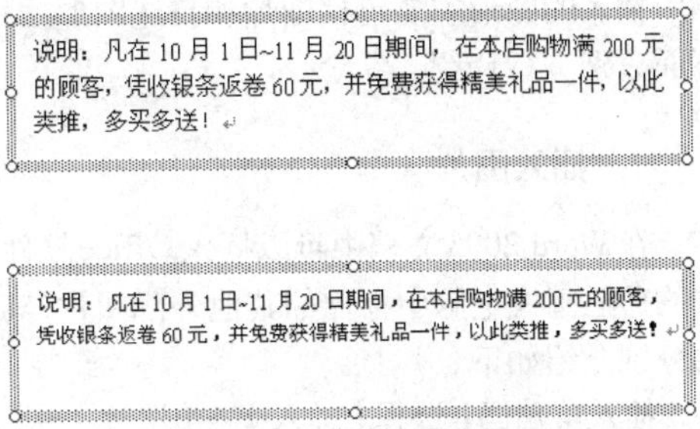

说明：凡在 10 月 1 日~11 月 20 日期间，在本店购物满 200 元的顾客，凭收银条返卷 60 元，并免费获得精美礼品一件，以此类推，多买多送！
说明：凡在 10 月 1 日~11 月 20 日期间，在本店购物满 200 元的顾客，凭收银条返卷 60 元，并免费获得精美礼品一件，以此类推，多买多送！

图 8–10 输入并设置文本

❹ 在文本框边框上单击鼠标右键，在弹出的快捷菜单中选择“设置文本框格式”命令，打开“设置文本框格式”对话框。在“填充”栏的“颜色”下拉列表框中选择“浅黄”选项，在“线条”栏的“颜色”下拉列表框中选择“橙色”选项，在“线型”下拉列表框中选择“═══”选项，其他保持默认设置，单击 确定 按钮，如图 8-11 所示。

❺ 返回文档编辑区后，将鼠标光标移动至文本框下方的控制点处，当其变为双箭头↕时，按住鼠标左键不放并向上拖动，然后将鼠标光标移动至文本框的边框线上，当其变为四箭头✥时，将文本框拖动到合适的位置。其最终效果如图 8-9 所示。

设置文本框格式
颜色与线条 大小 版式 图片 文本框 网站
填充
颜色(C):
透明度(T):
0 %
线条
颜色(O):
线型(S):
虚实(D):
粗细(W):
3 磅
箭头
始端样式(B):
末端样式(E):
始端大小(I):
末端大小(Z):
设置
确定 取消

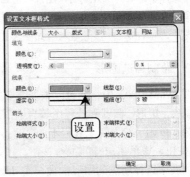

图 8–11 设置文本框格式

⏱ **试一试**

在"填充"栏的"颜色"下拉列表框中选择"填充效果"命令，在打开的对话框中进行各种设置，看看有什么样的效果。

8.1.3 插入并编辑图形

图形是丰富 Word 文档时常用的元素。在文档中插入的图形主要包括图片和自选图形两种，下面分别进行介绍。

1. 插入图片

在 Word 2003 文档中可以插入 Office 软件自带的剪贴画或电脑中存储的其他外部图片，其方法分别介绍如下。

◎ 插入剪贴画：选择【插入】→【图片】→【剪贴画】命令，在操作界面右侧打开"剪贴画"任务窗格，在"搜索文字"文本框中输入图片的关键字，单击 搜索 按钮，在下面的列表框中单击要插入的剪贴画即可，如图 8-12 所示。

图 8-12　插入剪贴画

◎ 插入外部图片：选择【插入】→【图片】→【来自文件】命令，打开"插入图片"对话框，选择图片保存的位置后，在列表框中选择所需的图片，再单击 插入(S) 按钮，如图 8-13 所示。

2. 绘制自选图形

在 Word 2003 中，还可以根据需要绘制线条、箭头、矩形、椭圆和流程图等自选图形，其方法为：单击"绘图"工具栏上的 ＼、 ＼、 □ 或 ○ 按钮，或单击 自选图形(U)▼ 按钮，在弹出的下拉列表中选择所需的图形样式，按【Esc】键关闭画布，此时鼠标光标变成 十 形状，拖动鼠

标即可绘制出相应的图形。

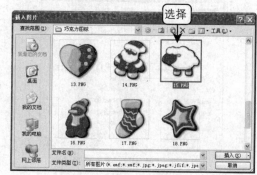

图 8-13　插入外部图片

⚠ **提示**：若当前界面中没有显示"绘图"工具栏，则可选择【视图】→【工具栏】→【绘图】命令将其显示出来。

3. 编辑图形

图片与自选图形的编辑都可以通过各自的格式设置对话框完成，它们的格式设置对话框与前面介绍的"设置文本框格式"对话框类似，这里就不再赘述。除此之外，图片还可通过图 8-14 所示的"图片"工具栏来设置，而自选图形也可通过单击"绘图"工具栏上的 绘图(D)▼ 按钮，根据弹出的菜单进行设置，如图 8-15 所示。

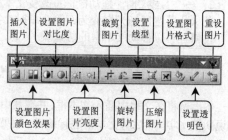

图 8-14　"图片"工具栏

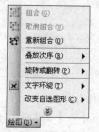

图 8-15　"绘图"菜单

提示：插入到文档中的艺术字、剪贴画以及图片在默认情况下其环绕方式为"嵌入型"，而文本框、自选图形默认为"浮于文字上方"。

4. 案例——为"产品介绍"文档配图

本案例将为"产品介绍.doc"文档添加剪贴画以及自选图形，然后对其进行编辑，效果如图 8-16 所示。通过该案例的学习，进一步巩固插入并编辑各类图形的操作。

图 8-16 "产品介绍"文档的最终效果

其具体操作如下。

❶ 打开"产品介绍.doc"文档，选择【插入】→【图片】→【剪贴画】命令，在"剪贴画"任务窗格的"搜索文字"文本框中输入"面霜"关键字，单击 搜索 按钮，在下面的列表框中单击图 8-17 所示的剪贴画，将其插入到文档中。

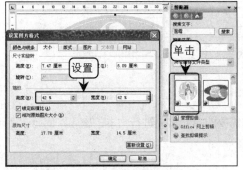

图 8-17 插入和编辑剪贴画

❷ 在剪贴画上单击鼠标右键，在弹出的快捷菜单

中选择"设置图片格式"命令，打开"设置图片格式"对话框，单击"版式"选项卡，在其中选择"四周型"选项。

❸ 单击"大小"选项卡，在"缩放"栏的"高度"数值框中输入"42%"，将鼠标光标定位到"宽度"数值框中，其中的数值自动变为"42%"，单击 确定 按钮。

❹ 将剪贴画移动至文档的右上方，然后用同样的方法插入图 8-18 所示的图片，并将其设置为"浮于文字上方"、"缩放 42%"，并对其位置进行移动。

图 8-18 移动剪贴画位置

❺ 单击"绘图"工具栏上的 自选图形(U)▾ 按钮，在弹出的菜单中选择【箭头汇总】→【右箭头】命令，按【Esc】键关闭画布，然后在"功效："文本前拖动鼠标绘制出一个箭头形状，再单击鼠标右键，在弹出的快捷菜单中选择"设置自选图形格式"命令。

❻ 打开"设置自选图形格式"对话框，单击"颜色与线条"选项卡，在"线条"栏的"颜色"下拉列表框中选择"玫瑰红"选项，在"填充"栏的"颜色"下拉列表框中选择"填充效果"选项，打开"填充效果"对话框。在"渐变"选项卡中按照图 8-19 所示的选项进行设置，单击 确定 按钮。

❼ 按住【Ctrl】键和【Shift】键的同时，将箭头形状拖动到"品种："文本前，将其复制到同一垂直位置，完成本案例的操作。

试一试

在插入的剪贴画、自选图形上双击鼠标左键，看看有什么样的效果。

图 8-19　设置自选图形

8.1.4　插入并编辑表格

在 Word 2003 中提供了较为强大的表格处理功能，可以方便地在文档中插入表格，还可以在表格中添加文本和图形。

1. 插入表格

在 Word 2003 中可以通过"插入表格"对话框进行表格的插入，其具体操作如下。

❶　将文本插入点定位到所需位置，选择【表格】→【插入】→【表格】命令。

❷　打开"插入表格"对话框，在"表格尺寸"栏中的"行数"和"列数"数值框中分别输入表格的行数和列数，单击 _____确定_____ 按钮，即可插入相应的表格，如图 8-20 所示。

图 8-20　插入表格

2. 编辑表格

完成表格的插入后，就可以将文本插入点定位到需要的单元格中进行文本的输入，同时，还可根据需要对表格进行编辑。

在表格中选择单元格

要对表格中的内容进行编辑，首先需要选择表格中的相应单元格，其方法如表 8-1 所示。

表 8-1	在表格中选择单元格的方法
操作目的	操作方法
选择一个单元格	将鼠标光标指向该单元格的左侧，待其变为 ➚ 形状后单击
选择一整行	将鼠标光标指向该行的左侧，待其变为 ↗ 形状后单击
选择一整列	将鼠标光标指向该列的顶端，待其变为 ↓ 形状后单击
选择连续的几行或几列	在要选择的单元格、行或列上拖动鼠标
选择整个表格	单击表格左上角的 ✛ 图标

插入行或列

在编辑表格内容的过程中，可根据需要插入行或列，其操作方法如下。

◎ 插入行：选择表格中要插入行的上一行或下一行，选择【表格】→【插入】命令，在弹出的子菜单中选择"行（在上方）"或"行（在下方）"命令。

◎ 插入列：选择表格中要插入列的前一列或后一列，选择【表格】→【插入】命令，在弹出的子菜单中选择"列（在左侧）"或"列（在右侧）"命令。

插入单元格

若需要在表格中插入一个单元格，其具体操作如下。

❶ 将文本插入点定位到要插入单元格的位置。

❷ 选择【表格】→【插入】→【单元格】命令，打开图 8-21 所示的"插入单元格"对话框。

❸ 选择一种插入方式，单击 确定 按钮，便可在表格中插入单元格。

单元格的拆分与合并

对单元格进行编辑时，可以根据需要对单元格进行拆分与合并，其操作方法如下。

◎ 拆分单元格：选择要拆分的单元格，选择【表格】→【拆分单元格】命令，或单击鼠标右键，在弹出的快捷菜单中选择"拆分单元格"命令，打开"拆分单元格"对话框。在"列数"和"行数"数值框中分别输入列数和行数，单击 确定 按钮，如图 8-22 所示。

◎ 合并单元格：选择要合并的单元格，选择【表格】→【合并单元格】命令，或单击鼠标右键，在弹出的快捷菜单中选择"合并单元格"命令。

删除行、列或单元格

对于多余的行、列或单元格，可将其删除。其方法为：选择表格中要删除的行、列或单元格，选择【表格】→【删除】命令，在弹出的子菜单中选择"表格"、"行"或"列"命令，即可将整个表格或选择的行、列删除。若选择"单元格"命令，将打开"删除单元格"对话框，如图 8-23 所示。在其中选中所需的单选项，然后单击 确定 按钮。

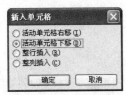

图 8-21　"插入单元格"对话框

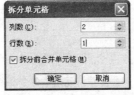

图 8-22　"拆分单元格"对话框

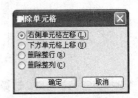

图 8-23　"删除单元格"对话框

提示：如果要对表格的行高和列宽进行调整，方法是将鼠标光标移动至行线或列线处，当其变为÷或⫲形状时，按住鼠标左键，向上下或左右进行拖动，至所需位置后释放鼠标即可。

3. 设置表格格式

在完成表格数据的添加以及表格的编辑后，可以对其进行设置，如设置表格的边框、底纹样式，以及表格内容的对齐方式等，使其更加美观。

设置表格的边框与底纹

为表格设置边框和底纹的方法与为字符设置边框和底纹的方法类似。选择要进行设置的部分，再单击鼠标右键，在弹出的快捷菜单中选择“边框和底纹”命令，打开“边框和底纹”对话框，在“边框”和“底纹”选项卡中进行设置后单击 确定 按钮。

自动对齐表格内容

Word 2003 中，表格中的内容在默认情况下是靠两端对齐的，也可根据需要设置相应的对齐方式，其方法为：选择需设置对齐方式的行、列或单元格后，单击鼠标右键，在弹出的快捷菜单中选择“单元格对齐方式”命令，在其子菜单中提供了9 种对齐方式，选择其中的命令便可改变表格中数据的对齐方式，如图 8-24 所示。

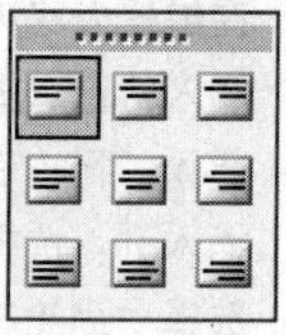

图 8-24　对齐方式

4. 案例——制作“报价表”文档

本案例将在“报价表.doc”文档中插入并编辑表格，然后对其进行美化，效果如图 8-25 所示。通过该案例的学习，进一步巩固插入并编辑表格的操作。

报 价 表

编号：　　　　年　月　日

产品名称：	精品真皮钱包	图样	
产　　地：	香港		
报　　价：	159 元/个		
销售条件：	不含运费		
备　　注：	50 个起批，100 个 9.5 折，200 个 8.5 折		

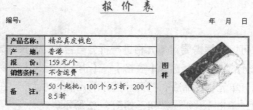

图 8-25　“报价表”的效果

其具体操作如下。

❶ 打开“报价表.doc”文档，将文本插入点定位到“编号：”文本下的第二个空行中，选择【表格】→【插入】→【表格】命令。

❷ 打开“插入表格”对话框，在“表格尺寸”栏的“列数”和“行数”数值框中分别输入“4”和“5”，单击 确定 按钮。

❸ 将鼠标光标移动至表格的列线处，当其变为⫲形状时拖动鼠标，效果如图 8-26 所示。

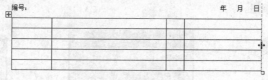

图 8-26　调整表格列宽

❹ 选择第三列单元格，选择【表格】→【合并单元格】命令将其合并。使用相同的方法将第四列的单元格进行合并。

❺ 选择前两列单元格，单击鼠标右键，在弹出的
快捷菜单中选择【单元格对齐方式】→【居中
左对齐】命令，用类似的方法将后两列单元格
设置为"居中"。

❻ 选择整个表格并单击鼠标右键，在弹出的快捷
菜单中选择"边框和底纹"命令，打开"边框
和底纹"对话框。在"边框"选项卡的"设置"
栏中选择"网格"选项，在"线型"列表框中
选择"——————"线型样式，单击
[确定]按钮，如图 8-27 所示。

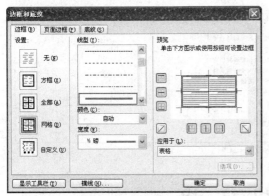

图 8-27 设置表格边框格式

❼ 将第一、第三列的底纹设置为"灰色"、"10%"，
然后在表格中输入并设置文本，最后将文档中
的图片素材移动到第四列中，完成设置。

⏱ 试一试

双击表格，对打开的对话框进行查看，并进
行各种设置，看看有什么样的效果。

8.1.5 长文档的排版

在编辑长文档时可以对其应用样式，并可通
过文档结构图查看长文档的标题级别，还可以制
作目录，下面分别进行介绍。

1. 使用样式

对于长文档通常可以对标题、正文等应用
样式，使同一层级的文本拥有统一的样式。将
文本插入点定位到要设置样式的段落中，选择
【格式】→【样式和格式】命令或单击"格式"
工具栏最左侧的[◢]按钮，在打开的"样式和
格式"任务窗格中选择要应用的样式名称，如

图 8-28 所示。

⚠ 提示：除了可以使用 Word 自带的样式外，
还可以创建样式，其方法是单击"样式和
格式"任务窗格中的[新样式...]按钮，打开"新
建样式"对话框，在其中对名称、样式类
型及样式基于等进行设置，然后单击
[格式⑩▾]按钮，通过弹出的菜单对应用该
样式的文本（段落）的格式进行设置，如
图 8-29 所示。

图 8-28 使用样式

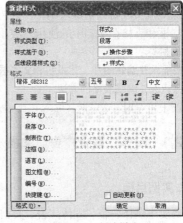

图 8-29 创建样式

2. 使用文档结构图

对于应用了样式的长文档，可以打开文档结
构图，通过它对文档的层级进行查看，并可通过
单击其中的标题快速定位到文档中的相应位置。
选择【视图】→【文档结构图】命令，在操作界
面的左侧就出现相应的窗格，如图 8-30 所示。

3. 制作目录

对于定义了多级标题样式的文档，可以通过 Word 的"索引和目录"功能为其制作目录。方法是选择【插入】→【引用】→【索引和目录】命令，打开"索引和目录"对话框，单击"目录"选项卡，在"显示级别"数值框中输入要提取的标题级别，如输入"3"表示将提取 1、2、3 级标题的目录，选中"显示页码"复选框将提取各级标题的页码，单击 确定 按钮，便可制作出长文档的目录，如图 8-31 所示。

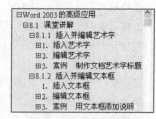

图 8-30 文档结构图

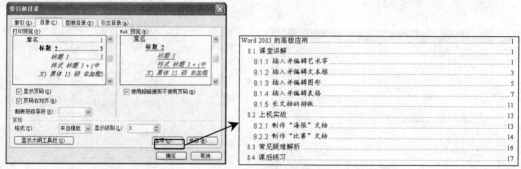

图 8-31 制作目录

8.2 上机实战

本课上机实战将分别练习制作"宣传广告"文档和"个人简历"文档，进一步巩固图片、艺术字、文本框和表格在文档中的使用方法。

上机目标：

◎ 掌握插入并编辑图片、艺术字和文本框的方法；

◎ 掌握插入并编辑表格的方法。

建议上机学时：2 学时。

8.2.1 制作"宣传广告"文档

1. 实例目标

本例要求制作一篇"宣传广告"文档，完成后的参考效果如图 8-32 所示。本例主要运用插入并设置艺术字、图片和文本框等操作。

2. 专业背景

广告有广义和狭义之分，广义广告包括非经济广告和经济广告。非经济广告是指不以盈利为目的的广告，又称效应广告，如政府行政部门、社会事业单位乃至个人的各种公告、启事、声明等，主要目的是推广。狭义广告仅指经济广告，又称商业广告，是指以盈利为目的的广告，通常是商品生产者、经营者和消费者之间沟通信息的重要手段，或企业占领市场、推销产品、提供劳务的重要形式，主要目的是扩大经济效益。

图 8-32 "宣传广告"文档效果

3. 操作思路

根据上面的实例目标，本例的操作思路如图 8-33 所示。

① 插入并设置图片

② 插入并设置艺术字

③ 插入并设置文本框

图 8-33 制作"宣传广告"的操作思路

制作本案例的主要操作步骤如下。

❶ 打开"宣传广告.doc"文档，选择【插入】→【图片】→【来自文件】命令，打开"插入图片"对话框。选择本课素材图片所在的位置后，选择"背景.png"、"图片 1.png"～"图片 2.png"素材图片，单击 插入(S) 按钮将其插入。

❷ 选择"背景"图片，在"图片"工具栏中单击"文字环绕"按钮 ，在弹出的菜单中选择"衬于文字下方"命令，然后将其拖动至文档上方，并与页面重合。

❸ 用类似的方法将"图片 1"～"图片 2"图片设置为"浮于文字上方"，并移动至相应的位置。

❹ 选择【插入】→【图片】→【艺术字】命令，打开"艺术字库"对话框，选择倒数第二行右边的第一种艺术字样式后，单击 确定 按钮。

❺ 打开"编辑'艺术字'文字"对话框，在"文字"文本框中输入文档标题"2009 年度重庆陶瓷展销会"文本，并将字符格式设置为"华文行楷"、"44"、"加粗"，单击 确定 按钮。

❻ 将艺术字设置为“浮于文字上方”，然后拖动其右侧的控制点，对其大小进行调整。

❼ 选择艺术字，单击“艺术字”工具栏中的“设置艺术字格式”按钮，在打开的对话框中单击“颜色与线条”选项卡，在“填充”栏的“颜色”下拉列表框中选择“填充效果”选项。

❽ 打开“填充效果”对话框的“渐变”选项卡，在“颜色”栏中选中 双色(T) 单选项，在“颜色 1”和“颜色 2”下拉列表框中分别选择“黄色”和“白色”，在“底纹样式”栏中选中 水平(Z) 单选项，在“变形”栏中选择第一种样式，单击 确定 按钮。

❾ 返回“设置艺术字格式”对话框，在“颜色”下拉列表框中选择“灰色”、“50%”，单击 确定 按钮。

❿ 用类似的方法插入“观瓷器之粹，品中国之味！”艺术字，将其设置为“浮于文字上方”，并将其填充色设置为“深红”。再单击“艺术字”工具栏中的“艺术字形状”按钮，将其形状设置为“细上弯弧”状，最后对其大小和位置进行调整。

⓫ 选择【插入】→【文本框】→【横排】命令，按【Esc】键关闭画布，此时鼠标光标呈十形状，在文本编辑区中按住鼠标左键不放并拖动，至合适的位置释放鼠标，得到绘制的文本框，在其中输入时间和地址。

⓬ 通过“格式”工具栏将文本框中的文字内容设置为“宋体”（西文为“Times New Roman”）、“四号”、“加粗”、“褐色”。

⓭ 通过“设置文本框格式”对话框，将文本框的填充颜色和线条颜色设置为“无填充颜色”和“无线条颜色”，将其移动到适当的位置，完成本案例的操作。

8.2.2 制作“个人简历”文档

1. 实例目标

本例将制作“个人简历”文档，完成后的参考效果如图 8-34 所示。本例主要运用插入并编辑表格的操作。

个人简历

姓 名		性别		出生日期		年龄		
户籍地址				联系电话				
通讯地址				证件号码				
毕业学校	年		学校		系		专业	
政治面貌				求职意向				
教育经历								
曾获奖励								
自我鉴定								
特长								

图 8-34 “个人简历”文档效果

2. 专业背景

个人简历是求职者给招聘单位发的一份简要介绍，一般包含自己的一些基本信息，如姓名、性别、年龄、民族、籍贯、政治面貌、学历、联系方式、自我评价、工作经历、学习经历、离职原因及本人对这份工作的理解等内容。由于简历是招聘单位对求职者的初步认识，因此对求职者来说，一份好的个人简历对于获得面试机会至关重要。

3. 操作思路

根据上面的实例目标，本案例的操作思路如图 8-35 所示。

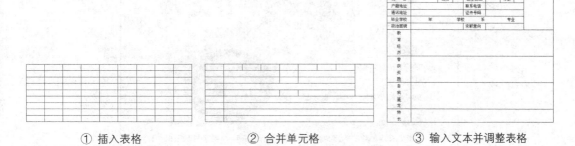

① 插入表格   ② 合并单元格   ③ 输入文本并调整表格

图 8-35　制作"个人简历"的操作思路

制作本例的主要操作步骤如下。

❶ 在空白文档中输入并设置标题文本，然后按两次【Enter】键换行，选择【表格】→【插入】→【表格】命令。

❷ 打开"插入表格"对话框，在"表格尺寸"栏的"列数"和"行数"数值框中分别输入"9"和"9"，单击 确定 按钮。

❸ 选择第 2 行的第 2~4 个单元格，选择【表格】→【合并单元格】命令将其合并。使用相同的方法将表格中其他需要合并的单元格进行合并。

❹ 在表格中输入详细的文字内容，然后设置其对齐方式。

❺ 将鼠标光标移动至表格的列线处，当其变为 形状时拖动鼠标，使其列宽适应文本内容。

❻ 选择整个表格并单击鼠标右键，在弹出的快捷菜单中选择"边框和底纹"命令，打开"边框和底纹"对话框。在"边框"选项卡的"设置"栏中选择"网格"选项，在"线型"列表框中选择"————"选项，然后在"宽度"下拉列表框中选择"1 $\frac{1}{2}$ 磅"选项，单击 确定 按钮。

8.3　常见疑难解析

问：怎样改变文本的方向？

答：选择所需文本后，选择【格式】→【文字方向】命令，打开"文字方向"对话框，在"方向"栏中选择一种文字的方向，在"应用于"下拉列表框中选择应用范围，在"预览"框中预览设置后的效果，单击 确定 按钮。

问：在自选图形中可以添加文字吗？

答：除线条外，在绘制的大多数图形中都可以插入文字，其方法是在图形上单击鼠标右键，在弹出的快捷菜单中选择"添加文字"命令，这时文本插入点定位在图形内部，可在其中输入所需文字。

8.4 课后练习

(1) 打开“食谱.doc”文档，插入并编辑艺术字、图片和自选图形，制作出图文并茂的文档效果。制作完成后的效果如图 8-36 所示。

干锅茶树菇的制作方法

用料：

茶树菇、五花肉、腊肠

调料：

青椒、洋葱、红辣椒、干辣椒、蒜、大葱、生姜、花椒

做法：

1、将泡好的茶树菇剪去蒂，剪成 4 厘米长的段，控干水分备用（也可将茶树菇过下油，沥干油分备用）。
2、五花肉切丝，青椒、洋葱切适当大小；红辣椒切段，葱切段、蒜切块、姜切片；郫县豆瓣酱、剁椒酱、老干妈油辣椒备用。
3、锅中放少许油将洋葱和青椒块略炒盛到干锅中垫底。
4、五花肉煸出油盛出备用。
5、锅置旺火上，放入植物油（放入略多的油），煸香花椒、干辣椒，放入大葱段、生姜片、大蒜块翻炒。
6、放入郫县豆瓣、剁椒酱、老干妈油辣子翻炒均匀，加入茶树菇煸香，加入盐、鸡精、白糖，翻炒均匀入味加腊肠和五花肉，淋入红油和香油，出锅装入干锅内，撒胡椒粉、葱段即成。

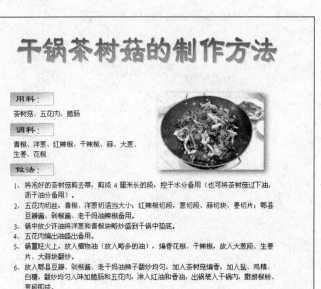

图 8-36 “食谱”文档的最终效果

(2) 使用插入表格、合并单元格、设置表格边框和底纹等操作制作“员工档案表.doc”文档，其最终效果如图 8-37 所示。

员工档案表

员工编号：

姓　名		性别		出生日期		年龄		照片
户籍地址				联系电话				
通讯地址				证件号码				
最高学历	年		学校		系	专业		
担任职位		待遇			□已婚　□ 未婚			
教育经历								
工作经历								
自我评价								
特长								

填表人：　　　　年　月　日

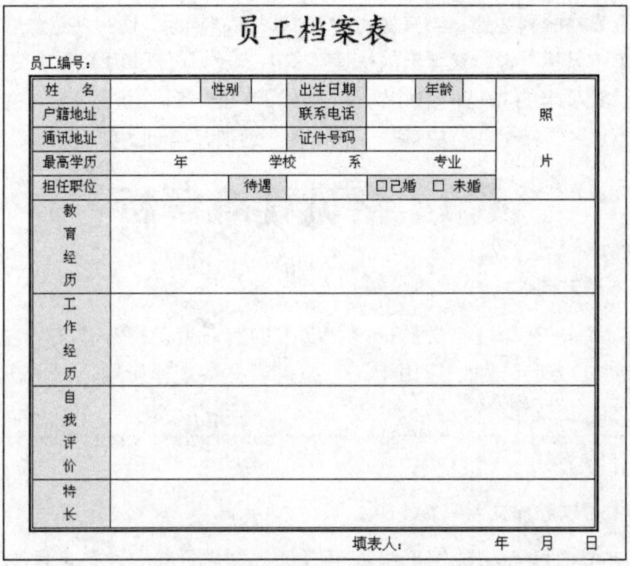

图 8-37 “员工档案表”文档的最终效果

第 9 课
Excel 2003 基础知识

学生：老师，常听人说用 Word 制作文档，用 Excel 制作表格。我已经掌握了 Word 的使用方法，那接下来是不是应该学习 Excel 了呢？

老师：是的。在学习 Excel 之前，首先要清楚什么是 Excel。它是 Microsoft 公司出品的 Office 系列办公软件中的一个组件，确切地说，它是一个电子表格软件，可以制作各种电子表格，完成许多复杂的数据运算，以及进行数据的分析和预测等，并且具有强大的制作图表的功能，可以轻松地完成销售报表和成绩表等表格的制作。

学生：老师制作的成绩表就是通过 Excel 完成的吗？

老师：是的！Excel 不仅可以快速地制作表格，还可以对数据进行准确的计算，因此在办公中应用非常广泛。

学生：看来 Excel 真的非常重要，那我们就赶快学习吧！

学习目标

▶ 认识 Excel 2003 的操作界面

▶ 认识工作簿、工作表和单元格

▶ 掌握工作簿的基本操作

▶ 掌握工作表的操作

▶ 掌握单元格的基本操作

9.1 课堂讲解

本课主要讲述 Excel 2003 的操作界面，工作簿、工作表和单元格的含义，以及它们的基本操作。在本课的学习中，工作簿、工作表和单元格的基本操作是学习的重点，同时它们也是 Excel 的基础知识，只有掌握好它们的操作方法，才能灵活地使用 Excel 高效地完成表格的制作。

9.1.1 认识 Excel 2003 的操作界面

选择【开始】→【所有程序】→【Microsoft Office】→【Microsoft Office Excel 2003】命令，启动 Excel 2003 并进入其操作界面，如图 9-1 所示。

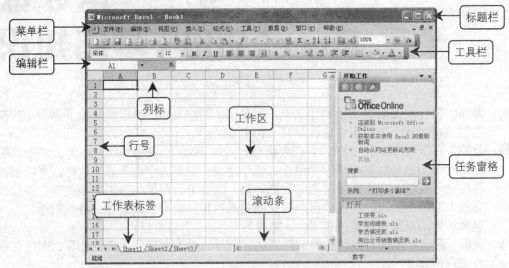

图 9-1　Excel 2003 的操作界面

在 Excel 2003 操作界面中，与 Word 2003 功能相同的部分这里不再介绍，其他各部分的功能介绍如下。

◎ **编辑栏**：用于显示活动单元格中的内容及单元格的名称。

◎ **工作区**：操作界面中最大的带有网格的白色区域就是编辑表格的工作区域，它主要由单元格和网格线两部分组成，其右侧和下方显示有滚动条。

◎ **行号和列标**：一组代表行或列的编号，其中表格顶部的 A、B、C 等字母表示列标，左侧的 1、2、3 等数字表示行号。单击某一行号或列标可以选择整行或整列单元格。

◎ **工作表标签**：用于显示工作表的名称。单击工作表标签可激活相应的工作表。

9.1.2 认识工作簿、工作表和单元格

在认识了 Excel 的操作界面之后，还需要对 Excel 中的工作簿、工作表和单元格这 3 个基本概念有一定的了解，介绍如下。

◎ **工作簿**：Excel 中的一个文件就是一个工作簿，它主要用于运算和保存数据。在默认情况下，启动 Excel 2003 后将自动创建一个工作簿，名为"Book1"，它是所有工作表的集合。

◎ **工作表**：工作表是工作簿窗口中由网格线组成的表格，称为电子表格，用于存储和处理数据。在默认情况下创建的"Book1"工作簿中自动创建了 3 个工作表：Sheet1、Sheet2 和 Sheet3。

◎ **单元格**：单元格是工作表中的每一个小格子，是 Excel 中最基本的数据存储单元。单元格的引用是通过指定其行号和列标来实现的，如选中第 B 列的第 3 行，其表达方式为 B3。多个单元格的集合被称为单元格区域，如选择 A1 至 B6 范围内的所有单元格，其表达方式为 A1：B6。

在 Excel 2003 中，工作簿、工作表和单元格 3 者属于包含和被包含的关系，即工作簿中包含工作表，工作表中包含单元格，如图 9-2 所示。

图 9-2　工作簿、工作表和单元格间的关系

⊙ 9.1.3　工作簿的基本操作

掌握工作簿的操作是使用 Excel 的第一步，其基本操作包括新建工作簿、保存工作簿、打开工作簿和保护工作簿等。下面进行具体的讲解。

1. 新建工作簿

默认情况下，启动 Excel 2003 后将自动创建一个名为 Book 1 的工作簿，根据需要还可以新建其他空白工作簿。下面新建一个空白工作簿，其具体操作如下。

❶ 在 Excel 2003 的操作界面中选择【文件】→【新建】命令，打开"新建工作簿"任务窗格，如图 9-3 所示。

❷ 在"新建工作簿"任务窗格中单击"空白工作簿"超级链接，即可完成新建操作，如图 9-4 所示。

图 9-3　选择"新建"命令

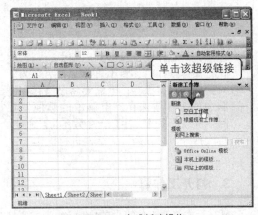

图 9-4　完成新建操作

2. 保存工作簿

在新建的工作簿中输入数据后，为了便于下次查阅，需要执行保存工作簿操作。下面保存新建的空白工作簿，其具体操作如下。

❶ 在新建的工作簿中输入数据后，选择【文件】→【保存】命令，如图 9-5 所示。

图 9-5　选择"保存"命令

❷ 打开"另存为"对话框，在"保存位置"下拉列表框中选择工作簿的保存位置，在"文件名"下拉列表框中输入工作簿的名称，单击 保存(S) 按钮，即可完成保存操作，如图9-6所示。

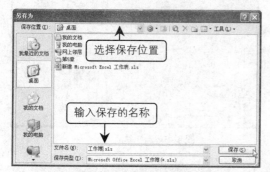

图9-6 "另存为"对话框

> 注意：若工作簿已保存到电脑中，则再次执行保存操作时，将不再打开"另存为"对话框而直接保存。当需要将已保存在电脑中的工作簿保存到电脑中的其他位置时，可以选择【文件】→【另存为】命令，再次打开"另存为"对话框进行操作。

3. 打开工作簿

要查看或修改工作簿中的内容，首先需要打开工作簿。在 Excel 2003 中打开工作簿的方法有通过对话框和双击工作簿图标两种，其方法分别介绍如下。

◎ 通过对话框打开：启动 Excel 2003 后，选择【文件】→【打开】命令，打开图9-7所示的"打开"对话框，在"查找范围"下拉列表框中选择工作簿的保存位置，在中间的列表框中选择要打开的工作簿名称，单击 打开(O) 按钮。

图9-7 "打开"对话框

◎ 双击工作簿图标：在"我的电脑"窗口中打开工作簿的保存位置，然后双击 Excel 工作簿图标，即可启动 Excel 2003，并打开该工作簿。

4. 保护工作簿

在日常工作中，工作簿中存放的数据都是非常重要的，为了防止他人更改其中的数据，可以通过设置密码保护工作簿，其具体操作如下。

❶ 打开要保护的工作簿，选择【工具】→【保护】→【保护工作簿】命令，如图9-8所示。

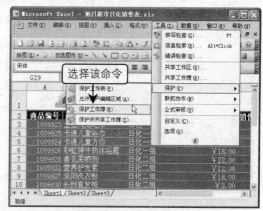

图9-8 选择"保护工作簿"命令

❷ 打开"保护工作簿"对话框，在"密码"文本框中输入要设置的密码，单击 确定 按钮，如图9-9所示。

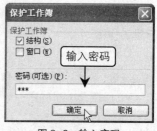

图9-9 输入密码

❸ 打开"确认密码"对话框，在"重新输入密码"文本框中再次输入密码，单击 确定 按钮完成操作，如图9-10所示。设置后则需要输入正确的密码才可对工作簿进行操作。

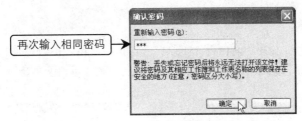

图 9-10 输入确认密码

9.1.4 工作表的基本操作

工作表是处理数据的主要场所，因此掌握插入、切换、删除、重命名、复制、移动和保护工作表的方法也是非常重要的。

1. 插入和切换工作表

默认情况下，新建工作簿中包含"Sheet1"、"Sheet2"和"Sheet3"3 张工作表，可以进行插入和切换工作表的操作。

插入新的工作表的方法是先选中要插入工作表之前的工作表标签，单击鼠标右键，在弹出的快捷菜单中选择"插入"命令，打开图 9-11 所示的"插入"对话框，在"常用"选项卡中的列表框中选择"工作表"选项，单击 确定 按钮，返回工作簿即可看到已插入的新工作表"Sheet4"。

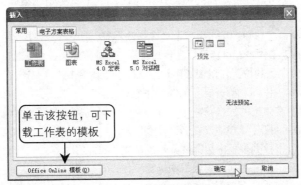

图 9-11 "插入"对话框

由于一个工作簿可以拥有数十张工作表，在查看数据时，就必须掌握切换工作表的方法。其方法是用鼠标单击要切换至的工作表标签，即可切换至该工作表。

2. 删除工作表

根据需要可以对多余的工作表执行删除操作，其方法是选中要删除的工作表标签，单击鼠标右键，在弹出的快捷菜单中选择"删除"命令，在打开的提示对话框中单击 删除 按钮完成操作，如图 9-12 所示。

图 9-12 确认删除

3. 重命名工作表

Excel 2003 中默认工作表的名称为"Sheet1"、"Sheet2"和"Sheet3"等，在实际操作中，这样的名称不便于查找数据，此时可以对工作表的名称进行更改，以便下次查阅。重命名工作表有如下两种方法。

◎ **通过右键菜单重命名**：选择要重命名的工作表标签，单击鼠标右键，在弹出的快捷菜单中选择"重命名"命令，此时工作表名称处于黑底白字的可编辑状态，如图 9-13 所示，输入新的工作表名称即可。

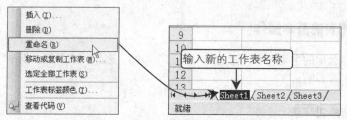

图 9-13　通过右键菜单重命名工作表

◎ **双击工作表标签重命名**：在要重命名的工作表标签上双击鼠标左键，工作表名称处于黑底白字的可编辑状态，在其中输入新的工作表名称即可。

4. 复制工作表

复制工作表有两种情况，一种是在同一工作簿中复制，另一种是在不同工作簿中复制。这两种复制方法分别介绍如下。

◎ **在同一个工作簿中复制工作表**：单击要复制的工作表标签，按住【Ctrl】键沿标签行拖动，当鼠标光标变成　形状时，拖动工作表至目标位置后释放鼠标，完成复制。在拖动时工作表标签上将显示一个　图标表示工作表复制到的位置，以便准确地完成同一工作簿中的复制操作。

◎ **在不同工作簿中复制工作表**：单击要复制的工作表标签，单击鼠标右键，在弹出的快捷菜单中选择"移动或复制工作表"命令，打开"移动或复制工作表"对话框。在"工作簿"下拉列表框中选择要复制到的工作簿，在"下列选定工作表之前"列表框中选择工作表的位置，选中☑建立副本(C)复选框，单击　确定　按钮即可完成操作，如图 9-14 所示。

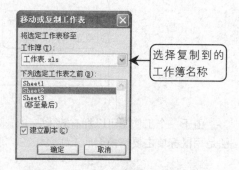

图 9-14　"移动或复制工作表"对话框

5. 移动工作表

移动工作表的操作与复制工作表类似，也分为在同一工作簿中移动和在不同工作簿中移动两种情况，其方法分别介绍如下。

◎ **在同一个工作簿中移动**：单击要移动的工作表标签，按住鼠标左键不放，沿标签行拖动，当鼠标光标变成　形状时，拖动工作表至目标位置后释放鼠标，完成移动。

◎ **在不同工作簿中移动**：单击要移动的工作表标签，单击鼠标右键，在弹出的快捷菜单中选择"移动或复制工作表"命令，打开"移动或复制工作表"对话框。在"工作簿"下拉列表框中选择要移动到的工作簿，在"下列选定工作表之前"列表框中选择工作表的位置，取消选中☐建立副本(C)复选框，单击　确定　按钮即可完成不同工作簿间的移动操作。

6. 保护工作表

在 Excel 中不仅可以保护整个工作簿，也可以对单个工作表进行保护设置。下面以保护"工资表.xls"工作簿中的"第一季度"工作表为例进行介绍，其具体操作如下。

❶ 打开"工资表.xls"工作簿，选中要保护的"第一季度"工作表，选择【工具】→【保护】→【保护工作表】命令，如图 9-15 所示。

❷ 打开"保护工作表"对话框，在"取消工作表保护时使用的密码"文本框中输入密码，在"允许此工作表的所有用户进行"列表框中设置允许其他用户进行的操作，然后单击 确定 按钮，如图 9-16 所示。

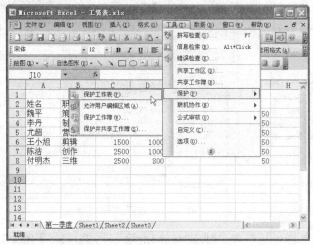

图 9-15 选择"保护工作表"命令

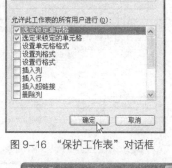

图 9-16 "保护工作表"对话框

❸ 打开"确认密码"对话框，在"重新输入密码"文本框中再次输入设置的密码，然后单击 确定 按钮，如图 9-17 所示。

❹ 完成保护工作表操作后，当其他用户更改该工作表中的数据时，将打开图 9-18 所示的提示对话框，提示用户输入正确的密码后才能进行操作。

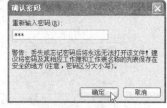

图 9-17 "确认密码"对话框

7. 案例——创建"学生档案"工作表

本例将创建"学生档案"工作表，如图 9-19 所示。其中涉及的操作包括移动、重命名、删除和保护工作表等。通过该案例的学习，进一步掌握工作表的相关操作。

图 9-18 提示对话框

其具体操作如下。

❶ 打开"学生档案.xls"工作簿，单击要移动的"学生资料表"工作表标签，按住鼠标左键并拖动鼠标，将其移动至"Sheet1"工作表前的位置后释放鼠标，如图 9-20 所示。

❷ 在"学生资料表"工作表标签上单击鼠标右键，在弹出的快捷菜单中选择"重命名"命令，如图 9-21 所示。

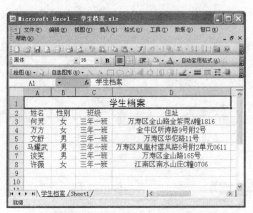

图 9-19 "学生档案" 工作表效果

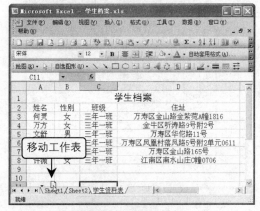

图 9-20 移动工作表

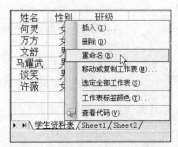

图 9-21 选择 "重命名" 命令

❸ 此时工作表标签处于黑底白字的可编辑状态，输入新的工作表名称 "学生档案"。选中 "Sheet2" 工作表，在工作表标签上单击鼠标右键，在弹出的快捷菜单中选择 "删除" 命令，如图 9-22 所示。

❹ 单击 "学生档案" 工作表标签，选择【工具】→【保护】→【保护工作表】命令，如图 9-23 所示。

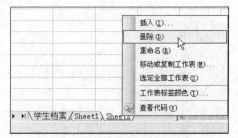

图 9-22 选择 "删除" 命令

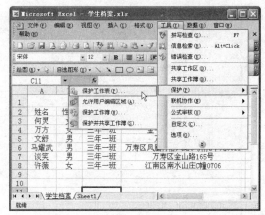

图 9-23 选择 "保护工作表" 命令

❺ 打开 "保护工作表" 对话框，在 "取消工作表保护时使用的密码" 文本框中输入要设置的密码，在 "允许此工作表的所有用户进行" 列表框中选中 ☑设置单元格格式复选框，单击 确定 按钮，如图 9-24 所示。

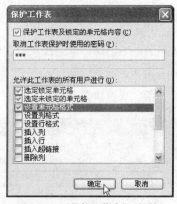

图 9-24 "保护工作表" 对话框

❻ 打开 "确认密码" 对话框，在 "重新输入密码" 文本框中再次输入设置的密码，单击 确定 按钮，如图 9-25 所示。

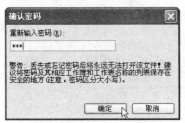

图 9-25 "确认密码"对话框

9.1.5 单元格的基本操作

单元格是 Excel 中最基本的存储和处理数据的单元,任何数据都是在单元格中进行设置和处理的。下面介绍选择、插入、合并和拆分、删除和清除单元格的方法。

1. 选择单元格

要对单元格进行设置,首先要选择单元格。在 Excel 2003 中,选择单元格分为选择单个单元格、选择连续的多个单元格和选择不连续的多个单元格 3 种情况,下面分别介绍其选择方法。

◎ **选择单个单元格**:将鼠标光标移动至要选择的单元格上,当其变为 ✛ 形状时单击即可将其选中。

◎ **选择连续的多个单元格**:先选择目标单元格区域中的第一个单元格,按住鼠标左键不放并拖动鼠标,至目标区域内右下角的最后一个单元格后释放鼠标左键,便可将拖动过程中框选的所有单元格选中,如图 9-26 所示。

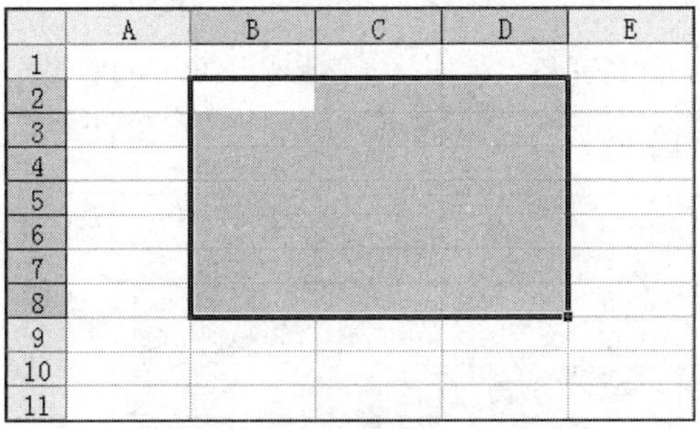

图 9-26 选择连续的多个单元格

◎ **选择不连续的多个单元格**:按住【Ctrl】键的同时依次单击要选择的单元格或单元格区域,如图 9-27 所示。

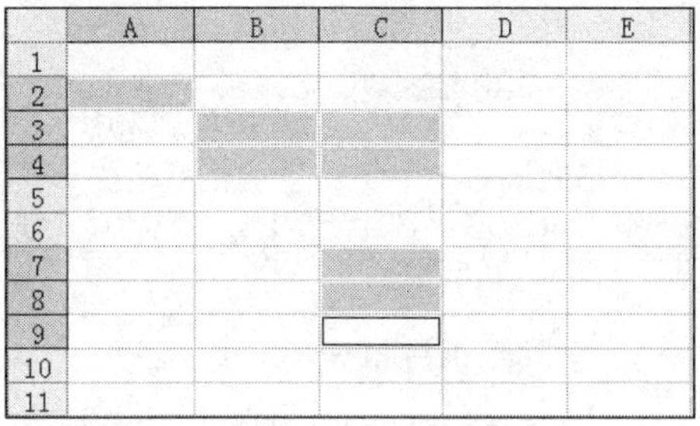

图 9-27 选择不连续的多个单元格

> 提示:被选中的单元格或单元格区域将呈蓝底显示,且其所在的行号和列标都呈黄色显示状态。

2. 插入单元格

在编辑单元格数据的过程中,有时会遇到漏输数据或临时需要添加新数据的情况,为了不影响后面的单元格,可以采用插入单元格的方法完成操作。下面在"库管表.xls"工作簿中插入单元格,其具体操作如下。

❶ 打开"库管表.xls"工作簿,单击选中 B5 单元格,单击鼠标右键,在弹出的快捷菜单中选择"插入"命令,如图 9-28 所示。

图 9-28 选择"插入"命令

❷ 打开"插入"对话框,选中 ⊙活动单元格右移(I) 单选项,单击 确定 按钮,如图 9-29 所示。

图 9-29 "插入"对话框

❸ 返回工作表，即可看到新插入的 B5 单元格。

> 技巧：在"插入"对话框中，选中 ⊙活动单元格下移(D) 单选项，则选中单元格下移，并在选中单元格处插入一个空白单元格；选中 ⊙整行(R) 单选项，则在选中单元格所在行的上面插入整行的空白单元格；选中 ⊙整列(C) 单选项，则在选中单元格所在列的前面插入整列的空白单元格。

3. 合并和拆分单元格

在 Excel 中可以将连续的几个单元格合并为一个单元格，以便于输入数据和使表格更加美观。若执行了错误的合并操作，还可以通过拆分单元格来取消合并。合并与拆分单元格的操作方法分别介绍如下。

◎ **合并单元格**：选择要合并的单元格区域，在"格式"工具栏中单击"合并及居中"按钮 ⊞。

◎ **拆分单元格**：选中已合并的单元格，在"格式"工具栏中再次单击"合并及居中"按钮 ⊞，即可取消操作。

> 注意：在执行合并操作时，若其中的多个单元格中均包含数据，则将打开提示对话框，提示合并后将只保留左上角单元格中的数据。

4. 删除单元格

通过删除多余的单元格可以调整表格中其他单元格的位置。删除单元格的方法是选中要删除的单元格，单击鼠标右键，在弹出的快捷菜单中选择"删除"命令，在打开的"删除"对话框中选中相应的单选项，如图 9-30 所示，单击 确定 按钮即可将其删除。

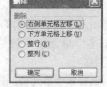

图 9-30 "删除"对话框

5. 清除单元格

清除单元格与删除单元格不同，清除单元格会保留单元格，而只清除单元格中的数据。清除单元格的方法为：选中要清除内容的单元格，单击鼠标右键，在弹出的快捷菜单中选择"清除内容"命令即可完成操作。

> 技巧：在 Excel 2003 中若执行了一些错误的编辑操作，可以在"常用"工具栏中单击"撤销"按钮 ↶ 或按【Ctrl+Z】键，快速恢复上一步操作。执行撤销操作后，还可以单击"恢复"按钮 ↷，返回撤销前的状态。

6. 案例——编辑"同学通讯录"工作表

本例将对"同学通讯录"工作表进行编辑，进行合并单元格、插入单元格和删除单元格等操作，编辑前后的工作表效果如图 9-31 所示。通过本例的练习，进一步巩固单元格的各种常用编辑操作。

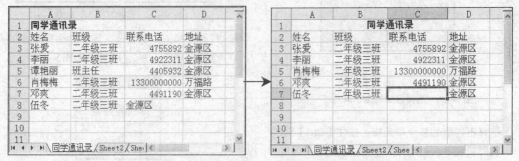

图 9-31 编辑"同学通讯录"工作表前后的对比效果

编辑"同学通讯录"工作表的具体操作如下。

❶ 打开"同学通讯录.xls"工作簿，选中 A1：D1 单元格区域，在"格式"工具栏中单击"合并及居中"按钮 ，如图 9-32 所示。

图 9-32　合并单元格

❷ 选中 A5：D5 单元格区域，单击鼠标右键，在弹出的快捷菜单中选择"删除"命令，如图 9-33 所示。

图 9-33　选择"删除"命令

❸ 在打开的"删除"对话框中选中 下方单元格上移(U) 单选项，单击 确定 按钮删除该行该单元格，如图 9-34 所示。

图 9-34　"删除"对话框

❹ 选中 C7 单元格，单击鼠标右键，在弹出的快捷菜单中选择"插入"命令，如图 9-35 所示。

图 9-35　选择"插入"命令

❺ 在打开的"插入"对话框中选中 活动单元格右移(I) 单选项，单击 确定 按钮确认操作，如图 9-36 所示。返回即可看到插入单元格后的效果，如图 9-31 所示。

图 9-36　"插入"对话框

⏱ 试一试

借鉴本例的操作思路，在工作表中的"姓名"列的右侧插入新的列，名为"年龄"，并添加相应数据。

9.2　上机实战

本课上机实战将分别编辑"员工信息表"和"产品销售表"，在操作过程中应综合运用本课所学的知识点，巩固工作簿、工作表和单元格的编辑操作。在实际操作中，应该根据表格的数据内容和使用需要进行灵活编辑。

上机目标：
◎ 掌握工作簿的基本操作；
◎ 熟练掌握删除、重命名、复制和保护工作表的方法；
◎ 熟练掌握选择、插入、合并和删除单元格的方法。
建议上机学时：2 学时。

9.2.1 编辑"员工信息表"

1. 实例目标

本例将对"员工信息表.xls"工作簿进行编辑，编辑完成后的参考效果如图 9-37 所示。本例将运用打开工作簿、重命名工作表、删除工作表和清除单元格内容等操作。

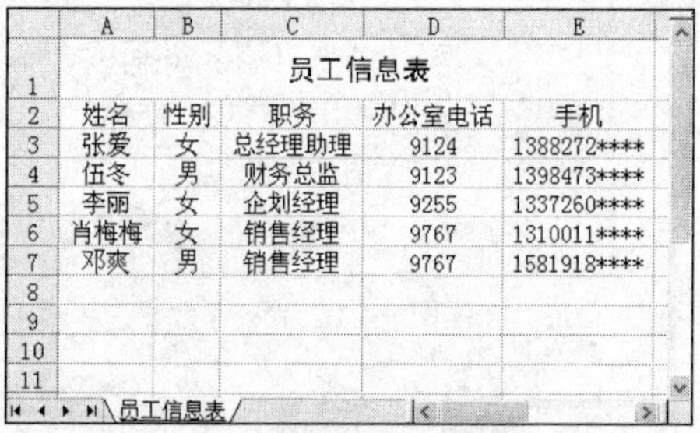

2. 专业背景

在编辑"员工信息表.xls"工作簿时，首先要整理收集到的资料，以确定需要的行、列数；其次应该明确工作簿的用途，如员工信息表是发放给各科室用于沟通交流的文件，应使表格中的数据一目了然；最后在制作的过程中要注意人员的排列顺序，一般来说，在制作这种类型的表格时都按照职务的高低依序进行排列。

图 9-37 "员工信息表"的最终效果

3. 操作思路

了解了"员工信息表"的相关专业知识后便可进行编辑。根据上面的实例目标，本例的操作思路如图 9-38 所示。

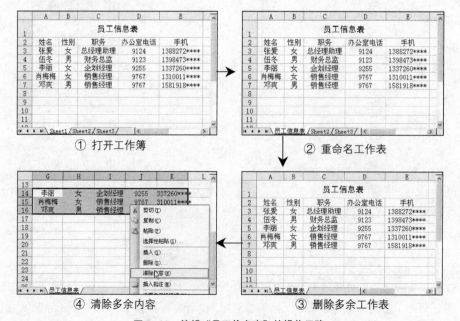

① 打开工作簿　　② 重命名工作表　　④ 清除多余内容　　③ 删除多余工作表

图 9-38 编辑"员工信息表"的操作思路

本例的主要操作步骤如下。

❶ 打开"员工信息表.xls"工作簿，将"Sheet1"工作表重命名为"员工信息表"。

❷ 删除多余的"Sheet2"和"Sheet3"工作表。

❸ 清除 G14：K16 单元格区域中的数据内容。

9.2.2 编辑"产品销售表"

1. 实例目标

本例将编辑"产品销售表.xls"工作簿，完成后的参考效果如图 9-39 所示。本例主要通过合并单元格、删除单元格和保护工作表等相关知识完成操作。

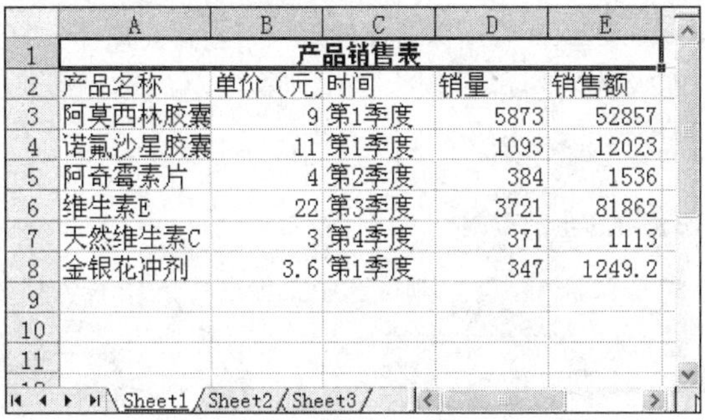

图 9-39 "产品销售表"的最终效果

2. 专业背景

产品销售表通常由销售部门或财务部门制作，用于统计销售业绩，以便公司调整产品方向，其数据的重要性不言而喻。因此，在制作完成后要注意保护工作表。

3. 操作思路

了解了"产品销售表"的相关专业知识后便可开始编辑。根据上面的实例目标，本例的操作思路如图 9-40 所示。

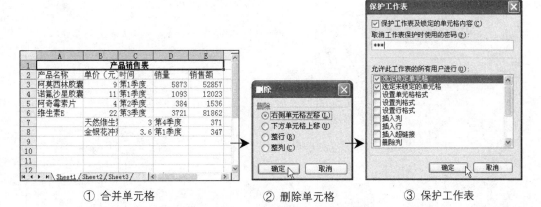

① 合并单元格　　② 删除单元格　　③ 保护工作表

图 9-40 编辑"产品销售表"的操作思路

本例的主要操作步骤如下。

❶ 打开"产品销售表.xls"工作簿，选中 A1：E1 单元格区域，单击"合并及居中"按钮 🗃 。

❷ 选中 A7：A8 单元格区域，单击鼠标右键，在弹出的快捷菜单中选择"删除"命令，打开"删除"对话框，选中⊙右侧单元格左移(L) 单选项，单击 确定 按钮。

❸ 选择【工具】→【保护】→【保护工作表】命令，打开"保护工作表"对话框，在"取消工作表保护时使用的密码"文本框中输入密码，单击 确定 按钮。打开"确认密码"对话框，在"重新输入密码"文本框中再次输入密码，单击 确定 按钮完成操作。

9.3 常见疑难解析

问：Excel 2003 是否能像 Word 一样利用模板来创建表格呢？

答：当然可以。启动 Excel 2003 后选择【文件】→【新建】命令，打开"新建工作簿"任务窗格，单击"本机上的模板"超级链接，打开"模板"对话框，在其中选择需要的模板类型，单击 确定 按钮便可完成新建操作。

问：能否同时选中工作表中的全部表格？

答：在当前工作表中按【Ctrl+A】键，即可选中工作表中的所有表格。

9.4 课后练习

（1）打开"酒店.xls"工作簿，合并 A1：F1 单元格区域，清除 A11：F13 单元格区域中的内容，将工作簿另存为"酒店通讯录.xls"。

（2）打开"价目表.xls"工作簿，将"Sheet1"工作表重命名为"开心小食铺"，将"Sheet2"工作表重命名为"开心面庄"，保存并设置保护该工作簿。

第10课
Excel 表格的制作

学生：老师，通过前面的学习我可以对 Excel 工作簿、工作表和单元格进行操作了，可是还不能用 Excel 制作一个完整的表格。

老师：别着急，做了前面的准备工作再来学习制作 Excel 表格就是轻而易举的事了，因为制作表格主要就是在单元格中进行表格内容的输入和编辑。

学生：Excel 中的表格编辑方法与 Word 中的表格编辑方法一样吗？

老师：有一定的相似之处，不过 Excel 是专业的表格制作软件，其数据的输入和编辑根据情况的不同有更多的方法和技巧，比如自动填充数据、设置数据格式等。

学生：原来是这样，老师，快教我表格的制作方法吧！

老师：好的。下面就讲解关于 Excel 表格制作的相关知识，包括输入数据、修改数据、查找和替换数据、设置数据格式、填充数据、设置单元格格式及打印制作的表格等。

学习目标

▶ 掌握数据的输入方法

▶ 掌握数据的各种编辑方法

▶ 掌握自动填充数据的方法

▶ 熟悉设置单元格格式的方法

▶ 了解打印工作表的方法

10.1 课堂讲解

本课主要讲述输入表格数据、编辑表格数据、自动填充数据、设置单元格格式及打印工作表等知识。通过相关知识点的学习和案例的制作，可掌握制作表格的方法。每个表格由于数据的不同，其制作方法并不是唯一的，只要灵活运用本课所学的知识，即可完成各种表格的制作。

10.1.1 输入和编辑数据

制作表格的第一步是输入数据，根据数据的不同，采取不同的输入方法。若输入的数据有错误，还可根据需要进行编辑。

1. 输入普通数据

普通数据是指文本、一般的数字等数据，是表格的主要组成部分。输入普通数据的方法有如下几种。

◎ 选择单元格，输入所需的数据，然后按【Enter】键。

◎ 选择单元格后，在编辑栏中单击插入文本插入点，输入所需的数据，按【Enter】键。

◎ 双击要输入数据的单元格，直接将文本插入点插入到单元格中，然后在单元格中输入所需数据，完成后按【Enter】键。

> 技巧：输入数据后按【Enter】键将默认激活同一列的下一个单元格，按【Tab】键将激活同一行的下一个单元格，按键盘中的方向键将激活相应方向的单元格。激活单元格后可直接输入该单元格的数据，而不用再次选择单元格。

2. 输入大于 11 位的数据

如果输入数据的整数位数超过 11 位，单元格中将自动以科学计数法的形式表示出来，如 1.11111E+15。在实际的表格中经常会遇到超过 11 位的数据，如身份证号码，这时可在输入数据前加 "'"，这样将直接显示输入的数据，而不以科学计数法显示，如图 10-1 所示。

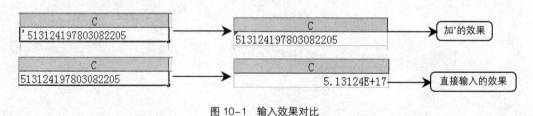

图 10-1 输入效果对比

> 注意：若输入的整数位数小于 11 位，但单元格的宽度不够容纳其中的数字时，将以 "####" 的形式表示，此时可拖动单元格，使其完全显示。

3. 输入有格式的数据

在输入表格数据时，有时需要输入百分比数据、带货币符号的数据等，此时在输入时不必为每个数据都输入百分比符号或货币符号，只需输入数值，然后再统一设置添加。下面将"单价"列对应的数据设置为货币型，其具体操作如下。

❶ 在单元格中输入表格所需的各项数据，如
图 10-2 所示。

	A	B	C	D
13	品牌	单价（元）	数量（套）	总价值（元）
14	升和	350	12	4200
15	尼雅	132	20	2640
16	若思	240	14	3360

图 10-2　输入数据

❷ 选择需设置格式的单元格，选择【格式】→【单
元格】命令，打开"单元格格式"对话框。

❸ 单击"数字"选项卡，在"分类"列表框中
列出了多种数字形式，如"货币"、"日期"
和"数值"等，根据情况选择相应的选项，
如选择"货币"选项，在右侧的"小数位数"
数值框中可设置数据的小数位数，在"货币
符号"下拉列表框中选择使用的货币符号样
式，如图 10-3 所示。

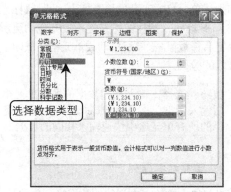

图 10-3　"单元格格式"对话框

❹ 单击 ▢确定 按钮，选择的单元格中数据的
前面自动添加"￥"，并在数据后设置有小数
位数，如图 10-4 所示。

	A	B	C	D
13	品牌	单价（元）	数量（套）	总价值（元）
14	升和	￥350.00	12	4200
15	尼雅	￥132.00	20	2640
16	若思	￥240.00	14	3360

图 10-4　设置格式后的数据

4．编辑单元格数据

在单元格中输入数据后，如果出现错误，可
像修改 Word 文档中的内容一样对其进行编辑。
修改数据时可直接在单元格中修改，也可在编辑
栏中修改。根据单元格数据错误的不同，其编辑
方法也有所差异，分别如下。

◎ 删除单元格中的全部数据：选择需删除数据
的单元格或单元格区域，按【Delete】键将其
删除。

◎ 增加单元格中的数据：双击单元格，将文本插
入点定位到其中，再将文本插入点定位到需添
加数据的位置前，输入所需数据。

◎ 修改整个单元格中的数据：当整个单元格中的
数据均需要修改时，只需选择该单元格，然后
重新输入正确的数据将其覆盖，按【Enter】
键确认修改。

◎ 修改单元格中的部分数据：当单元格中的数据
只有部分需要修改时，可先选择该单元格，将
文本插入点插入到编辑栏中，删除错误数据，
再输入正确的数据，按【Enter】键确认修改。

5．查找和替换数据

如果表格中有多项相同的数据同时输入错
误，可通过查找和替换的方法对其统一修改，而
不用一一手动查找，其具体操作如下。

❶ 打开需查找和替换数据的工作表，选择【编辑】
→【查找】命令，打开"查找和替换"对话框。

❷ 在"查找内容"下拉列表框中输入要查找的数
据，然后单击 查找下一个(F) 按钮，Excel 即开始
查找指定的数据，如图 10-5 所示。

❸ 如果要将查找到的数据替换为其他数据，可单
击"替换"选项卡。

图 10-5　查找数据

❹ 在"替换为"下拉列表框中输入替换的数据，然
后单击 替换(R) 按钮即可替换数据，如图 10-6
所示。替换操作完成后关闭"查找和替换"
对话框。

❗ 技巧：在"查找和替换"对话框的"替换"
选项卡中输入查找的数据和替换后的数
据，单击 全部替换(A) 按钮可将工作表中的数
据全部替换为相应内容。

图 10-6 替换数据

6. 案例——输入"日常开支表"数据

本例将输入"日常开支表"中的数据，包括输入普通数据、输入货币数据和修改输入错误的单元格数据，其具体操作如下。

❶ 新建一个工作表，选择 A1 单元格，切换到所需的汉字输入法。

❷ 在 A1 单元格中输入"公司日常开支表"，按【Enter】键激活 A2 单元格。

❸ 在 A2 单元格中输入"编号"，按【Tab】键激活 B2 单元格。

❹ 在 B2 单元格中输入"开支项目"，按照类似的方法输入图 10-7 所示的表格内容。

	A	B	C	D	E
1	公司日常开支表				
2	编号	开支项目	金额	经手人	日期
3	1	打印纸	320	刘艺	2010-1-3
4	2	接待费	820	王凡凡	2010-1-3
5	3	宣传费	1050	赵凡乐	2010-1-5
6	4	交通费	340	魏菊	2010-1-6
7	5	宣传费	560	李香玲	2010-1-6
8	6	用餐费	700	马国燕	2010-1-7

图 10-7 输入表格内容

❺ 选择 C3：C8 单元格区域，选择【格式】→【单元格】命令，打开"单元格格式"对话框。

❻ 单击"数字"选项卡，在"分类"列表框中选择"货币"选项，在"小数位数"数值框中输入"0"，在"货币符号"下拉列表框中选择"￥"，单击 确定 按钮。

❼ 选择的单元格区域中的金额前均添加符号"￥"。选择 A1 单元格，在编辑栏中选中"公司"，然后输入"销售部"，按【Enter】键确认修改，如图 10-8 所示。

	A	B	C	D	E
	A1	▾ ✕ ✓ ƒx	销售部日常开支表		
	A	B	C	D	E
1	销售部日常				
2	编号	开支项目	金额	经手人	日期
3	1	打印纸	￥320	刘艺	2010-1-3
4	2	接待费	￥820	王玲凡	2010-1-3
5	3	宣传费	￥1,050	赵凡乐	
6	4	交通费	￥340	魏菊	
7	5	宣传费	￥560	李香玲	2010-1-6
8	6	用餐费	￥700	马国燕	2010-1-7

图 10-8 设置数据格式并编辑数据

⏱ **试一试**

将表格中"编号"列中的数据设置为文本型，看看会有什么效果。

10.1.2 自动填充数据

大多数表格中的某些数据都有一定的规律，如相邻的数据相同，相邻的数据逐次增加等，Excel 提供了自动填充数据功能，使用它就可快速完成这些数据的输入，而不必手动一一输入。

1. 填充相同的数据

Excel 表格有时需要在多个单元格中输入相同的数据，如相同的数字、性别，此时可通过拖动单元格右下角的填充柄来快速输入。其方法是在第一个单元格中输入所需的数据后，将鼠标光标移到该单元格右下角的填充柄上，此时鼠标光标变为 ＋ 形状，按住鼠标左键不放并拖动至所需位置后释放鼠标，鼠标拖动的单元格区域即填充相同的数据。

> ⚠ 技巧：选择需输入相同数据的多个单元格后输入数据，按【Ctrl+Enter】键可以在选择的所有单元格中快速输入相同的数据。

2. 填充数据序列

当表格中需输入有规律的数据时，如编号、学号等，也可以利用拖动填充柄的方法快速输入。其方法是在连续的两个单元格中分别输入需填充序列的前两个数据，选择这两个单元格，将鼠标光标移动到单元格区域右下角的填充柄上，此时鼠标光标变为 ＋ 形状，按住鼠标左键不放并拖动至所需位置后释放鼠标，鼠标拖动的单元格区域将按顺序填充数据。

填充数据后，单元格右下角将显示 ▦ 图标，单击该图标，在弹出的下拉列表中可选择填充的方式，如图 10-9 所示。各选项的作用分别如下。

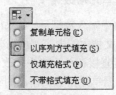

图 10-9 选择填充方式

◎ **复制单元格**：选择该选项，拖动的单元格区域中将复制选择的单元格数据。

◎ **以序列方式填充**：选择该选项，拖动的单元格区域中将以选择的单元格区域的数据序列进行数据填充。

◎ **仅填充格式**：选择该选项，拖动的单元格区域中将填充选择单元格的格式，而不填充数据。

◎ **不带格式填充**：选择该选项，拖动的单元格区域中将填充选择单元格的数据，而不填充格式。

3. 案例——在“通讯录”中填充数据

本例将完善“通讯录”中的数据，首先使用填充相同数据的方法填充表格中的性别，然后使用填充序列的方法填充表格中的序号，其具体操作如下。

❶ 打开“通讯录.xls”工作簿，选择 C3 单元格，输入“男”。

❷ 将鼠标光标移到 C3 单元格右下角的填充柄上，当鼠标光标变为 + 形状时，按住鼠标左键不放拖动至 C9 单元格，释放鼠标，如图 10-10 所示。

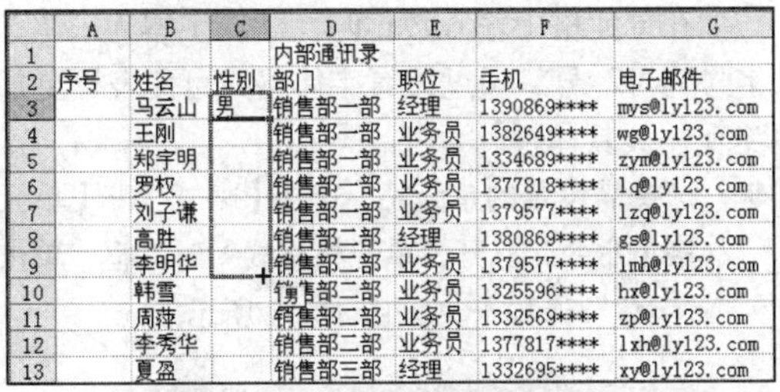

	A	B	C	D	E	F	G
1				内部通讯录			
2	序号	姓名	性别	部门	职位	手机	电子邮件
3		马云山	男	销售部一部	经理	1390869****	mys@ly123.com
4		王刚		销售部一部	业务员	1382649****	wg@ly123.com
5		郑宇明		销售部一部	业务员	1334689****	zym@ly123.com
6		罗权		销售部一部	业务员	1377818****	lq@ly123.com
7		刘子谦		销售部一部	业务员	1379577****	lzq@ly123.com
8		高胜		销售部二部	经理	1380869****	gs@ly123.com
9		李明华		销售部二部	业务员	1379577****	lmh@ly123.com
10		韩雪		销售部二部	业务员	1325596****	hx@ly123.com
11		周萍		销售部二部	业务员	1332569****	zp@ly123.com
12		李秀华		销售部二部	业务员	1377817****	lxh@ly123.com
13		夏盈		销售部三部	经理	1332695****	xy@ly123.com

图 10-10　拖动鼠标

❸ 此时可看到鼠标拖动的单元格区域 C3:C9 填充了相同的数据“男”，如图 10-11 所示。使用相同的方法为 C10:C13 单元格区域填充数据“女”。

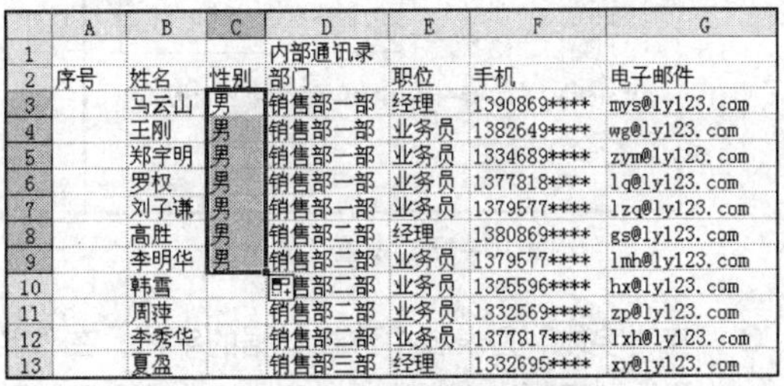

	A	B	C	D	E	F	G
1				内部通讯录			
2	序号	姓名	性别	部门	职位	手机	电子邮件
3		马云山	男	销售部一部	经理	1390869****	mys@ly123.com
4		王刚	男	销售部一部	业务员	1382649****	wg@ly123.com
5		郑宇明	男	销售部一部	业务员	1334689****	zym@ly123.com
6		罗权	男	销售部一部	业务员	1377818****	lq@ly123.com
7		刘子谦	男	销售部一部	业务员	1379577****	lzq@ly123.com
8		高胜	男	销售部二部	经理	1380869****	gs@ly123.com
9		李明华	男	销售部二部	业务员	1379577****	lmh@ly123.com
10		韩雪		销售部二部	业务员	1325596****	hx@ly123.com
11		周萍		销售部二部	业务员	1332569****	zp@ly123.com
12		李秀华		销售部二部	业务员	1377817****	lxh@ly123.com
13		夏盈		销售部三部	经理	1332695****	xy@ly123.com

图 10-11　填充数据后的效果

❹ 在 A3 单元格中输入序号“1”，然后选择 A4 单元格并输入序号“2”，选择这两个单元格，如图 10-12 所示。

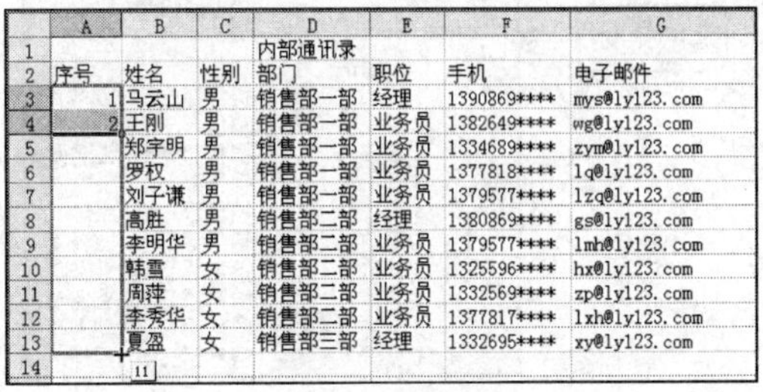

	A	B	C	D	E	F	G
1				内部通讯录			
2	序号	姓名	性别	部门	职位	手机	电子邮件
3	1	马云山	男	销售部一部	经理	1390869****	mys@ly123.com
4	2	王刚	男	销售部一部	业务员	1382649****	wg@ly123.com
5		郑宇明	男	销售部一部	业务员	1334689****	zym@ly123.com
6		罗权	男	销售部一部	业务员	1377818****	lq@ly123.com
7		刘子谦	男	销售部一部	业务员	1379577****	lzq@ly123.com
8		高胜	男	销售部二部	经理	1380869****	gs@ly123.com
9		李明华	男	销售部二部	业务员	1379577****	lmh@ly123.com
10		韩雪	女	销售部二部	业务员	1325596****	hx@ly123.com
11		周萍	女	销售部二部	业务员	1332569****	zp@ly123.com
12		李秀华	女	销售部二部	业务员	1377817****	lxh@ly123.com
13		夏盈	女	销售部三部	经理	1332695****	xy@ly123.com
14		11					

图 10-12　拖动鼠标

❺ 将鼠标光标移到 A4 单元格右下角的填充柄上，当鼠标光标变为 + 形状时，按住鼠标左键不放拖动至 A13 单元格，释放鼠标后自动填充数据，如图 10-13 所示。

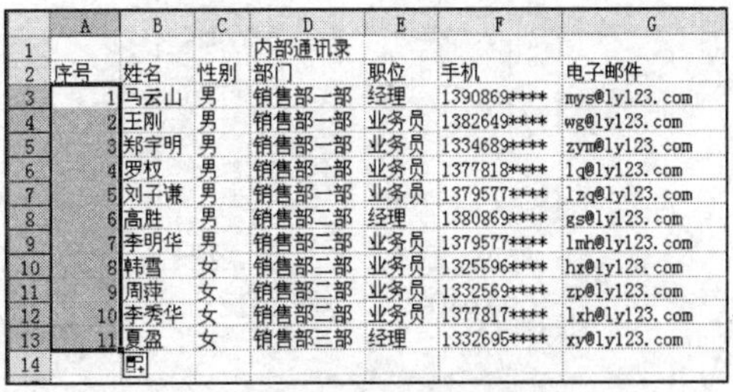

	A	B	C	D	E	F	G
1				内部通讯录			
2	序号	姓名	性别	部门	职位	手机	电子邮件
3	1	马云山	男	销售部一部	经理	1390869****	mys@ly123.com
4	2	王刚	男	销售部一部	业务员	1382649****	wg@ly123.com
5	3	郑宇明	男	销售部一部	业务员	1334689****	zym@ly123.com
6	4	罗权	男	销售部一部	业务员	1377818****	lq@ly123.com
7	5	刘子谦	男	销售部一部	业务员	1379577****	lzq@ly123.com
8	6	高胜	男	销售部二部	经理	1380869****	gs@ly123.com
9	7	李明华	男	销售部二部	业务员	1379577****	lmh@ly123.com
10	8	韩雪	女	销售部二部	业务员	1325596****	hx@ly123.com
11	9	周萍	女	销售部二部	业务员	1332569****	zp@ly123.com
12	10	李秀华	女	销售部二部	业务员	1377817****	lxh@ly123.com
13	11	夏盈	女	销售部三部	经理	1332695****	xy@ly123.com
14							

图 10-13　填充数据后的效果

10.1.3　设置单元格格式

为了使制作的表格数据便于查看，表格外观更加美观，输入数据后一般都需要对单元格格式进行设置，如单元格的行高、列宽、对齐方式、字体格式、边框和底纹等。

1. 设置行高和列宽

输入表格数据后，为了使数据匹配单元格的大小，可调整单元格的行高和列宽，其方法分别如下。

◎ **调整行高**：将鼠标光标移至需调整的两行标记之间，当鼠标光标变为 ╪ 形状时，按住鼠标左键上下拖动至适当位置后释放鼠标，在拖动的同时会显示拖动后的单元格高度，如图 10-14 所示。

◎ **调整列宽**：移动鼠标光标至需调整的两列标记之间，当鼠标光标变为 ↔ 形状时，按住鼠标左键左右拖动至适当位置后释放鼠标，在拖动的同时会显示拖动后的单元格宽度，如图 10-15 所示。

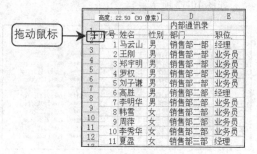

图 10-14　调整行高

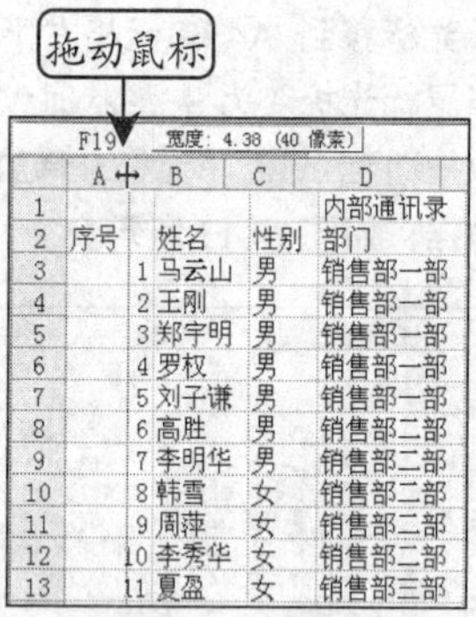

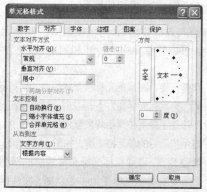

图 10-15　调整列宽

2. 设置单元格对齐方式

在 Excel 表格中输入的文本默认为左对齐，数据为右对齐，但制作表格时有时要求某些内容居中，这时就需要设置单元格的对齐方式。选择需进行对齐方式设置的单元格或单元格区域，选择【格式】→【单元格】命令，打开"单元格格式"对话框，单击"对齐"选项卡，可在其中设置单元格对齐方式，如图 10-16 所示。

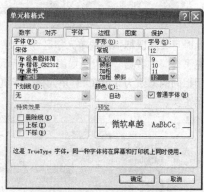

图 10-16　设置单元格对齐方式

其中各选项的作用介绍如下。

◎ "水平对齐"下拉列表框：在其中可设置数据在水平方向上的对齐方式。

◎ "垂直对齐"下拉列表框：在其中可设置数据在垂直方向上的对齐方式。

◎ □ 自动换行(W)复选框：选中该复选框后，超出单元格列宽的文本会自动换行，否则文本过长时会占用右侧的单元格空间。

◎ □ 缩小字体填充(K)复选框：选中该复选框后，文本字体会缩小，使其填充在单元格列宽范围内。

◎ □ 合并单元格(M)复选框：选中该复选框后，选择的连续多个单元格将合并为一个单元格。

◎ "文字方向"下拉列表框：在其中可设置数据的显示方向。

> 技巧：选择多个单元格后单击"格式"工具栏中的"合并及居中"按钮，可将多个单元格合并为一个单元格，并且使单元格中的文本居中对齐，常用于表格标题的居中对齐操作。

3. 设置单元格字体格式

在单元格中输入数据时，默认字体为宋体，字号为 12 号。通过设置字体格式可使表格更加美观，其具体操作如下。

❶ 选择需设置的单元格，选择【格式】→【单元格】命令，打开"单元格格式"对话框，单击"字体"选项卡，如图 10-17 所示。

图 10-17　设置字体格式

❷ 在"字体"列表框中选择数据的字体，在"字形"列表框中选择数据的形状，在"字号"列

表框中选择数据的大小，在"颜色"下拉列表框中选择数据的颜色。

❸ 单击 [确定] 按钮关闭对话框，选择的单元格数据将应用设置的字体格式。

> 提示：选择单元格后，可通过"格式"工具栏设置单元格中数据的字体、字号、字形及颜色等特性。

4. 设置边框

Excel 工作区中各单元格的灰色边线只是便于区别各单元格，这些灰色边线并不会打印在纸张上，所以输入并编辑表格数据后，还应设置表格的边框。选择需设置边框的单元格区域后，选择【格式】→【单元格】命令，打开"单元格格式"对话框，单击"边框"选项卡，在"线条"栏的"样式"列表框中选择边框线的样式，在"颜色"下拉列表框中选择边框的颜色，然后在"预置"栏或"边框"栏中单击相应的边框按钮，为表格的相应位置应用边框，完成后单击 [确定] 按钮使设置生效，如图 10-18 所示。

图 10-18　设置单元格边框

> 技巧：选择需设置边框的单元格或单元格区域后，在"格式"工具栏中单击 ▪ 按钮，在弹出的下拉列表中可快速选择表格的边框效果。

5. 设置填充图案

为了重点表现表格中的某些单元格如表头，可为其设置填充图案。方法是选择需设置

填充图案的单元格区域，打开"单元格格式"对话框，单击"图案"选项卡，在"颜色"列表框中选择所需颜色的图标，可将单元格背景设置为相应的底纹颜色，在"图案"下拉列表框中可设置单元格的底纹样式和底纹颜色，完成后单击 [确定] 按钮使设置生效，如图 10-19 所示。

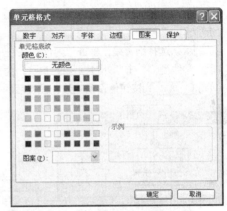

图 10-19　设置单元格图案

6. 案例——编辑"办公费用收据"工作簿

本例将对"办公费用收据"工作簿进行设置，首先合并并居中表格的标题，然后设置字体为黑体、16 号，颜色为红色，再设置表头的对齐方式为居中对齐，最后为表格添加边框，其具体操作如下。

❶ 打开"办公费用收据.xls"工作簿，选择 A1:F1 单元格区域，单击"格式"工具栏中的"合并及居中"按钮 ，将几个单元格合并为一个单元格并使文字居中对齐。

❷ 保持单元格的选择状态，在"格式"工具栏的"字体"下拉列表框中选择"黑体"选项，在"字号"下拉列表框中选择"16"选项，单击"颜色"按钮 A ，在弹出的下拉列表中选择红色，如图 10-20 所示。

❸ 选择 A2:F2 单元格区域，选择【格式】→【单元格】命令，打开"单元格格式"对话框，单击"对齐"选项卡。

❹ 分别在"水平对齐"下拉列表框和"垂直对齐"下拉列表框中选择"居中"选项。

❺ 单击"字体"选项卡，在"字形"列表框中选择"加粗"选项，单击 [确定] 按钮。

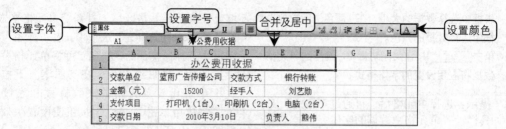

图 10-20　设置表格标题

❻ 选择 A2:F5 单元格区域，选择【格式】→【单元格】命令，打开"单元格格式"对话框，单击"边框"
选项卡。

❼ 系统默认选择细实线，单击"内部"按钮⊞，为表格内部添加细实线。在"样式"列表框中选择最
后一种线型，单击"外边框"按钮⊡，为表格添加外边框并应用最后一种线型，如图 10-21 所示。

❽ 单击 ▭确定▭ 按钮使设置生效，设置后的表格如图 10-22 所示。

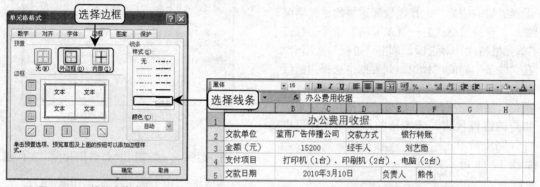

图 10-21　设置表格边框　　　　　　　　　　图 10-22　编辑表格后的效果

10.1.4　打印工作表

制作好工作表后应将其打印出来，打印工作表的方式与打印 Word 文档类似，但由于表格的特殊
性，其设置有一定差异。下面讲解打印工作表的相应方法。

1. 设置打印区域

设置打印区域是指将表格的部分单元格设置为打印区域，在执行打印操作时只打印该区域的表
格内容。设置打印区域的方法是选择需打印的单元格区域，选择【文件】→【打印区域】→【设置
打印区域】命令，此时选择的单元格区域四周将出现虚线边框，表示打印的表格区域。如果要取消
打印区域，可选择【文件】→【打印区域】→【取消打印区域】命令。

2. 设置打印标题

当表格内容较多时，为了使打印的表格内容更于查看，可在每页表格的最上面显示表格的标题、
表头等内容，其具体操作如下。

❶ 选择【文件】→【页面设置】命令，打开"页面设置"对话框。

❷ 单击"工作表"选项卡，单击"打印标题"栏的"顶端标题行"文本框后的▦按钮，缩小对话框，
返回 Excel 工作界面。

❸ 此时鼠标光标变为 ➡ 形状，拖动鼠标，选择需在每页表格顶端显示的某一行或某几行，单击▣按

钮，如图 10-23 所示。

❹ 返回"页面设置"对话框，此时"顶端标题行"文本框中显示选择的单元格区域，单击 [确定] 按
钮使设置生效，如图 10-24 所示。

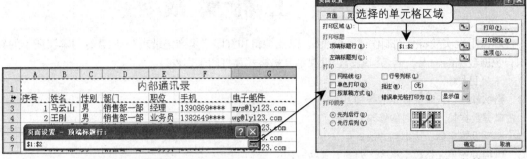

图 10-23 选择需打印的行   图 10-24 "页面设置"对话框

3. 打印预览

在打印 Excel 表格前一般应先对打印效果进行预览，如果对打印效果不满意，可以及时修改。
其方法是打开需打印的工作表，选择【文件】→【打印预览】命令或单击"常用"工具栏中的"打
印预览"按钮 🔍，切换到打印预览窗口，该窗口中显示的便是表格打印到纸张的真实效果。该窗口
上方各按钮的功能如下。

◎ [下一页(N)] 和 [上一页(P)]：如果表格有多页，单击这两个按钮可预览不同页的打印效果。

◎ [缩放(Z)]：单击该按钮可以 100%的比例显示表格内容，再次单击该按钮可将整页表格内容缩放至当前
屏幕中显示出来。

◎ [打印(T)...]：单击该按钮，将打开"打印"对话框，设置打印参数后即可将其打印出来。

◎ [设置(S)...]：单击该按钮，将打开"页面设置"对话框，可对打印纸张的大小、页边框、页眉和页脚
及打印标题等进行设置。

◎ [页边距(M)]：单击该按钮，将在表格四周显示出页边距边线，拖动这些边线可调整页边距。

◎ [分页预览(V)]：单击该按钮，可将所有要打印的表格内容同时缩小显示在屏幕中，以便对要打印的表
格有整体的把握，同时还可调整打印区域的大小以及编辑工作表。

◎ [关闭(C)]：单击该按钮，可退出打印预览视图，返回 Excel 编辑状态。

◎ [帮助(H)]：单击该按钮，可打开关于打印预览的相关帮助信息。

4. 设置打印参数

设置好打印的内容并确认无误后，可以将表格
打印出来。选择【文件】→【打印】命令，打开"打
印内容"对话框，如图 10-25 所示。设置参数后单
击 [确定] 按钮即可按设置打印表格。"打印内
容"对话框中常用选项的作用如下。

◎ "名称"下拉列表框：选择使用的打印机。

◎ "打印范围"栏：用于选择打印的工作表内容，
默认打印整个工作表。如选中 ⊙ [页(G)] 单选项，并
在其后的数值框中输入需打印的表格编号，可打
印工作表的某几页。

图 10-25 "打印内容"对话框

◎ "打印内容"栏：用于选择是打印选择的单元格区域、工作表还是工作簿。

◎ "份数"栏：用于设置打印的表格数量，在打印多份表格时，如选中☑逐份打印(O)复选框将完整打印完一份表格后才打印第二份。

10.2 上 机 实 战

本课上机实战将分别制作"工资表"，以及编辑和打印"生产记录表"，综合练习本课所学的知识，包据数据的输入、填充和编辑，设置单元格格式和打印工作表等。

上机目标：

◎ 熟练掌握输入表格数据的各种方法；

◎ 掌握数据输入错误时的修改方法；

◎ 熟悉设置字体、边框的方法；

◎ 掌握设置单元格数字格式、对齐方式的方法；

◎ 学会打印表格的一般方法。

建议上机学时：1 学时。

10.2.1 制作"工资表"

1. 实例目标

本例将制作图 10-26 所示的"工资表"，主要运用在表格中输入一般数据、填充表格数据、设置数字格式、设置单元格对齐方式、设置表格字体和设置表格边框等知识点。

	A	B	C	D	E	F	G
1	立和有限公司工资表						
2	员工编号	姓名	部门	基本工资	提成	扣除	应得工资
3	1h001	王进宇	技术部	￥1,200.00	￥1,500.00	￥100.00	￥2,600.00
4	1h002	李维良	技术部	￥1,600.00	￥800.00	￥50.00	￥2,350.00
5	1h003	魏颖	人事部	￥1,200.00	￥600.00	￥30.00	￥1,770.00
6	1h004	周霞	销售部	￥1,600.00	￥700.00	￥100.00	￥2,200.00
7	1h005	张圆圆	人事部	￥1,600.00	￥600.00	￥50.00	￥2,150.00
8	1h006	赵明	人事部	￥1,600.00	￥800.00	￥10.00	￥2,390.00
9	1h007	李元兴	技术部	￥1,200.00	￥700.00	￥50.00	￥1,850.00
10	1h008	苏立洪	人事部	￥1,200.00	￥500.00	￥150.00	￥1,550.00
11	1h009	周维国	技术部	￥1,500.00	￥600.00	￥100.00	￥2,000.00
12	1h010	杨兴全	销售部	￥1,600.00	￥500.00	￥50.00	￥2,050.00
13	1h011	李赤	技术部	￥1,200.00	￥500.00	￥50.00	￥1,650.00
14	1h012	邓勇风	人事部	￥1,600.00	￥450.00	￥150.00	￥1,900.00
15	1h013	郭离	销售部	￥1,200.00	￥600.00	￥50.00	￥1,750.00

图 10-26 工资表

2. 专业背景

工资表是每个公司、单位和机关常用的表格之一，用于统计员工在一段时间内的工资情况，一般是月工资表，也有季度工资表、年度工资表等。工资表没有固定的格式，每个单位可根据实际情况设计工资表的内容，如某些单位有补贴，可加上"补贴"一栏。工资表一定要便于查看，以便管理人员和员工对当前的工资情况很快地了解清楚，所以设置的内容不应过多，一般包括员工的基本信息、应得工资、应扣工资和实发工资等几部分。

3. 操作思路

了解了工资表的相关知识后就可以制作工资表。根据上面的实例目标，本例的操作思路如图 10-27 所示。

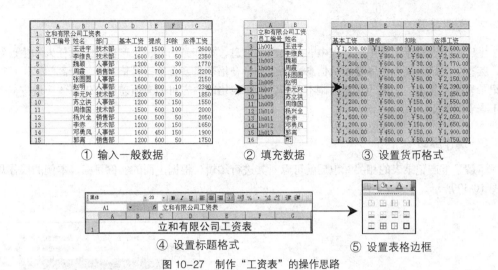

① 输入一般数据　② 填充数据　③ 设置货币格式

④ 设置标题格式　⑤ 设置表格边框

图 10-27 制作“工资表”的操作思路

制作本例的主要操作步骤如下。

❶ 输入“工资表”中除“员工编号”列以外的数据内容，然后用自动填充数据的方法快速填充员工编号。

❷ 选择 D3:G16 单元格区域，打开“单元格格式”对话框，添加货币符号。

❸ 选择 A1:G1 单元格区域，在“格式”工具栏中单击“合并及居中”按钮，将表格标题的多个单元格合并，并使文字居中。

❹ 通过“格式”工具栏设置表格标题为“黑体”，字号为“20”。

❺ 选择 A2:G15 单元格区域，单击“格式”工具栏中的按钮为表格设置边框线，并使外边框显示为较粗的效果。

10.2.2 编辑并打印“生产记录表”

1. 实例目标

本例将对图 10-28 所示的“生产记录表”进行编辑。在制作该实例的过程中主要运用编辑数据、调整列宽、设置表格填充图案、设置表格边框、设置打印区域、打印预览及打印表格等知识点。编辑后的表格效果如图 10-29 所示。

口口香食品厂3月生产记录表

产品代码	生产车间	产品名称	生产数量	单位	生产车间
K0001	1车间	话梅	800	袋	第一车间
K0002	1车间	山楂片	1200	袋	第一车间
K0003	1车间	威化饼干	900	袋	第一车间
K0004	1车间	豆腐干	2500	袋	第二车间
K0005	1车间	薯片	2500	袋	第二车间
K0006	1车间	薯条	2500	袋	第二车间
K0007	1车间	薄饼	900	袋	第二车间
K0008	1车间	通心卷	1200	袋	第二车间
K0009	1车间	蚕豆	750	袋	第二车间
K0002	2车间	山楂片	1200	袋	第二车间
K0003	2车间	威化饼干	2500	袋	第二车间
K0004	2车间	豆腐干	900	盒	第三车间
K0013	2车间	营养早餐饼干	880	袋	第三车间
K0014	2车间	蛋黄派	1200	袋	第三车间
K0015	2车间	巧克力豆	900	袋	第三车间
K0005	3车间	薯片	1500	袋	第四车间
K0006	3车间	薯条	1200	袋	第四车间
K0007	3车间	薄饼	800	袋	第四车间
K0019	3车间	红泥花生	1250	袋	第四车间
K0020	3车间	泡泡糖	800	盒	第四车间

图 10-28 编辑前的表格

口口香食品厂3月生产记录表

产品代码	生产车间	产品名称	生产数量	单位	生产车间
K0001	1车间	话梅	800	袋	第一车间
K0002	1车间	山楂片	1200	袋	第一车间
K0003	1车间	酸酸爽	900	袋	第一车间
K0004	1车间	豆腐干	2500	袋	第二车间
K0005	1车间	薯片	2500	袋	第二车间
K0006	1车间	薯条	2500	袋	第二车间
K0007	1车间	薄饼	900	袋	第二车间
K0008	1车间	通心卷	1200	袋	第二车间
K0009	1车间	蚕豆	750	袋	第二车间
K0002	2车间	山楂片	1200	袋	第二车间
K0003	2车间	威化饼干	2500	袋	第二车间
K0004	2车间	豆腐干	900	盒	第三车间
K0013	2车间	营养早餐饼干	880	袋	第三车间
K0014	2车间	蛋黄派	1200	袋	第三车间
K0015	2车间	巧克力豆	900	袋	第三车间
K0005	3车间	薯片	1500	袋	第四车间
K0006	3车间	薯条	1200	袋	第四车间
K0007	3车间	薄饼	800	袋	第四车间
K0019	3车间	红泥花生	1250	袋	第四车间
K0020	3车间	泡泡糖	800	盒	第四车间

图 10-29 编辑后的表格效果

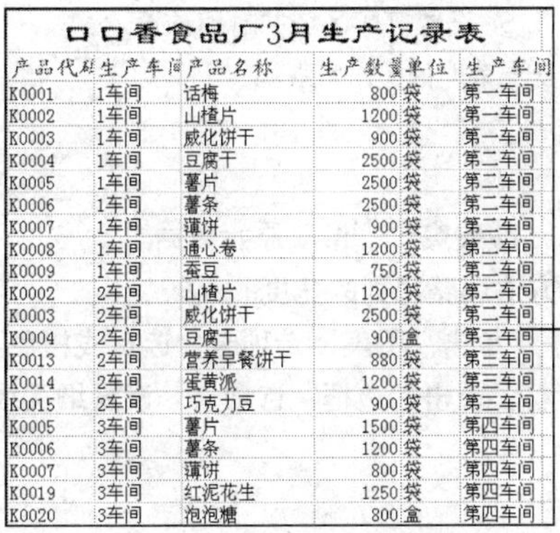

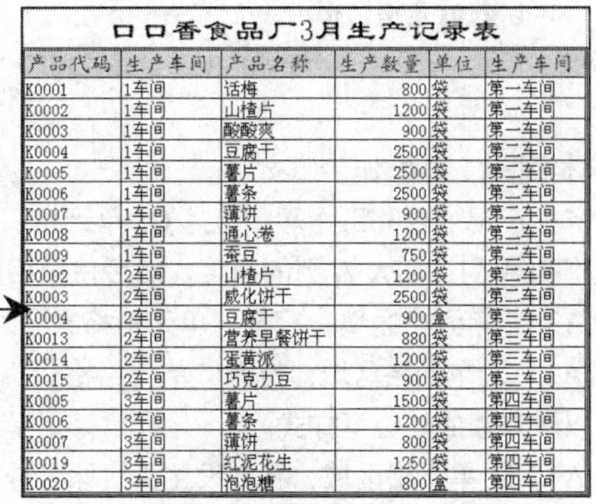

2. 专业背景

生产记录表用于记录生产过程中的相关产品信息，如产品名称、生产部门、责任人和生产数量等，某些生产记录表为了体现质量信息，还会加上合格数量、合格率等信息。每个部门、工厂的生产记录表都可能不同，因为管理机制不一样，所以表格的内容可能有所差异，但总体应遵守简单，便于查看的原则。

3. 操作思路

了解了生产记录表的相关知识后就可以对其进行编辑。根据上面的实例目标，本例的操作思路如图 10-30 所示。

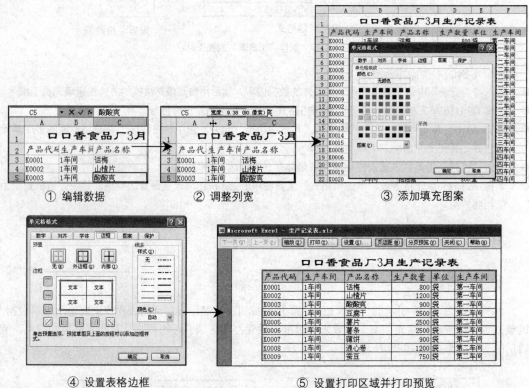

① 编辑数据   ② 调整列宽   ③ 添加填充图案

④ 设置表格边框   ⑤ 设置打印区域并打印预览

图 10-30 编辑并打印"生产记录表"的操作思路

制作本例的主要操作步骤如下。

❶ 打开"生产记录表"工作簿，选择 C5 单元格，输入"酸酸爽"，修改原始数据。

❷ 向右拖动 A 列，增大 A 列的宽度，然后使用相同的方法调整每列的宽度。

❸ 选择 A2:F2 单元格区域，打开"单元格格式"对话框，单击"图案"选项卡，选择浅橙色。

❹ 选择 A2:F22 单元格区域，打开"单元格格式"对话框，单击"边框"选项卡，设置细实线的内部边框，以及双线的外边框样式。

❺ 选择 A1:F11 单元格区域，将其设置为打印区域。

❻ 预览设置的打印区域，选择【文件】→【打印】命令，将其打印出来。

10.3 常见疑难解析

问：可以像利用“格式”工具栏设置字体一样快速设置数据格式吗？

答：可以在“格式”工具栏中完成，方法是选择需设置格式的数据，单击“货币样式”按钮可将数据设置为货币型；单击“百分比样式”按钮%可将数据转换为百分比；单击“千位分隔样式”按钮可为数值上千的数据添加千位分隔符；单击“增加小数位数”按钮或“减少小数位数”按钮，可为数据添加小数位数或减少小数位数。

问：可以快速调整表格的行高和列宽吗？

答：将鼠标光标移到需调整的行或列之间的边线上，双击该边线可将当前的行高或列宽调整到最佳位置。

问：在 Excel 中可以通过拖动鼠标的方法来复制和移动单元格数据吗？

答：可以，方法与 Word 中通过拖动鼠标复制或移动文本的方法类似。其方法是选择所需数据的单元格，在拖动鼠标的同时按住【Ctrl】键，可以复制选择的单元格数据，直接拖动将移动单元格数据。

问：可以为表格设置打印的纸张和页眉及页脚吗？

答：可以，选择【文件】→【页面设置】命令，打开“页面设置”对话框，在“页面”选项卡中可设置打印的纸张大小，在“页眉/页脚”选项卡中可为表格添加页眉和页脚内容。

10.4 课后练习

(1) 启动 Excel，选择 B3 单元格，输入数据“20”后分别按【Enter】键、【Tab】键及光标键，看看有什么不同。

(2) 运用输入和填充数据的方法，制作图 10-31 所示的“办公用品领用记录表”。

(3) 对“办公用品领用记录表”进行编辑，首先合并及居中标题所在的单元格，并设置字体为“黑体”、20 号，然后设置表头文字为加粗、仿宋、居中和 14 号，调整列宽后为表格四周添加边框，如图 10-32 所示。

	A	B	C	D	E	F	G	H	I
1	办公用品领用记录表								
2	编号	领用物品	数量	单价	价值	部门	领用原因	领用日期	领用人签字
3	1	文件夹	5	4	20	市场部	新进员工		
4	2	资料册	5	10	50	行政部	工作需要		
5	3	便笺	20	0.8	16	人资部	工作需要		
6	4	对讲机	3	300	900	市场部	新进员工		
7	5	白板	1	60	60	策划部	工作需要		
8	6	订书机	2	12	24	企划部	工作需要		
9	7	工作服	3	130	390	市场部	新进员工		
10	8	圆珠笔	10	1	10	财务部	工作需要		
11	9	订书机	2	12	24	办公室	工作需要		
12	10	打印纸	2	150	300	运营部	工作需要		
13	11	墨盒	3	150	450	人资部	工作需要		
14	12	文件夹	5	3	15	行政部	更新		
15	13	打孔机	2	30	60	办公室	工作需要		
16	14	对讲机	2	300	600	服务部	新进员工		
17	15	工作服	1	130	130	办公室	工作需要		

图 10-31　制作“办公用品领用记录表”

	A	B	C	D	E	F	G	H	I
1	办公用品领用记录表								
2	编号	领用物品	数量	单价	价值	部门	领用原因	领用日期	领用人签字
3	1	文件夹	5	4	20	市场部	新进员工		
4	2	资料册	5	10	50	行政部	工作需要		
5	3	便笺	20	0.8	16	人资部	工作需要		
6	4	对讲机	3	300	900	市场部	新进员工		
7	5	白板	1	60	60	策划部	工作需要		
8	6	订书机	2	12	24	企划部	工作需要		
9	7	工作服	3	130	390	市场部	新进员工		
10	8	圆珠笔	10	1	10	财务部	工作需要		
11	9	订书机	2	12	24	办公室	工作需要		
12	10	打印纸	2	150	300	运营部	工作需要		
13	11	墨盒	3	150	450	人资部	工作需要		
14	12	文件夹	5	3	15	行政部	更新		
15	13	打孔机	2	30	60	办公室	工作需要		
16	14	对讲机	2	300	600	服务部	新进员工		
17	15	工作服	1	130	130	办公室	工作需要		

图 10-32　编辑“办公用品领用记录表”

(4) 打印“办公用品领用记录表”，要求只打印 A1:G17 单元格区域，并打印 3 份。

第 11 课
Excel 表格的数据管理

学生：老师，在"学生成绩表"中我想查看其中各科成绩的前 3 名，但这个工作表中有好多数据，我眼睛都看花啦！

老师：直接使用 Excel 的数据管理功能，对工作表中的数据按各科成绩进行排序或者筛选就可以了。

学生：原来在 Excel 中可以进行排序与筛选操作，这样在管理表格数据时就方便多了。

老师：在 Excel 中不仅可以对数据进行排序和筛选，还可以使用公式与函数自动计算数据结果，使用数据记录单添加和删除表格数据，对数据进行分类汇总，或通过创建图表来分析表格数据，合理运用这些操作便可以实现各种数据管理功能。本课我们将学习这些操作的应用方法。

学生：那我们开始上课吧！

学习目标

▶ 掌握使用公式和函数的方法

▶ 掌握数据的管理方法

▶ 掌握使用图表分析数据的方法

▶ 掌握创建数据透视表的方法

11.1 课 堂 讲 解

本课主要讲述在 Excel 2003 中使用公式和函数进行数据计算、管理数据、使用图表和数据透视表分析数据的方法。通过相关知识点的学习和案例的制作，可以熟悉使用 Excel 2003 进行数据计算和管理的相关知识。

11.1.1 使用公式和函数

Excel 2003 具有强大的数据计算功能，在其中使用公式与函数，可以对工作表中的数据进行精确和快速的运算，从而提高工作效率。

1. 输入公式

公式是一种对工作表中的数值进行计算的等式，在遵守 Excel 公式的相关规律的前提下，可以快速地完成数据的运算和分析。在单元格或编辑栏中输入公式之后，Excel 2003 会自动根据公式进行运算。

公式以等号"＝"开始，其后跟参与计算的元素（运算数）和运算符。如"=(A1+A2+58)*3"就是一个公式，它表示将 A1、A2 单元格中的数据和"58"加在一起后再乘以"3"。下面以计算该公式为例进行讲解，其具体操作如下。

❶ 分别在 A1、A2 单元格中任意输入两个数据，如"138"和"26"。

❷ 选择计算结果所在的 A3 单元格，在编辑栏中输入公式"=(A1+A2+58)*3"，如图 11-1 所示。

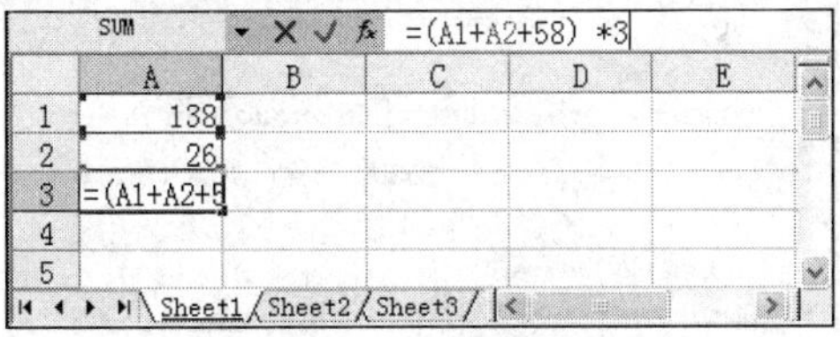

图 11-1　输入公式

> 提示：在输入公式中的单元格地址（如 A1、A2 等）时，既可手动输入，也可在输入时单击相应的单元格，其地址自动显示在编辑中。

❸ 按【Enter】键或单击编辑栏中的"输入"按钮√，A3 单元格中便自动出现计算后的结果，并自动选择下面的一个单元格，如图 11-2 所示。

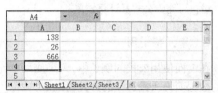

图 11-2　计算结果

> 提示：若在输入公式后，按【Ctrl+Enter】键，可在所选单元格中显示计算结果，并保持该单元格的选择状态；若要取消已经输入的公式，可单击编辑栏中的"取消"按钮✕。

2. 编辑公式

对于输入的公式可以进行修改、复制、移动和删除等操作，下面分别进行介绍。

◎ **修改公式**：直接双击公式所在的单元格，或者单击单元格后将鼠标光标定位到编辑栏中，对要修改的参数进行修改，完成后按【Enter】键。

◎ **复制公式**：可使用复制单元格的方法，对公式所在的单元格进行复制，或者选择公式所在的单元格，移动鼠标光标至单元格右下角，当鼠标光标变为╋形状时，按住鼠标左键拖至相邻单元格，如拖至右侧的单元格后释放鼠标，如图 11-3 所示。

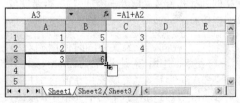

图 11-3　复制公式

◎ **移动公式**：选择包含待移动公式的单元格，将鼠标光标指向单元格的边框，当鼠标光标变为✛形状时，按住鼠标左键拖动至目标单元格后释放鼠标，如图 11-4 所示。

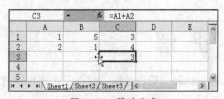

图 11-4　移动公式

◎ 删除公式：选择公式所在的单元格，按【Delete】键，可删除公式及计算结果。

3.　单元格引用

在前面使用公式的例子中，为了使用单元格中的数据而输入或选择的单元格地址，被称为单元格引用。Excel 中的引用分为相对引用和绝对引用两种，下面分别进行介绍。

相对引用

相对引用是默认情况下使用的一种引用形式，它是指引用的单元格的地址会随着存放计算结果的单元格位置的不同而有所改变，但引用的单元格与包含公式的单元格的相对位置不变。

提示：默认情况下复制公式时 Excel 所使用的是相对引用。如在图 11-3 中，将 A3 单元格中的公式"=A1+A2"（计算结果为 3）复制到 B3 单元格中，则该单元格中的公式自动变为"=B1+B2"（计算结果为 6），这种引用就属于相对引用。

绝对引用

绝对引用就是完全引用，此时公式中引用的单元格的地址不会随着单元格的位置发生改变而改变，即将公式引用到新位置后，公式中的单元格地址固定不变，计算结果也不变。在相对引用中的单元格的列标和行号之前分别添加"$"符号便成为绝对引用。

注意：在同一个公式中同时使用相对引用与绝对引用就是混合引用，如公式"=A1+B1"。当复制使用了混合引用的公式时，只有相对引用的单元格中的数据会发生变化。

4.　使用函数

函数实际上是预先定义好的公式，通过使用参数来按语法的特定顺序进行计算。用户可以像

输入公式一样手动输入函数，也可通过"插入函数"对话框进行输入。下面以通过"插入函数"对话框输入 AVERAGE 计算平均数为例进行讲解，其具体操作如下。

❶ 选择要存放平均值的单元格如 C4，选择【插入】→【函数】命令，或单击编辑栏中输入框左侧的"插入函数"按钮 f_x，打开"插入函数"对话框。

❷ 在"或选择类别"下拉列表框中选择"常用函数"选项（系统默认为此选项），在"选择函数"列表框中选择"AVERAGE"选项，单击 确定 按钮，如图 11-5 所示。

图 11-5　选择函数

❸ 打开"函数参数"对话框，在"Number1"参数框中输入求平均值的单元格区域，或者选择其中的已有数据，然后在数据编辑区中选择所需区域，如 A1:C2，如图 11-6 所示。

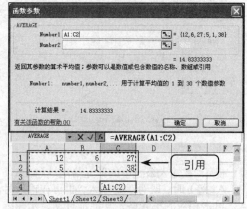

图 11-6　引用单元格区域

❹ 在"函数参数"对话框中单击 确定 按钮，C4 单元格中便自动计算出 A1:C2 单元格区域中各个数值的平均值，如图 11-7 所示。

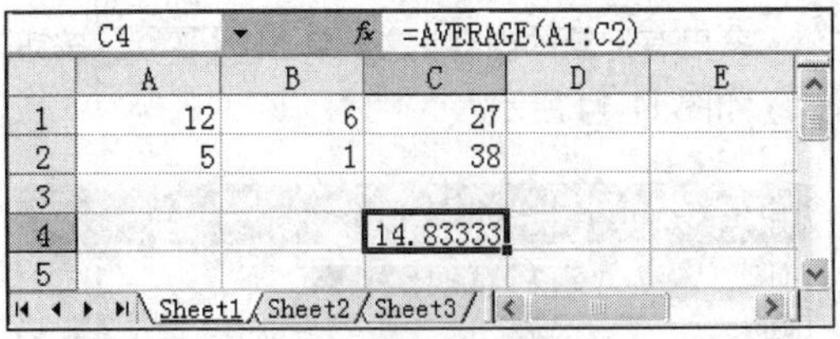

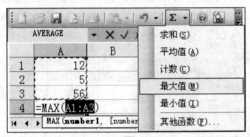

图 11-7 应用函数后的计算结果

5. 函数的自动计算

为了便于在日常计算中快速使用求和、平均数和最大值等函数，在 Excel 的"常用"工具栏中提供了一个 Σ 按钮，单击该按钮旁的 ▾ 按钮，在弹出的下拉菜单中选择相应命令，此时会在存放计算结果的单元格中自动出现一个公式，如图 11-8 所示。在选择所需的引用范围后，按【Enter】键可得出相应结果。

图 11-8 利用 Σ 按钮求最大值

6. 案例——计算"成绩表"

本例将通过自动求和计算出"成绩表"工作簿中第一个学生的总分，然后输入函数计算出该学生的平均分，最后分别对公式进行复制得出每个学生的总分和平均分，效果如图 11-9 所示。

学号	姓名	性别	语文	数学	英语	总分	平均分
2009001	范嫒嫒	女	99	98	95	292	97.33
2009002	郭静	女	100	75	98	273	91.00
2009003	李辉	男	70	98	96	264	88.00
2009004	李兰	女	100	100	70	270	90.00
2009005	李邑	男	98	99	89	286	95.33
2009006	王杨	男	98	88	73	259	86.33
2009007	杨华	男	86	89	86	261	87.00
2009008	张英	女	95	80	99	274	91.33

图 11-9 计算结果

其具体操作如下。

❶ 选择 G3 单元格，在"常用"工具栏中单击 Σ 按钮右侧的 ▾ 按钮，在弹出的下拉菜单中选择"求和"命令，此时在存放计算结果的单元格中出现公式"=SUM(D3:F3)"，如图 11-10 所示，按【Enter】键得出计算结果。

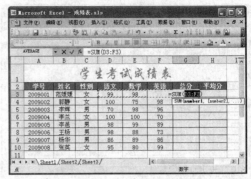

图 11-10 自动求和

❷ 选择 H3 单元格，在编辑栏中输入函数"=AVERAGE(D3:F3)"，按【Ctrl+Enter】键，在 H3 单元格中显示计算结果，如图 11-11 所示。

图 11-11 输入函数

❸ 选择 G3 单元格，将鼠标光标移动至其右下角，当鼠标光标变为 ✚ 形状时，按住鼠标左键并向下拖动至 G10 单元格后释放鼠标，如图 11-12 所示。

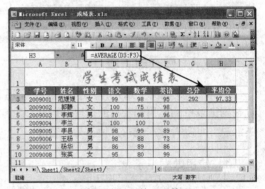

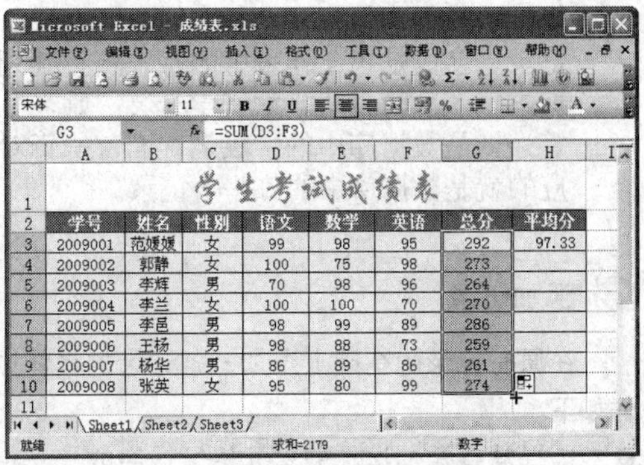

图 11-12 拖动复制公式

❹ 选择 H3 单元格，按【Ctrl+C】键进行复制，选择 H4:H10 单元格区域，按【Ctrl+V】键进

行粘贴，如图 11-13 所示。

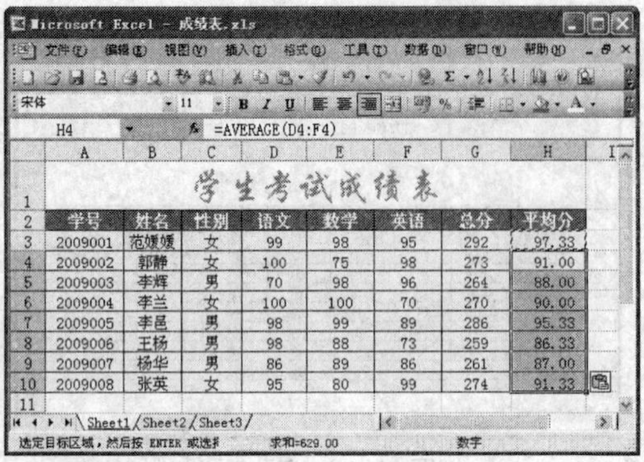

图 11-13　复制公式

⏱ 试一试

单击编辑栏中输入框左侧的"插入函数"按钮 f_x，利用打开的"插入函数"对话框输入 AVERAGE 函数。

11.1.2　数据的管理

Excel 2003 提供了强大的数据管理功能，通过数据记录单的使用和数据的排序、筛选以及分类汇总，可以对数据进行方便有效地管理。

1. 使用数据记录单

在工作表中输入数据时，Excel 会自动创建与之对应的数据库，并生成数据记录单，方便进行数据的查询和编辑。在记录单中进行添加记录、修改记录和删除记录等操作，可以改变工作表中相应的数据。

> ⚠ 提示：数据库包括两个基本元素即字段与记录。字段是指工作表中的每一列，其列标志（该列的表头，如"学号"、"姓名"等）就是数据库中的字段名；而每一行对应的就是数据库中的每一个记录。

✐ 添加记录

在原有记录的基础上添加一条记录的具体操作如下。

❶ 选择需要添加记录的单元格区域中的任一单元格。

❷ 选择【数据】→【记录单】命令，打开以工作表名命名的记录单对话框，在其中可以查看每

条已有记录的内容。这里单击 新建(W) 按钮，如图 11-14 所示。

图 11-14　添加记录

❸ 在对话框中的空白文本框中依次输入新记录的内容，单击 关闭(L) 按钮便完成添加记录的操作。返回文档编辑区即可看到在原有数据下方多出了一条记录（一行数据），如图 11-15 所示。

图 11-15　输入新记录的内容

✐ 修改记录

要修改已有记录，可以打开记录单对话框，通过拖动对话框中间的滚动条，或者单击 上一条(P) 或 下一条(N) 按钮定位到需要修改的记录，对需要修改的文本框中的内容进行修改后单击 关闭(L) 按钮。

✐ 删除记录

若要删除记录，可以打开记录单对话框，定位到要删除的记录后单击 删除(D) 按钮，在打开的提示对话框中单击 确定 按钮即可删除该记录，并自动移到下一条记录。

查找记录

当工作表中的记录或字段较多时，可以对所需记录进行查找，其方法为：打开记录单对话框，单击条件(C)按钮，在打开的对话框中的文本框中输入搜索的关键字，按【Enter】键可快速显示查找到的记录。

> 注意：在输入搜索的关键字时，应尽量输入与表格中相一致的记录，才能使查找更为准确。

2. 数据的排序

为了便于对数据进行分析，可以利用 Excel 的数据排序功能使工作表中的数据按照需要的顺序或规律进行排列。下面以“测试表.xls”工作簿为例讲解数据排序的方法，其具体操作如下。

❶ 打开“测试表.xls”工作簿，选择需排序的工作表中的任一有数据的单元格，选择【数据】→【排序】命令。

❷ 打开“排序”对话框，在“主要关键字”下拉列表框中选择主关键字，这里选择“总分”选项，然后选择排序方式，这里选中其右侧的 ⊙降序(D) 单选项，表示根据总分的多少按照由高到低的顺序排序，在“次要关键字”下拉列表框中选择次关键字，这里选择“综合”选项，并选中其后的 ⊙降序(D) 单选项，其余保持默认设置，单击确定按钮，如图 11-16 所示。

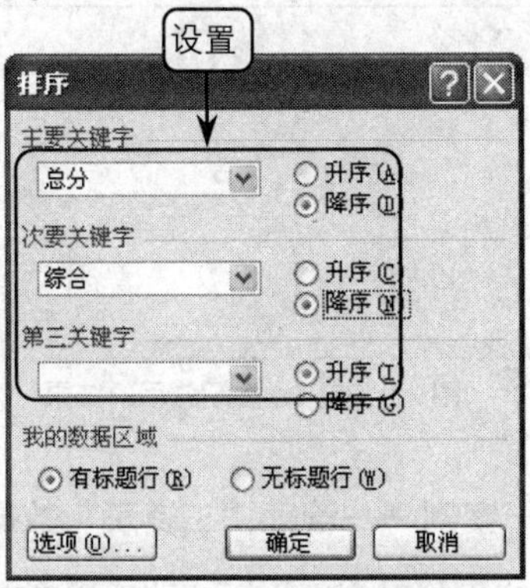

图 11–16 设置“排序”对话框

❸ 返回数据编辑区，即可看到工作表中的数据按照设置的条件进行排序，如图 11-17 所示。

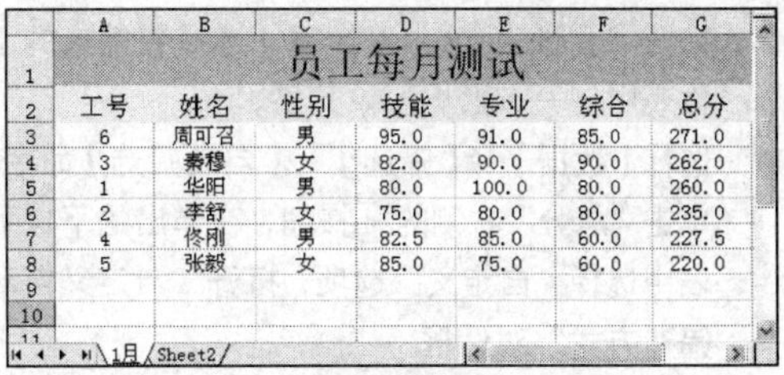

图 11–17 排序结果

> 提示：若只需根据主关键字进行排序，可选择该关键字所在列中的任意一个单元格，然后根据需要单击“常用”工具栏中的“升序排序”按钮或“降序排序”按钮即可快速进行相应地排序。

3. 数据的筛选

要在大量数据中快速查找到所需记录，可以利用筛选功能将不符合设置条件的记录暂时隐藏起来，只显示符合条件的记录。

自动筛选

Excel 提供的自动筛选功能适用于简单的筛选操作。下面以筛选出“测试表.xls”工作簿中综合成绩为 80.0 的记录为例进行讲解，其具体操作如下。

❶ 打开“测试表.xls”工作簿，选择要筛选的工作表中任一有数据的单元格。

❷ 选择【数据】→【筛选】→【自动筛选】命令，此时数据清单中各字段名称的右侧均出现▼按钮。

❸ 单击“综合”字段右侧的▼按钮，在弹出的下拉列表中选择“80.0”选项，Excel 自动进行筛选，完成后的效果如图 11-18 所示。

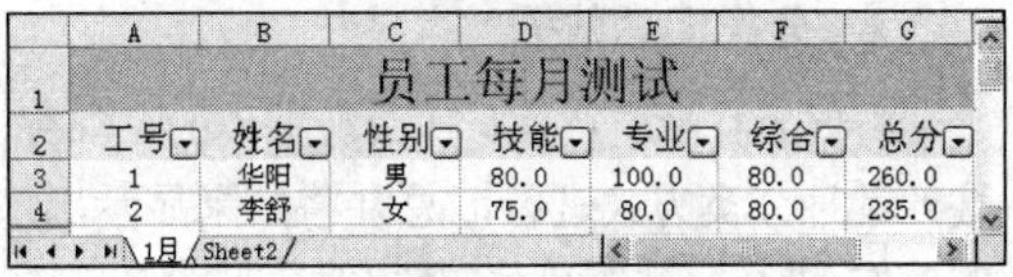

图 11–18 筛选结果

自定义筛选

当要进行较为复杂的筛选时，可使用自定义筛选功能。下面以筛选出“测试表.xls”工作簿中总分大于或等于 260 的记录为例进行讲解，其具体操作如下。

❶ 打开"测试表.xls"工作簿，选择要筛选的工作表中任一有数据的单元格。

❷ 选择【数据】→【筛选】→【自动筛选】命令，单击"总分"右侧的▼按钮，在弹出的下拉列表中选择"自定义"选项，打开"自定义自动筛选方式"对话框。

❸ 在"总分"栏中的第一个下拉列表框中选择"大于或等于"选项，在其后的下拉列表框中输入"260.0"，如图 11-19 所示。若还需设置其他筛选条件，可选中 ⊙ 与(A)或 ⊙ 或(O)单选项，再以同样的方法在下拉列表框中设置另外的筛选条件。

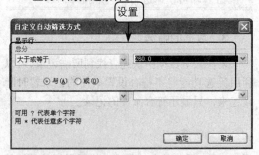

图 11-19　自定义筛选条件

❹ 单击　确定　按钮后将只显示符合筛选条件的记录，如图 11-20 所示。

	A	B	C	D	E	F	G
1	员工每月测试						
2	工号	姓名	性别	技能	专业	综合	总分
3	1	华阳	男	80.0	100.0	80.0	260.0
5	3	秦穆	女	82.0	90.0	90.0	262.0
8	6	周可召	男	95.0	91.0	85.0	271.0

图 11-20　筛选结果

4. 分类汇总数据

数据的分类汇总就是选取数据中的一部分，按照某种分类方式进行汇总并将结果显示出来的操作。进行分类汇总前，必须对数据清单排序，且排序的关键字与分类汇总的关键字必须一致。如排序的关键字是"职务"，则分类汇总的关键字也必须是"职务"。

> 提示：分类汇总之前排序的目的是使拥有相同关键字的记录集中在一起，以便后面进行分类汇总。

下面以对"测试表.xls"工作簿中的性别进行分类汇总求和为例进行讲解，其具体操作如下。

❶ 打开"测试表.xls"工作簿，对"性别"字段进行升序排序。

❷ 选择要进行分类汇总的数据清单中的任一单元格。

❸ 选择【数据】→【分类汇总】命令，打开"分类汇总"对话框。

❹ 在"分类字段"下拉列表框中选择"性别"选项，在"汇总方式"下拉列表框中选择"求和"选项，在"选定汇总项"列表框中选中需求出总和的复选框，这里选中所有复选框，如图 11-21 所示。

图 11-21　"分类汇总"对话框

❺ 单击　确定　按钮完成分类汇总操作，结果如图 11-22 所示。

	A	B	C	D	E	F	G
1	员工每月测试						
2	工号	姓名	性别	技能	专业	综合	总分
3	1	华阳	男	80.0	100.0	80.0	260.0
4	4	佟刚	男	82.5	85.0	60.0	227.5
5	6	周可召	男	95.0	91.0	85.0	271.0
6			男 汇总		276.0	225.0	758.5
7	2	李舒	女	75.0	80.0	80.0	235.0
8	3	秦穆	女	82.0	90.0	90.0	262.0
9	5	张骏	女	85.0	75.0	60.0	220.0
10			女 汇总		245.0	230.0	717.0
11			总计		521.0	455.0	1475.5

图 11-22　分类汇总后的结果

5. 案例——管理"工资表"数据

本案例将对"工资表"工作簿中的数据进行管理，主要练习数据的排序及分类汇总的方法，其最终效果如图 11-23 所示。

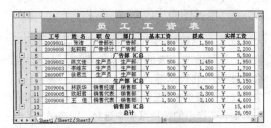

图 11-23 最终效果

其具体操作如下。

❶ 打开"工资表.xls"工作簿,选择"部门"列中的任意有数据的单元格,单击"常用"工具栏中的"升序排序"按钮进行升序排序,如图 11-24 所示。

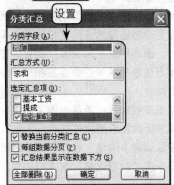

图 11-24 进行排序

❷ 选择【数据】→【分类汇总】命令,打开"分类汇总"对话框。

❸ 在"分类字段"下拉列表框中选择"部门"选项,在"选定汇总项"列表框中选中复选框,其他保持默认设置不变,单击 确定 按钮,如图 11-25 所示。

图 11-25 设置分类汇总

❹ 返回数据编辑区即可看到完成排序、分类汇总后的最终效果,如图 11-23 所示。

⏱ 试一试

在设置分类汇总后,重新打开"分类汇总"对话框,单击 全部删除(R) 按钮,看看有什么样的

效果。

11.1.3 使用图表分析数据

图表可以以图形的形式表现工作表中各类数据之间的关系,使其更加清楚、直观,便于对数据进行分析和总结。

1. 创建图表

创建图表可以通过"图表向导"对话框来完成,其具体操作如下。

❶ 选择【插入】→【图表】命令,或单击"常用"工具栏中的"图表向导"按钮。

❷ 打开"图表向导"对话框,单击"标准类型"选项卡,在"图表类型"列表框中可选择一种图表的类型,在"子图表类型"栏中可选择图表的形状,如图 11-26 所示。

图 11-26 选择图表类型

❸ 单击 下一步(N) > 按钮,打开图表源数据对话框,单击"数据区域"选项卡,在"数据区域"文本框中可设置提供图表显示的数据范围,如图 11-27 所示。

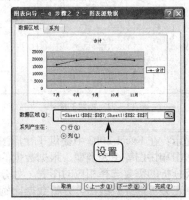

图 11-27 设置图表源数据

❹ 单击 下一步(N) > 按钮，打开图表选项对话框，单击"标题"选项卡，在其中可设置图表标题、X 轴和 Y 轴的名称，还可在其他选项卡中进行相应的设置，完成后单击 下一步(N) > 按钮，如图 11-28 所示。

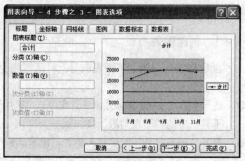

图 11-28　设置图表选项

❺ 打开图表位置对话框，在其中可设置图表插入工作表的方式，如图 11-29 所示。单击 完成(F) 按钮，完成图表的创建，效果如图 11-30 所示。

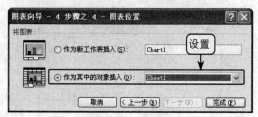

图 11-29　设置图表位置

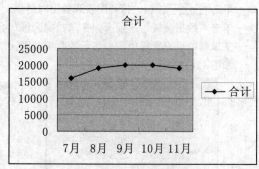

图 11-30　创建的图表

> !　提示：在 Excel 2003 中提供了柱形图、条形图和饼图等图表类型，根据数据的特点及分析的需要选择相应的图表，如分析数据走势可选择折线图，分析数据比例可选择饼图等。

2．修改图表

如果对创建好的图表不满意，可以对其进行修改，包括改变图表的类型、位置和大小，以及修改图表中的数据等。

◎ **改变图表类型**：在需修改的图表上单击鼠标右键，在弹出的快捷菜单中选择"图表类型"命令，或选择【图表】→【图表类型】命令，在打开的"图表类型"对话框中选择所需的图表类型，单击 确定 按钮。

◎ **移动图表**：移动图表的方法与移动图片的方法一样，只需在图表区中按住鼠标左键不放并拖动至目标位置再释放鼠标。

◎ **改变图表大小**：改变图表大小时先选择图表，将鼠标光标移到图表边框的 8 个小黑块（即控制柄）上，当鼠标光标变为双箭头形状时拖动即可改变大小。

> !　提示：图表中的标题、图例和绘图区等组成部分也可移动或改变大小，操作的方法与上述类似。

◎ **修改选项**：要修改图表标题、坐标轴、网格线和图例等选项时，可在需修改的图表上单击鼠标右键，在弹出的快捷菜单中选择"图表选项"命令，或选择【图表】→【图表选项】命令，在打开的"图表选项"对话框中的相应选项卡中进行修改便可。

◎ **修改图表数据**：创建好的图表与单元格中的数据是动态链接的，即在修改单元格中的数据时，图表中的图形会发生相应的变化。其操作方法非常简单，直接在相应的单元格中修改即可。

◎ **改变图表数据源**：若数据源发生变化，如需要添加新数据或删除数据时，可选择【图表】→【数据源】命令，在打开的"源数据"对话框中的"数据区域"文本框中设置所需的数据范围。

3．美化图表

美化图表的方法是，在需美化的图表项目上单击鼠标右键，在弹出的快捷菜单中选择相应的格式设置命令，在打开的"图表区格式"对话框中的相应选项卡中，如"图案"、"字体"及"对齐"等选项卡，按照美化单元格的方法进行设置便可。图 11-31 所示为"图表区格式"对话框的"图案"选项卡。

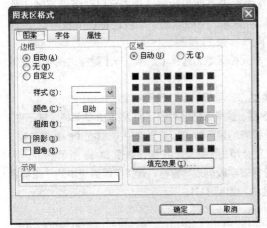

图 11-31 "图表区格式"对话框

⚠ 注意：根据所选图表部分的不同，打开的对话框及其中的选项卡也会不同，不过设置方法是相同的。

4. 案例——制作"成绩分析"图表

本案例将为"成绩分析表.xls"工作簿中的数据创建一个图表并对其进行修改和美化，主要练习用图表向导创建图表、修改及美化图表的方法，其最终效果如图 11-32 所示。

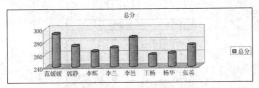

图 11-32 最终效果

其具体操作如下。

❶ 打开"成绩分析表.xls"工作簿，选择 B2:B10 和 G2:G10 单元格区域，选择【插入】→【图表】命令。

❷ 打开"图表向导"对话框的"标准类型"选项卡，在"图表类型"列表框中选择"圆柱图"选项，在"子图表类型"栏中选中第一个图标，如图 11-33 所示。

图 11-33 选择图表类型

❸ 单击 下一步(N) > 按钮，在打开的对话框中保持默认设置，并依次单击 下一步(N) > 按钮，最后在打开的图表位置对话框中单击 完成(F) 按钮完成图表的创建。

❹ 在图表区中按住鼠标左键不放，将其拖动至工作表中数据的下方后释放鼠标，然后将鼠标光标移到图表边框右下角的控制柄上，当鼠标光标变为双箭头形状时向右进行拖动，直至图表中显示出所有学生的姓名，再释放鼠标。

❺ 在图表中柱形图的"背景墙"上单击鼠标右键，在弹出的快捷菜单中选择"背景墙格式"命令，打开"背景墙格式"对话框。在"区域"栏中选择"水蓝色"选项，单击 确定 按钮，如图 11-34 所示。

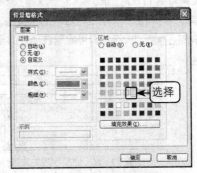

图 11-34 设置背景墙格式

❻ 使用同样的方法将"基底"填充为"淡紫色"，完成图表的美化。其最终效果如图 11-32 所示。

⏱ **试一试**

在坐标轴上单击鼠标右键，在弹出的快捷菜单中选择"坐标轴格式"命令，在打开的对话框的"字体"选项卡中对坐标轴字体进行修改，看看有什么样的效果。

11.1.4　创建数据透视表

数据透视表是一种可以快速汇总大量数据的交互式报表，使用数据透视表可以清晰地反映工作表中的数据信息，从而方便查看和分析工作表中的数据信息。下面以在"原料进货费用表.xls"工作簿中创建数据透视表为例进行讲解，其具体操作如下。

❶ 打开"原料进货费用表.xls"工作簿，选择 A2:F18 单元格区域，选择【数据】→【数据透视表和数据透视图】命令。

❷ 在打开的对话框中选择数据源和所要创建的报表类型，这里保持默认设置不变。

❸ 单击 下一步 按钮，在打开的对话框中设置数据源区域，这里保持绝对引用的 A2:F18 单元格区域不变。

❹ 单击 下一步 按钮，在打开的对话框中设置数据透视表的显示位置，这里选中 ⊙ 现有工作表(E) 单选项，在其下的文本框中设置显示位置，这里输入 "A22"，单击 完成(F) 按钮，如图 11-35 所示。

❺ 在数据编辑区中出现数据透视表的框架及"数据透视表字段列表"窗格，选择字段列表中的"原料名称"字段，按住鼠标左键不放将其拖动至"页"区域，如图 11-36 所示。

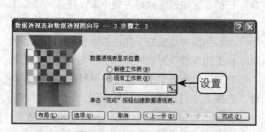

图 11-35　设置显示位置

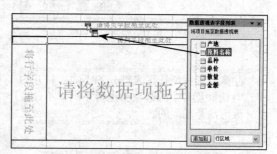

图 11-36　添加"页"区域的字段

❻ 用同样的方法分别将"产地"、"品种"和"金额"字段拖动到"行"、"列"和"数据项"区域中，效果如图 11-37 所示。

❼ 单击"原料名称"字段名右侧的 ▼ 按钮，在弹出的下拉列表中选择要查看的项目，如"天然香料"。单击 确定 按钮，即可看到该项目的相关信息，并对其进行分析比较，如图 11-38 所示。

原料名称	(全部) ▼			
求和项:金额	品种 ▼			
产地 ▼	调料	牛肉	植物油	总计
成都	10600	168000	9000	187600
贵州	12000		6000	18000
武汉	31160			31160
重庆	28360	296800		325160
总计	82120	464800	15000	561920

图 11-37　完成字段的添加

原料名称	天然香料 ▼	
求和项:金额	品种 ▼	
产地 ▼	调料	总计
武汉	22800	22800
重庆	12160	12160
总计	34960	34960

图 11-38　查看和分析项目信息

11.2　上机实战

本课上机实战将分别练习计算"生产统计表"中的数据和创建"销售"图表，通过练习进一步巩固公式与函数的使用方法以及图表的应用知识。

上机目标：

◎ 掌握输入和复制公式（函数）的方法；

◎ 掌握创建并美化图表的方法。

建议上机学时：1 学时。

11.2.1 计算"生产统计表"

1. 实例目标

本例要求计算"生产统计表.xls"工作簿中的数据，完成后的参考效果如图 11-39 所示。本例主要运用输入公式、复制公式和函数的自动计算等操作。

生产统计表				
时间	一车间	二车间	三车间	四车间	总计
6月	193800	123140	146520	152300	615760
7月	115620	115230	130000	145030	505880
8月	125700	154600	154600	165800	600700
最大生产量		193800	最小生产量		115230

图 11-39 计算"生产统计表"的效果

2. 专业背景

统计表是用表格来表现统计资料的一种形式，其作用介绍如下。

◎ 用数量说明研究对象之间的相互关系。

◎ 用数量把研究对象之间的变化规律显著地表示出来。

◎ 用数量把研究对象之间的差别显著地表示出来。

3. 操作思路

根据上面的实例目标，本例的操作思路如图 11-40 所示。

① 输入公式

② 复制公式

③ 自动计算最大值

图 11-40 计算"生产统计表"的操作思路

制作本例的主要操作步骤如下。

❶ 打开"生产统计表.xls"工作簿，选择 F3 单元格，在编辑栏中输入公式"=B3+C3+D3+E3"，按【Ctrl+Enter】键，在 F3 单元格中显示计算结果。

❷ 将鼠标光标移动至 F3 单元格的右下角，当鼠标光标变为➕形状时，按住鼠标左键向下拖动至 F5 单元格后释放鼠标，完成公式的复制。

❸ 选择 B7 单元格，在"常用"工具栏中单击 ∑ 按钮右侧的 ▾ 按钮，在弹出的下拉菜单中选择"最大值"命令，此时在存放计算结果的单元格中出现公式"=MAX(B3:B6)"，将鼠标光标移动至数据编辑区，选择 B3:E5 单元格区域，按【Ctrl+Enter】键得出统计结果。

❹ 用同样的方法统计出最小生产量，效果如图 11-39 所示。

11.2.2 创建并美化"销售"图表

1. 实例目标

本例要求创建并美化"销售"图表，完成后的参考效果如图 11-41 所示。本例主要运用创建图表、设置绘图区和图表区格式等操作。

2. 专业背景

一般来说，创建销售类图表可以选择折线图、柱形图和饼状图等类型。通过这类图表，可以快速地掌握每种商品的销售量情况,并对其进行比较。

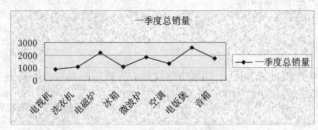

图 11-41 "销售"图表的效果

3. 操作思路

了解了销售类图表的相关知识后便可开始制作图表。根据上面的实例目标,本例的操作思路如图 11-42 所示。

制作本例的主要操作步骤如下。

❶ 打开"销售表.xls"工作簿,选择 A2:A10 和 E2:E10 单元格区域,选择【插入】→【图表】命令。

❷ 打开"图表向导"对话框,单击"标准类型"选项卡,在"图表类型"列表框中选择"折线图"选项,在"子图表类型"栏中选择倒数第二个选项,其他保持默认设置。依次单击 下一步(N) > 和 完成(F) 按钮完成图表的创建。

❸ 将图表拖动至工作表中数据的下方,并调整其长度,使其显示出所有电器名称。

❹ 在绘图区上单击鼠标右键,在弹出的快捷菜单中选择"绘图区格式"命令,打开"绘图区格式"对话框,在"区域"选项卡中选择"水蓝色"选项,单击 确定 按钮。

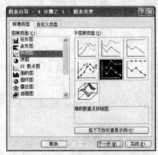  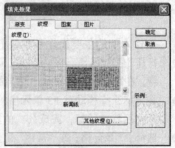

①选择图表类型 　　②填充绘图区 　　③填充图表区

图 11-42　创建并美化"销售"图表的操作思路

❺ 使用同样的方法打开"图表区格式"对话框,单击 填充效果(I)... 按钮,在打开的"填充效果"对话框中单击"纹理"选项卡,选择"新闻纸"选项,依次单击 确定 按扭完成图表的美化。其最终效果如图 11-41 所示。

11.3　常见疑难解析

问: 如何只删除公式而保留数值?

答: 若要删除公式而保留结果,可以选择该单元格并按【Ctrl+C】键进行复制,然后单击鼠标右键,在弹出的快捷菜单中选择"选择性粘贴"命令,在打开的对话框中选中 ● 数值(V) 单选项,单击 确定 按钮即可删除公式而保留数值。

问：当选择【数据】→【筛选】→【自动筛选】命令对数据进行筛选后，怎样退出筛选的显示呢？

答：选择【数据】→【筛选】→【自动筛选】命令，使"自动筛选"命令前的 ☑ 符号消失就可回到正常的显示了。

11.4 课 后 练 习

(1) 利用公式和函数计算"玩具销售表.xls"工作簿中的销售额和总销售额，如图 11-43 所示。

(2) 利用创建图表的方法将 (1) 中的销售额以饼图表示，并对其进行美化，最终效果如图 11-44 所示。

儿童玩具销售表					
编号	玩具名称	颜色	单价	数量	销售额
1	玩具手枪	黑	25	69	￥1,725
2	换装娃娃	粉红	35	40	￥1,400
3	小排球	蓝	5	55	￥275
4	小足球	绿	5	36	￥180
5	小篮球	绿	5	78	￥390
6	遥控赛车	黄	60	101	￥6,060
7	遥控火车	橙	108	20	￥2,160
	总销售额				￥12,190

图 11-43 计算数据

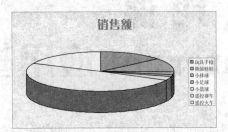

图 11-44 创建和美化图表

第 12 课
Internet 应用基础

老师：通过前面的学习，我们对电脑的操作有了比较全面的认识，也可以使用它完成一些
工作了。其实在信息快速发展的今天，电脑还有一个非常重要的功能，那就是 Internet
的应用，也就是常说的上网操作。

学生：上网就是玩游戏和聊天吗？

老师：当然不是，玩游戏只是基本的网上娱乐活动。网络是一个丰富的资源库，通过它可
以进行查阅资料、下载资源、网上办公和网上预订等，而且可以节省时间，提高办
公效率。不仅如此，利用网络还可以发邮件、网上购物和网上求职等。

学生：看来我对上网的理解还是太局限了。

老师：网络的应用已经深入到各个领域，本课我们就来学习 Internet 应用的基础知识。

学习目标

▶ 掌握连入 Internet 的方法

▶ 熟悉电脑上网的几种常用方法

▶ 学会使用 IE 浏览器浏览网页

▶ 掌握百度和谷歌搜索引擎的使用方法

▶ 掌握下载网络资源的方法

12.1 课 堂 讲 解

本课从 Internet 的简介开始，主要讲述连入 Internet、使用 IE 浏览器浏览并保存网页、使用百度和谷歌搜索引擎搜索网络资源以及下载网上的资源等知识。通过相关知识点的学习和案例的制作，可以熟悉 IE 浏览器的使用方法，掌握搜索与下载网络资源的方法。

12.1.1 Internet 基础知识

Internet 已经深入到人们日常生活的每个角落，它改变了人们传统的工作、学习和生活方式。下面认识 Internet 并介绍如何将电脑连入 Internet。

1. Internet 简介

Internet 的中文名为"国际互联网"或"因特网"，它最初起源于美国，其雏形是一个为军事、科研服务的网络。Internet 通过 TCP/IP（传输控制协议/国际协议）进行数据传输，将世界各地的单台电脑及局域网连接在一起。

Internet 是一个巨大的信息中心，其中的信息以网页的形式显示出来，每个网页都包含不同的内容。只要将电脑连入 Internet，就可以查看网络中的各种资料。除此之外，通过 Internet 还可以进行收发电子邮件、网上视听、网上预订票务、网上购物等多项活动。

要让电脑拥有这些上网功能，必须先将电脑与 Internet 相连。目前将电脑与 Internet 相连的方式主要有如下几种。

◎ **ADSL 上网**：ADSL（Asymmetric Digital Subs-criberLine）即非对称数字用户环路技术，它通过电话线进行信号的传输。要想通过现有的电话线实现 ADSL 上网，只需一个 ADSL Modem 和一个电话分离器，再通过网线将 ADSL Modem 与电脑上的网卡接口相连即可。ADSL 上网一般实行费用包月制，价格也比较合理，是目前较常用的上网方式。

> 提示：由于电话线只传输模拟信号（音频信号），但电脑中所需的信息却是由 0 和 1 组成的数字信号，所以必须安装 ADSL Modem 进行信号转换。当电脑接收信息时，ADSL Modem 将电话线上的模拟信号转换为数字信号；当电脑发送信息时，ADSL Modem 将电脑的数字信号转换为可以在电话线上传输的模拟信号。

◎ 小区宽带上网：小区宽带上网是指网络服务商利用光纤把网络接入小区，再通过网线直接接入到用户家中。使用这种方式上网无须安装 Modem，只需将连接线连入电脑的网卡接口即可。这种方式具有花费少、连接容易、速度快的特点，适用于普通的家庭和个人，是目前大中城市比较普及的一种宽带接入方式。

◎ 专线上网：专线上网只需到网络服务商处租用一条专线，同时申请 IP 地址和注册域名，即可将电脑直接接入 Internet。专线上网速度快、线路稳定，但要求的费用较高，一般用于拥有局域网的大型单位。

2. 创建拨号连接

如果采用小区宽带上网和专线上网，申请后一般可直接使用。如果使用 ADSL 上网则必须先到相关部门（如中国电信）进行申请，办理相关的手续后对方会给用户一个专用的上网账号和密码，在规定的工作日内工作人员会上门安装 ADSL Modem 和线路，然后创建拨号连接。

创建拨号连接可通过"新建连接向导"对话框完成，打开该对话框的方法有如下几种。

◎ 打开"控制面板"窗口，双击"网络连接"图标，在打开的窗口左侧单击"创建一个新的连接"超级链接，如图 12-1 所示。

图 12-1 "网络连接"窗口

◎ 选择【开始】→【所有程序】→【附件】→【通

讯】→【新建连接向导】命令，如图12-2所示。

图12-2 通过"开始"菜单创建拨号连接

◎ 在桌面上的"网上邻居"图标上单击鼠标右键，在弹出的快捷菜单中选择"属性"命令，打开"网络连接"窗口，然后单击左侧的"创建一个新的连接"超级链接。

打开"新建连接向导"对话框后，根据提示填写创建的网络类型、网络连接名称、上网账号、密码等信息（上网账号和密码必须填写网络服务商给定的内容，不能随意填写），然后单击 下一步(N) 按钮即可完成拨号连接的创建。

3. 连接到Internet

新建拨号连接并设置好账号后，双击桌面上的连接图标打开"连接"对话框。由于在创建拨号连接时已输入了用户名和密码，此时"连接"对话框中已输入相应的内容，单击 连接(C) 按钮，如图12-3所示。系统开始拨号，并显示当前的拨号状态，拨号连接成功后，任务栏中的通知区域中会出现一个连接图标 。将鼠标光标指向该图标，就会显示该连接的相关信息，如网速等，如图12-4所示。

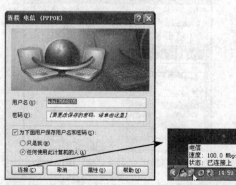

图12-3 "连接"对话框　　图12-4 连接成功

> **注意**：如果申请的Internet上网费用为计时收费，还应根据情况适时断开网络，其方法是用鼠标右键单击任务栏中的连接图标 ，在弹出的快捷菜单中选择"断开"命令。

4. 案例——创建ADSL拨号连接并连接到网络

创建ADSL拨号连接不仅在第一次连入Internet时需要设置，在重装操作系统后也需要自行建立。下面介绍怎样创建ADSL拨号连接并连接到网络，其具体操作如下。

❶ 选择【开始】→【所有程序】→【附件】→【通讯】→【新建连接向导】命令。

❷ 在打开的"新建连接向导"对话框中单击 下一步(N) > 按钮，如图12-5所示。

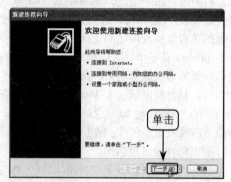

图12-5 "新建连接向导"对话框

❸ 打开"网络连接类型"对话框，选中 ◉连接到Internet(C) 单选项，然后单击 下一步(N) > 按钮，如图12-6所示。

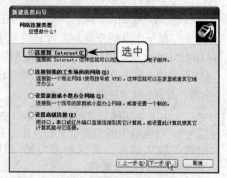

图12-6 设置网络连接类型

❹ 打开"准备好"对话框，选中 ◉手动设置我的连接(M) 单选项，单击 下一步(N) > 按钮，如图12-7所示。

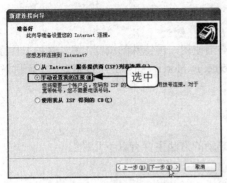

图 12-7 "准备好"对话框

❺ 打开"Internet 连接"对话框，选中 ⊙ **用要求用户名和密码的宽带连接来连接(U)** 单选项，单击 [下一步(N) >] 按钮，如图 12-8 所示。

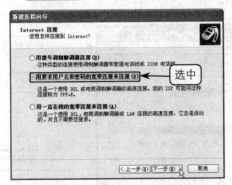

图 12-8 "Internet 连接"对话框

❻ 打开"连接名"对话框，在"ISP 名称"文本框中输入便于用户识别的拨号连接名称，如"电信"，单击 [下一步(N) >] 按钮，如图 12-9 所示。

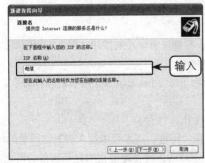

图 12-9 "连接名"对话框

❼ 打开"Internet 账户信息"对话框，在相应的文本框中输入申请账号时网络服务商提供的用户名和密码，单击 [下一步(N) >] 按钮，如图 12-10 所示。

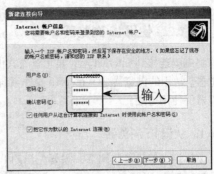

图 12-10 "Internet 账户信息"对话框

❽ 打开"正在完成新建连接向导"对话框，选中 ☑ 在我的桌面上添加一个到此连接的快捷方式(S) 复选框，单击 [完成] 按钮，如图 12-11 所示。

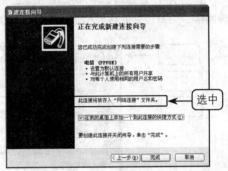

图 12-11 完成创建

❾ 打开"连接"对话框，其中已默认填写了设置的用户名和密码，单击 [连接(C)] 按钮，便可连入 Internet，如图 12-12 所示。

图 12-12 开始连接

⏱ 试一试

创建一个拨号连接，并将电脑连入 Internet。

12.1.2 使用 IE 浏览器

将电脑连接到 Internet 后，要想查看其中的资源还必须使用一种特殊的浏览工具，这种工具称为浏览器。常用的浏览器是 Windows 操作系统自带的 Internet Explorer（简称 IE）浏览器，下面讲解 IE 浏览器的使用方法。

1. 认识 IE 浏览器

要使用浏览器浏览网页，需要先启动 IE 浏览器。启动的方法主要有以下几种。
◎ 双击桌面上的 "Internet Explorer" 图标 e。
◎ 单击任务栏中快速启动栏中的 e 图标。
◎ 选择【开始】→【Internet】命令。
◎ 选择【开始】→【所有程序】→【Internet Explorer】命令。

启动 IE 浏览器后，将打开 IE 浏览器的窗口。IE 浏览器的窗口与 "我的电脑" 窗口相似，包括标题栏、菜单栏、工具栏和地址栏等，如图 12-13 所示。

图 12-13　IE 浏览器

IE 浏览器中各部分的作用介绍如下。
◎ **标题栏**：位于窗口的顶部，左侧是当前打开的网页名称，右侧是窗口控制按钮，用来控制窗口的大小或关闭窗口。
◎ **菜单栏**：Internet Explorer 的菜单栏中有 6 个菜单项，集合了 Internet Explorer 所有的操作命令，通过它们可实现保存网页、查找内容和收藏站点等操作。
◎ **工具栏**：集合了浏览网页时常用的工具按钮，方便用户操作。
◎ **地址栏**：用于输入和显示网址，如需打开某个网页，可在 "地址" 文本框中输入需浏览网页的地址，即网址，再按【Enter】键即可跳转到指定的网页。打开网页后，将在地址栏中显示当前的网址。

> 技巧：单击地址栏右边的 ∨ 按钮将弹出一个下拉列表，其中列出了曾经输入过的网址，选择其中的某个网址可以快速打开相应的网页。

◎ **链接栏**：位于地址栏的右边或下方，IE 浏览器自带了 "Windows"、"免费的 Hotmail"、"Windows Media" 和 "自定义链接" 4 个网页链接，通过这些链接可以快速访问相应的网页。

◎ 网页浏览区：当前打开的网页信息都显示在网页浏览区中，其中包括文字、图片、声音和视频等。

◎ 状态栏：显示当前网页的状态，如正在打开、正在下载、完成和错误等提示。

2. 打开与浏览网页

打开与浏览网页是上网常用的操作之一，其方法是在 IE 浏览器窗口的"地址"文本框中单击鼠标，使文本框中的原有网址被选择，输入要打开的网址，如 http://www.163.com，单击地址栏右侧的 → 转到 按钮或按【Enter】键，IE 浏览器便开始连接该站点的服务器。成功后将在网页浏览区中显示网页内容，如图 12-14 所示。

打开网页后，通过拖动网页右侧和下方的滚动条可浏览当前网页的全部内容。一般通过地址栏打开的网页都是主网页，它只将相关内容的标题和类别以超级链接的形式列出来，要想查看对应的具体内容，可单击该内容对应的超级链接，在打开的窗口中进行查看。图 12-15 所示为在图 12-14 所示的网页中单击"中超"文字超级链接后打开的网页。

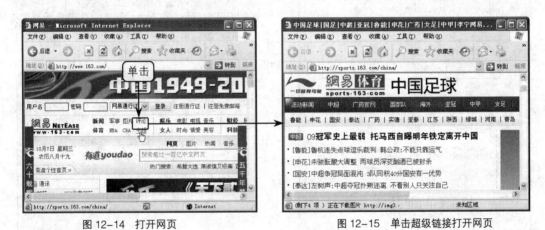

图 12-14　打开网页　　　　　　　　图 12-15　单击超级链接打开网页

提示：在浏览网页时，将鼠标光标移动到某些文字、图片或动画等对象上时，若鼠标光标变为 形状，表示该对象是一个超级链接，单击它可打开对应的目标网页。

3. 使用工具按钮

利用 IE 浏览器工具栏中的相应按钮，可实现上网过程中网页的切换、关闭、刷新和快速打开主页等操作。常用工具按钮的作用分别如下。

◎ "后退"按钮 ：刚打开 IE 浏览器窗口时，该按钮呈灰色显示，处于不可用状态，当通过单击超级链接在窗口中打开其他网页后，该按钮处于可用状态，单击此按钮可以返回到上一个浏览的网页。单击 按钮右边的 ▾ 按钮，在弹出的下拉列表中可以选择曾浏览过的某个网页。

◎ "前进"按钮 ：当单击 按钮后，该按钮才处于可用状态。单击该按钮可前进至上一个浏览的网页。单击右边的 ▾ 按钮，可在弹出的下拉列表中选择前几个浏览过的网页。

◎ "关闭"按钮 ：如果打开网页时，由于网络繁忙或网络暂时出现故障而导致网页在很长时间内不能完全显示，可以单击 按钮停止打开当前网页。

◎ "刷新"按钮 ：它一般与 按钮结合使用，停止打开网页后，单击该按钮可重新载入网页。"刷新"按钮 也可用于更新显示当前网页中的内容。

◎ "主页"按钮 ：单击该按钮可打开浏览器默认的主页。

4. 设置主页

默认情况下，每次启动 IE 浏览器都打开固定的 MSN 中国网站，如果经常要打开某个网站，可将该网站设置为主页。其方法是在 IE 浏览器中打开要设为默认主页的网页，选择【工具】→【Internet 选项】命令，打开"Internet 选项"对话框的"常规"选项卡，在"主页"栏中单击 使用当前页(C) 按钮，便可将当前打开的网页设为 IE 浏览器启动时默认打开的网页，如图 12-16 所示。

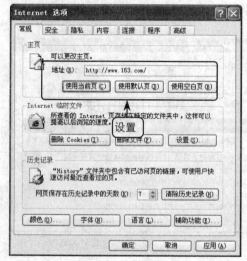

图 12-16　设置主页

> 提示：在"主页"栏中的"地址"文本框中直接输入网址，也可将该网址对应的网页设置为主页；单击 使用默认页(D) 按钮可将 MSN 中国设置为主页；单击 使用空白页(B) 按钮可将一个空白的网页设置为主页。

5. 查看历史记录

IE 浏览器会自动记录一段时间内用户浏览过的网页，如需查看以前浏览过的某个网页而不知道其网址时便可使用历史记录，其具体操作如下。

❶ 单击工具栏中的"历史"按钮 ，在 IE 浏览器窗口左侧打开"历史记录"任务窗格，单击曾经浏览网页的时间。

❷ 此时会列出该天内所有浏览的网站集合，单击需浏览的网站，会列出该网站中所有浏览过的

网页。

❸ 单击需浏览的网页名称，即可在右侧的网页浏览区中显示出内容。

6. 使用收藏夹

历史记录保存的网页是有时间限制的，而使用收藏夹可长期将某些需要的网页地址保存起来，其具体操作如下。

❶ 打开需收藏的网页，选择【收藏】→【添加到收藏夹】命令，打开"添加到收藏夹"对话框。

❷ 在"名称"文本框中输入收藏的网页名称以便识别，单击 创建到(C) >> 按钮。

❸ 展开对话框，在下方的列表框中选择网页保存的位置，单击 确定 按钮，如图 12-17 所示。

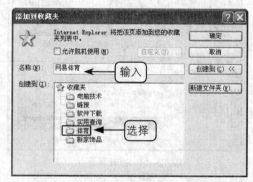

图 12-17　添加网页到收藏夹

❹ 收藏后如需查看该网页，可以单击工具栏中的"收藏夹"按钮 ，打开"收藏夹"任务窗格，在其中选择网页所处的文件夹和网页名称即可将其快速打开，如图 12-18 所示。

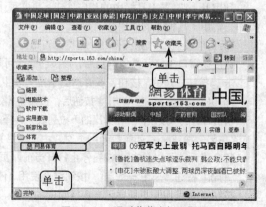

图 12-18　通过收藏夹打开网页

7. 保存网页中的资源

网页的更新速度较快，如果找到需要的文字、图片，甚至整个网页，都可将其保存到本地电脑中，其方法分别如下。

◎ **保存文本**：在网页中选择需保存的文本内容，然后在选择的文本区域中单击鼠标右键，在弹出的快捷菜单中选择"复制"命令，打开"记事本"、"Word"等文字处理程序，按【Ctrl+V】键将复制的文本粘贴到文档中再保存。

◎ **保存图片**：在网页中需保存的图片上单击鼠标右键，在弹出的快捷菜单中选择"图片另存为"命令，打开"保存图片"对话框，在"保存在"下拉列表框中选择图片保存的位置，在"文件名"文本框中输入文件名称，单击 保存(S) 按钮。

◎ **保存网页**：打开需保存的网页后，选择【文件】→【另存为】命令，打开"保存网页"对话框，在"保存在"下拉列表框中选择网页保存的位置，在"文件名"文本框中输入网页名称，单击 保存(S) 按钮。

> 提示：网页保存完后，在指定的路径下可以看到一个网页文件和一个文件夹，其中网页主要保存了网页中的文字，而文件夹中则保存了网页的框架结构和图片等文件。双击网页文件，即可在 IE 浏览器窗口中打开它。如果删除保存的网页文件或文件夹对象，则另一个对象也将被删除。

8. 案例——浏览与收藏搜狐网

本例将启动 IE 浏览器并通过地址栏打开搜狐网，然后浏览天气情况，接着切换到搜狐主页，并将其收藏到"门户网站"文件夹中，其具体操作如下。

❶ 双击桌面上的"Internet Explorer"图标，启动 IE 浏览器。

❷ 在"地址"文本框中输入搜狐网的网址 http://www.sohu.com，按【Enter】键打开该网页，单击主页中的"天气"超级链接。

❸ 打开天气网页，拖动滚动条查看其中的内容后，单击工具栏中的"后退"按钮 返回搜狐主页，如图 12-19 所示。

图 12-19　返回搜狐主页

❹ 选择【收藏】→【添加到收藏夹】命令，打开"添加到收藏夹"对话框。

❺ 保持其默认名称，在"创建到"列表框中选择"门户网站"选项，单击 确定 按钮，如图 12-20 所示。

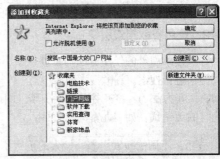

图 12-20　"添加到收藏夹"对话框

想一想

如果收藏夹中的内容较多、较杂时，该怎样进行整理呢？

12.1.3　使用搜索引擎

Internet 中的资源众多，如果以逐个网站进行浏览的方法，在众多的网页中找到需要的资源，无异于大海捞针，这时应使用搜索引擎来搜索需要的内容。现在专业的搜索引擎很多，其中百度和谷歌是较为常用的。下面讲解这两个搜索引擎的使用方法。

1. 使用百度搜索引擎

搜索引擎实际上也是网页，百度搜索引擎的主页中包含多个选项卡，在不同的选项卡中可搜索相应的网页文字、图片或音乐等资源，其具体操作如下。

❶ 启动 IE 浏览器，在"地址"文本框中输入百度网的网址 http://www.baidu.com，按【Enter】键打开该网页。

❷ 在网页中间单击所需的选项卡，以搜索相应的资源，如单击"图片"选项卡。

❸ 在中间的文本框中输入需搜索内容的关键词，如"九寨沟"，在下方可以选择图片的类型，如选中 ⊙全部图片单选项，单击 百度一下 按钮，如图 12-21 所示。

❹ 在打开的网页中将显示所有与九寨沟相关的图片列表，如图 12-22 所示。

图 12-21　输入搜索关键词　　　　　　　　　图 12-22　搜索结果

❺ 单击任意一张图片，即可在打开的网页中看到实际大小的图片效果。

2. 使用谷歌搜索引擎

谷歌搜索引擎的使用方法与百度搜索引擎类似，首先单击选项卡以选择搜索的类别，再输入搜索关键字进行搜索。谷歌搜索引擎中有一个 手气不错 按钮，单击它可快速打开与搜索关键词最接近的网页。其方法为：打开谷歌搜索引擎（网址为 http://www.google.cn），在中间的文本框中输入需搜索内容的关键词，如"九寨沟"，单击 手气不错 按钮，可打开九寨沟的官方网页。

技巧：不同的搜索引擎其搜索的范围不同，所以在一个搜索引擎中没有搜索到需要的资源时，可换另一个搜索引擎。

3. 案例——搜索"学电脑"相关信息

本例将在谷歌搜索引擎中搜索"学电脑"的相关信息，其具体操作如下。

❶ 启动 IE 浏览器，在"地址"文本框中输入谷歌搜索引擎的网址 http://www.google.cn，按【Enter】键打开该网页。

❷ 在中间的文本框中输入"学电脑"，单击 Google 搜索 按钮，如图 12-23 所示。

❸ 在打开的网页中显示与"学电脑"相关的网页列表，如图 12-24 所示。

图 12-23　输入搜索信息　　　　　　　　　图 12-24　搜索结果

❹ 单击要查看的网页的超级链接，即可在打开的网页中查看具体内容。

> 想一想：在搜索资源时，为了使搜索到的内容更加精确，应该怎样选择关键词呢？

12.1.4 从网上下载资料

网上的资源并不是都以文字和图片的形式存在的，还有很多软件、文件、电影等资源，它们均以超级链接的形式保存在网页中，此时应使用下载的方法进行保存。

1. 利用浏览器直接下载

IE 浏览器自带了下载功能，对于下载容量不大的文件还是比较有用的。其方法较简单，找到需下载的文件对应的超级链接，用鼠标右键单击该超级链接，在弹出的快捷菜单中选择"目标另存为"命令，在打开的"另存为"对话框的"保存在"下拉列表框中选择存放下载文件的位置，在"文件名"文本框中输入保存文件的名称，然后单击 保存(S) 按钮，如图 12-25 所示。下载完成后可在保存的位置找到下载的文件。

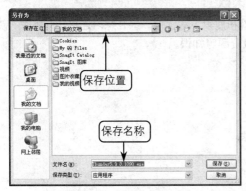

图 12-25 "另存为"对话框

> 注意：如果当前电脑中安装了其他下载软件，单击文件对应的超级链接，会首先启动默认的下载软件并进行下载设置。

2. 使用迅雷下载工具

专业的下载工具比直接下载所用的时间更短且更安全。常用的专业下载工具有迅雷、FlashGet 等，它们的使用方法类似，但首先必须安装该下载工具。

安装迅雷下载工具后，在需下载的文件位置单击鼠标右键，在弹出的快捷菜单中选择"使用迅雷下载"命令，打开"建立新的下载任务"对话框。在"存储目录"下拉列表框中显示默认的保存路径，单击其右侧的 浏览 按钮可自定义路径，设置后单击 确定(0) 按钮，如图 12-26 所示。在打开的迅雷工作界面中显示下载进度等信息，如图 12-27 所示。

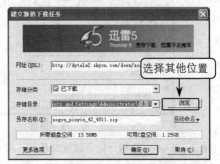

图 12-26 "建立新的下载任务"对话框

图 12-27 显示下载进度

> 技巧：在迅雷软件的上方有一个搜索文本框，通过它可搜索所需的资源，然后直接用迅雷下载到电脑中。

3. 案例——下载"学电脑"视频教程

本例将启动迅雷软件，然后使用迅雷自带的搜索功能搜索"学电脑"的相关信息，再将其中的一个视频下载到"我的文档"中，其具体操作如下。

❶ 选择【开始】→【所有程序】→【迅雷】→【启动迅雷 5】命令，启动迅雷软件，并打开其工作界面。

❷ 在上方的文本框中输入"学电脑"，单击 资源搜索 按钮，如图 12-28 所示。

❸ 在打开的网页中列出搜索到的结果，单击需查看和下载的超级链接。

❹ 打开下载链接网页，单击对应的下载地址超级链接。

❺ 打开"建立新的下载任务"对话框，单击 浏览 按钮，打开"浏览文件夹"对话框。

❻ 在中间的列表框中选择"我的文档"选项，单击 确定 按钮，返回"建立新的下载任务"对话框，如图 12-29 所示。

图 12-28 输入搜索信息

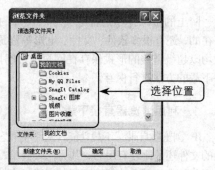

图 12-29 "浏览文件夹"对话框

❼ 单击 确定(O) 按钮开始下载视频教程，并在打开的窗口中显示下载进度。

⏱ 试一试

在迅雷中搜索电影"建国大业"，然后下载到本地电脑中。

12.2 上 机 实 战

本课上机实战分别练习浏览网页、设置 IE 浏览器和搜索下载软件，综合练习连接 Internet、启动 IE 浏览器、浏览网页、设置主页、搜索资源和下载资源等知识。

上机目标：

◎ 熟练掌握浏览网页的各种方法；

◎ 熟练掌握设置 IE 浏览器的方法；

◎ 熟练掌握搜索与下载网络资料的方法；

◎ 总结在不同的场所应如何选择适合的搜索与下载方法。

建议上机学时：1 学时。

12.2.1 浏览网页并设置 IE 浏览器

1．操作要求

本例要求将电脑连入 Internet 后，启动 IE 浏览器，浏览新浪网中的"新闻"网页，然后设置 IE 浏览器。具体操作要求如下。

◎ 双击桌面上的"连接"图标，打开"连接"对话框，单击 连接(C) 按钮。

◎ 双击桌面上的"Internet Explorer"图标 🅴，启动 IE 浏览器。

◎ 打开新浪网首页（网址为 http://www.sina.com.cn），单击"新闻"超级链接。

◎ 将网页中的某一张图片保存到"我的文档"中。

◎ 选择【工具】→【Internet 选项】命令，将打开的网页设置为主页。

2. 操作思路

根据上面的实例目标，本例的操作思路如图 12-30 所示。实现本例的方法很多，如启动 IE 浏览器的方法就有多种，可以选择任意一种方法进行练习。虽然本例尽可能包含了浏览网页时可能会遇到的操作，但每个用户的操作习惯不一样，如希望在浏览网页后将其收藏起来，或将整个网页保存起来等。因此在完成本例后，读者还可设计几种情况综合练习前面所学的知识。

① 连接到 Internet　　　② 打开新浪网首页　　　③ 保存图片　　　④ 设置主页

图 12-30　浏览网页并设置 IE 浏览器的操作思路

12.2.2　搜索并下载"搜狗拼音输入法"软件

1. 操作要求

本例要求通过百度搜索引擎找到"搜狗拼音输入法"软件的官方网站，然后使用迅雷将最新版的"搜狗拼音输入法"软件下载到电脑中。通过本例的操作可熟练掌握搜索与下载的结合使用方法，具体操作要求如下。

◎ 启动 IE 浏览器，打开百度搜索引擎。

◎ 输入关键词"搜狗拼音输入法"，开始搜索。

◎ 选择并进入"搜狗拼音输入法"软件的官方网站。

◎ 在下载链接上单击鼠标右键，在弹出的快捷菜单中选择"使用迅雷下载"命令。

◎ 设置保存位置和文件名称后开始下载。

2. 操作思路

根据上面的实例目标，本例的操作思路如图 12-31 所示。通用本例的操作思路，可以了解搜索与下载资源的一般方法与步骤。但要完成本操作必须要求电脑中已安装了迅雷下载软件，如没有安装，必须先安装。

① 进入搜狗拼音输入法软件官方网站　　② 使用迅雷下载　　③ 设置下载参数

图 12-31　搜索并下载搜狗拼音输入法软件的操作思路

12.3　常见疑难解析

问：可以自定义历史记录保存的时间吗？

答：可以，方法是选择【工具】→【Internet 选项】命令，打开"Internet 选项"对话框，在"历史记录"栏的数值框中输入保存的历史记录天数。

问：在搜索资料时为什么总是搜索不到想要的内容呢？

答：在网上搜索资料时，关键词的选择很重要，关键词应是最能表达需搜索内容的中心词语。为了保证搜索到需要的内容，还可以输入多个关键词，关键词与关键词之间用空格隔开，这样只要网页中包含其中的任意一个关键词则都会被搜索并显示到搜索结果列表中。

12.4　课 后 练 习

（1）如果电脑还没有连接到 Internet，到电信部门或其他部门申请上网业务，然后创建拨号连接，连接到 Internet。

（2）启动 IE 浏览器，打开搜狐网页，再打开其中的"汽车"网页，选择感兴趣的内容，并单击超级链接进行查看。

（3）打开新浪网页，将其设置为主页，然后再打开其中的"读书"网页，并添加到收藏夹中。

（4）在谷歌中搜索歌曲"昨日重现"，然后下载到 E 盘中。

（5）在迅雷中搜索并下载电影"地道战"。

第 13 课
收发电子邮件

学生：老师，我想和远方的同学联系，前面提到过通过 Internet 就可以实现，究竟该怎样做呢？

老师：电子邮件听说过吗？通过它就可以实现网上交流了。电子邮件通常也称为"E-mail"。

学生：早就听说过。电子邮件这个名字挺形象的，它将电子信息和邮件结合起来，很容易理解。

老师：说得没错！本课介绍如何收发电子邮件。Windows XP 自带了电子邮件收发软件 Outlook，通过它可以使收发电子邮件更加便捷，它在日常办公中使用得比较频繁。

学习目标

▶ 熟悉电子邮件的功能及命名规则

▶ 掌握申请电子邮箱的方法

▶ 学会在网页中收发电子邮件

▶ 掌握管理网页电子邮箱的方法

▶ 掌握配置 Outlook 账户的方法

▶ 学会在 Outlook 中收发电子邮件

13.1 课 堂 讲 解

本课主要讲述与电子邮件有关的知识，包括电子邮件的基本概念、申请电子邮箱、使用电子邮箱、使用 Outlook 收发电子邮件等知识。通过相关知识点的学习和案例的制作，除了了解电子邮件的功能外，还可学会电子邮箱的申请和在网页上收发电子邮件的方法，并掌握在 Outlook 中配置账户的方法和如何使用它收发邮件。

13.1.1 什么是电子邮件

电子邮件如同平常的信件一样，具有传达信息的作用，只不过它通过 Internet 传送，因此叫做电子邮件。为了保证能正常地收信和发信，需要拥有一个电子邮箱，它用于存放电子邮件，而且每个电子邮箱都有一个唯一的地址，它由 3 部分组成，即"邮箱名称＋@＋E-mail 服务器"，如 computer@163.com。其中@念作"at"，是电子邮件地址的专用标识符。@前面的内容是用户的邮箱名称，用来标识用户，@后面的内容是收发邮件的邮件服务器名称，表示电子邮箱所在的网站地址。

在收发电子邮件时，还会遇到几个常用的术语，下面分别进行介绍。

◎ **发件人**：电子邮件的发送人，一般来说，就是用户自己。

◎ **收件人**：用户所发电子邮件的接收者，相当于收信人。

◎ **抄送**：用户给收件人发送电子邮件的同时把该电子邮件抄送给另外的人。在这种抄送方式中，"收件人"知道发件人把该电子邮件同时抄送给了另外的哪些人。

◎ **暗送**：用户给收件人发送电子邮件的同时又把该电子邮件暗中发送给另外的人，但"收件人"不会知道发件人把该电子邮件发给了哪些人。

◎ **主题**：发送的电子邮件的标题。

◎ **附件**：随同电子邮件一起发送的附加文件或图片等。

13.1.2 申请电子邮箱

电子邮箱是存放电子邮件的容器，要通过网络收发电子邮件，需要先申请一个电子邮箱。现在许多网站都提供免费的电子邮箱，其申请方法类似。下面以在新浪网站中申请电子邮箱为例，介绍电子邮箱的申请方法，其具体操作如下。

❶ 启动 IE 浏览器，在其地址栏中输入新浪网的网址 http://www.sina.com.cn，然后按【Enter】键打开其首页，单击页面上方的"注册通行证"超级链接。

❷ 打开通行证填写网页，根据提示在文本框中输入登录名、密码、验证码等，注意应选中 ☑同时获赠免费邮箱 复选框，完成后单击 提 交 表 单 按钮，如图 13-1 所示。

图 13-1 输入用户信息

❸ 如果输入的登录名或邮箱名与已申请的名称重复，将打开重新填写网页，输入另外的名称后，单击 提 交 表 单 按钮。

❹ 若填写的信息无误，将打开申请成功的页面，表示电子邮箱已经申请成功，并在页面中显示

出该邮箱地址，如图 13-2 所示。

图 13-2　申请成功

13.1.3　使用电子邮箱

拥有电子邮箱后，就可以使用电子邮箱收发电子邮件，并可对其中的电子邮件进行管理，如删除多余的电子邮件和创建地址簿等。

1．登录电子邮箱

要使用电子邮箱发送和接收电子邮件，应先登录电子邮箱。其方法是进入申请电子邮箱的网站，如新浪网站，在上方的"登录名"文本框中输入电子邮箱的用户名，在"密码"文本框中输入密码，单击其后的∨按钮，在弹出的下拉列表中选择"免费邮箱"选项，如图 13-3 所示。稍等片刻即可打开新浪的邮箱网页，如图 13-4 所示。

图 13-3　输入用户名和密码

图 13-4　邮箱登录成功

2．发送电子邮件

有了电子邮箱后，就可以给其他人发送电子邮件了，但前提是知道对方的电子邮箱地址。下面在新浪邮箱中发送一封邮件，其具体操作如下。

❶ 登录邮箱后，在邮箱网页左侧的窗格中单击"写信"超级链接，打开"写邮件"网页。

❷ 在"收件人"文本框中输入收件人的电子邮箱地址，在"主题"文本框中输入邮件的标题，在"正文"文本框中输入邮件的内容，如图 13-5 所示。

❸ 电子邮件的内容填写完成后，单击网页上方或下方的 发送 按钮，即可将其发送到对方的电子邮箱中。

3．发送带附件的电子邮件

在填写电子邮件时，如果希望用电子邮件向对方发送图片、文档等文件，可以通过附件的形式发送。在"正文"文本框上方有一个 添加附件 按钮，单击该按钮，打开"选择文件"对话框，在"查找范围"下拉列表框中选择需发送的文件保存的位置，在中间的列表框中选中所需的文件，单击 打开(0) 按钮，如图 13-6 所示。返回写邮件网页，可看到在 添加附件 按钮下方出现了选择的文件，表示附件添加成功，如图 13-7 所示。

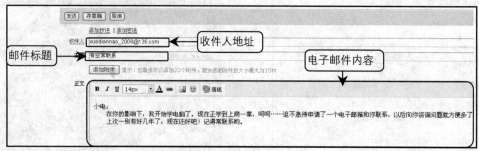

图 13-5　填写电子邮件

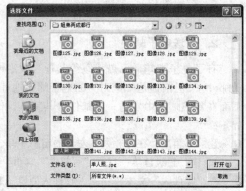

图 13-6　"选择文件"对话框

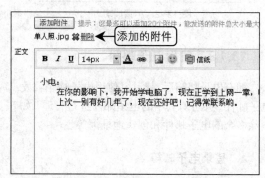

图 13-7　附件添加成功

> 提示：在"收件人"文本框上方有"添加抄送"和"添加密送"超级链接，单击它们可在"收件人"文本框下方添加相应的"抄送人"或"密送人"文本框。

4. 接收电子邮件

如果好友向自己的邮箱发送了电子邮件，该电子邮件将被放置在电子邮箱的收件箱中，通过查看收件箱即可接收邮件，其具体操作如下。

❶ 登录电子邮箱后进入邮箱网页，在左侧或中间的"收件夹"项中将显示收到的邮件数量，如有未读邮件，还会在网页中提示，单击"收件夹"超级链接，如图 13-8 所示。

❷ 在打开的网页中将显示所有收到的电子邮件，单击需查看的电子邮件对应的"发件人"或"主题"超级链接，如图 13-9 所示。

图 13-8　打开收件夹　　　　　　　　　　　图 13-9　选择邮件

❸ 在打开的网页中将显示邮件的具体内容。

5. 下载附件并回复邮件

接收并查看邮件后,如果该邮件中除了文本内容外还带有附件,可将其下载到本地电脑中。如果需要向发件人再发送一封邮件,可以直接回复。其操作方法分别介绍如下。

◎ **下载附件**:附件位于邮件网页的下方,如图 13-10 所示。单击附件旁的 全部下载 按钮,在打开的"文件下载"对话框中单击 保存(S) 按钮,然后使用前面介绍的直接下载资源的方法即可将附件下载到本地电脑中;单击附件旁的"查看"超级链接,可在打开的窗口中查看附件内容。

图 13-10 下载附件

◎ **回复邮件**:单击邮件网页上方或下方的 回复 按钮,打开写邮件网页,此时"收件人"文本框中已自动输入接收的电子邮箱地址,"主题"文本框中在原主题前添加"Re",在"正文"文本框中输入邮件内容,单击 发送 按钮,如图 13-11 所示。

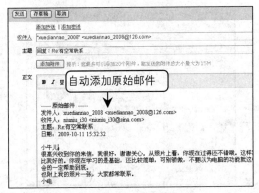

图 13-11 回复邮件

6. 删除多余邮件

每个电子邮箱的容量是有限的,如电子邮件太多或有不需要再保留的电子邮件时,可以将其删除。方法是进入邮箱中的"收件箱"、"草稿箱"或"发件箱",选中需要删除的邮件前的复选框,然后单击 删除 按钮,如图 13-12 所示。单击邮箱网页左侧的"已删除"后的"清空"超级链接,可以将邮件从邮箱中完全删除,如图 13-13 所示。

图 13-12 删除邮件至"已删除"文件夹

图 13-13 彻底删除邮件

> 提示:与在电脑中对文件和文件夹执行删除操作一样,第一次删除的邮件并没有从邮箱中真正删除,而是删除到"已删除"文件夹中。如还需要使用删除的邮件,可以从该文件夹中恢复。

7. 创建联系人

收到其他人发送的邮件并进行回复后,系统自动将该用户的电子邮箱地址保存到通讯录中,再次向该用户发送电子邮件时可选择邮箱地址,不用重复输入。对于其他有用的电子邮箱地址可手动添加到通讯录中,其具体操作如下。

❶ 登录邮箱,单击左侧窗格中的"通讯录"超级链接,打开"通讯录"网页。

❷ 在打开的网页中单击 新建联系人 按钮，打开联系人填写网页，输入联系人的具体信息后单击 保存 按钮，如图 13-14 所示。

图 13-14　输入联系人信息

❸ 再次进入通讯录，创建的联系人已添加到其中，如图 13-15 所示。选中该联系人前面的复选框，单击 写信 按钮，打开写邮件网页，其中"收件人"文本框中已自动添加该联系人的邮箱地址。

图 13-15　联系人添加成功

8. 案例——接收带附件的邮件并回复

本例将登录新浪邮箱，查看一封新邮件并对其进行回复，其具体操作如下。

❶ 启动 IE 浏览器，在地址栏中输入新浪网的网址 http://www.sina.com.cn，然后按【Enter】键打开其首页。

❷ 分别在"登录名"文本框和"密码"文本框中输入所需内容，单击其后的 ∨ 按钮，在弹出的下拉列表中选择"免费邮箱"选项，进入新浪邮箱。

❸ 在左侧窗格中单击"收件夹"超级链接，打开"收件夹"网页，单击电子邮件对应的"主题"超级链接，如图 13-16 所示。

❹ 在打开的网页中将显示邮件的具体内容，如图 13-17 所示。

图 13-16　打开收件夹　　　　　　　　　图 13-17　阅读邮件

❺ 邮件内容的下方有附件信息，单击"查看"超级链接，可在打开的网页中显示该附件的具体内容，如图13-18所示。

图 13-18　查看邮件附件

❻ 单击网页下方的 回复 按钮，打开写邮件网页，删除"正文"文本框中的内容，输入新的邮件内容，单击 发送 按钮，如图13-19所示。

图 13-19　回复邮件

⏱ 试一试

申请一个电子邮箱，通过该邮箱向好友发送电子邮件，然后查看邮箱中的电子邮件。

13.1.4　使用 Outlook 收发邮件

Outlook 是 Microsoft 开发的电子邮件客户端软件，通过它同样可以接收和发送邮件，而不必打开浏览器窗口，而且可以将收到的邮件下载至本地磁盘中，即使在断开网络连接的情况下仍然可以查看邮件。

1.　开启邮箱的 POP/SMTP 服务器

Outlook 通过接收邮件服务器和发送邮件服务器进行电子邮件的代发，而某些电子邮箱默认没有开启 POP/SMTP 服务器，此时需开启该功

能后才能使用 Outlook。以新浪电子邮箱为例，登录电子邮箱后，单击"邮箱设置"超级链接，在打开的网页中单击"账户"选项卡，选中"POP/SMTP 设置"栏中的 ☑ 开启 复选框，单击 保存 按钮即可，如图13-20所示。

图 13-20　开启 POP/SMTP 服务器

> ⚠ 注意：某些电子邮箱不支持 POP/SMTP 功能，如在 163 网站中新申请的邮箱不能使用 Outlook 收发邮件。

2.　配置账户

要使用 Outlook 收发电子邮件，必须先配置账户，从而让 Outlook"知道"到哪个电子邮箱中对邮件进行收发操作。配置账户的具体操作如下。

❶ 选择【开始】→【所有程序】→【Outlook Express】命令启动 Outlook，由于是第一次启动该软件，将打开"Internet 连接向导"对话框。

❷ 在"显示名"文本框中输入用户名称，这里的用户名称只作为标识，无须与邮件的用户名一致，单击 下一步(N) > 按钮，如图13-21所示。

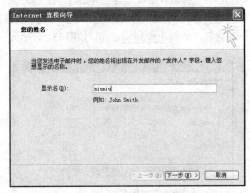

图 13-21　输入显示名

❸ 打开"Internet 电子邮件地址"对话框，在其中的文本框中输入需代理的电子邮箱地址，单

击 下一步(N) > 按钮,如图 13-22 所示。

图 13-22 输入电子邮箱地址

❹ 打开"电子邮件服务器名"对话框,在"接收邮件服务器"文本框中输入邮箱的相应内容,如"pop3.sina.com",在"发送邮件服务器"义本框中输入"smtp.sina.com",单击 下一步(N) > 按钮,如图 13-23 所示。

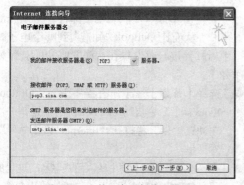

图 13-23 输入电子邮件服务器名

❺ 打开"Internet Mail 登录"对话框,在"账户名"和"密码"文本框中输入申请的电子邮箱的相应内容,单击 下一步(N) > 按钮,如图 13-24 所示。

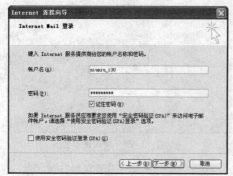

图 13-24 输入账户名和密码

❻ 打开"祝贺您"对话框,单击 完成 按钮完成账户的配置,并打开 Outlook 窗口。

> 提示:如果第一次未配置账户,单击 取消 按钮直接进入 Outlook,如需再次配置电子邮箱时,可在 Outlook 窗口中选择【工具】→【账户】命令,打开"Internet 账户"对话框,单击 添加(A) ▶ 按钮,在弹出的下拉列表中选择"邮件"选项,可再次打开"Internet 连接向导"对话框。

3. 接收和回复邮件

完成账户的配置后,再次选择【开始】→【所有程序】→【Outlook Express】命令将直接打开 Outlook 窗口,此时可接收邮件,并对其进行回复。其方法分别介绍如下。

◎ 接收邮件:选择【工具】→【发送和接收】→【接收全部邮件】命令,Outlook 将启用接收邮件服务器,并收取其中的邮件。接收到邮件后,单击左侧"文件夹"窗格中的"收件箱"超级链接,在右上方的窗格中显示所有邮件。单击任意一封邮件,可在下方的窗格中显示该邮件的具体内容,如图 13-25 所示。如双击邮件,可打开一个新窗口查看邮件,如图 13-26 所示。

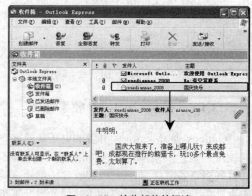

图 13-25 接收邮件并阅读

◎ 回复邮件:在 Outlook 窗口中选择需回复的邮件或打开邮件阅读窗口后,单击工具栏上的 答复 按钮,打开回复邮件窗口,在下方的文本框中删除原来的邮件内容并输入新内容后,单击 发送 按钮,如图 13-27 所示。

图 13-26 在新窗口中查看邮件

图 13-27 回复邮件

> 提示：如果接收的邮件带有附件，其邮件列表前面有 🔗 图标。选择该邮件，单击下方窗格右侧的 📎 按钮，在弹出的下拉列表中选择"保存附件"命令，打开"保存附件"对话框，单击 浏览(B)... 按钮，选择附件要保存的位置，单击 保存(S) 按钮即可将其保存到本地电脑中。

4. 发送邮件

使用 Outlook 向他人发送邮件，还可以选择信纸，也可以随邮件一起发送附件，其具体操作如下。

❶ 选择【开始】→【所有程序】→【Outlook Express】命令，启动 Outlook。

❷ 单击工具栏中 创建邮件 按钮右侧的 ▾ 按钮，在弹出的下拉列表中选择所需要的信纸，如"彩珠"，如图 13-28 所示。

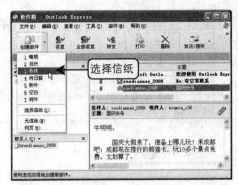

图 13-28 选择信纸

❸ 打开写邮件窗口并在下方的文本框中应用信纸的效果，在"收件人"文本框中输入邮件接收人的电子邮箱地址，在"主题"文本框中输入邮件的标题，在下方的文本框中输入邮件正文。

❹ 选择【插入】→【文件附件】命令，打开"插入附件"对话框，选择需发送的附件后，单击 附件(A) 按钮，如图 13-29 所示。

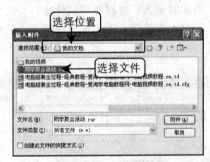

图 13-29 选择附件

❺ 返回写邮件窗口，可看到"附件"栏中已添加了选择的文件，确认邮件无误后单击工具栏中的 发送 按钮，如图 13-30 所示。

图 13-30 发送邮件

技巧：选择【文件】→【新建】→【邮件】命令，可新建一封没有信纸的电子邮件，在写邮件窗口的正文文本框上方有一个工具栏，通过它可对输入的文本字体、字号、颜色、段落等进行设置，而且设置的方法和 Word 基本相同。

5. 使用联系人

利用 Outlook 的联系人可以记录经常联系的人的电子邮箱地址，不仅可以查阅已收到的邮件，还可以快速向该联系人发送邮件。启动 Outlook 后，在左下方的"联系人"窗格中单击 ▼ 按钮，在弹出的下拉列表中选择"新建联系人"选项，打开新建联系人对话框，在相应的文本框中输入联系人的姓、名、电子邮件地址，然后单击 [添加(A)] 按钮和 [确定] 按钮，如图 13-31 所示。返回 Outlook 窗口，在"联系人"窗格中即可看到该联系人，如图 13-32 所示。双击联系人，可打开写邮件窗口，且"收件人"文本框中已自动添加了该联系人的邮箱地址。

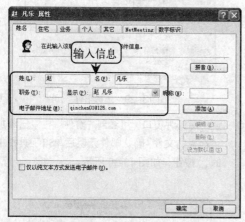

图 13-31 输入联系人信息

技巧：如果需要将收件箱中的邮件发送者设置为联系人，可在该邮件上单击鼠标右键，在弹出的快捷菜单中选择"将发件人添加到通讯簿"命令。

6. 案例——收取好友邮件并添加到联系人

本例将使用前面配置的邮箱账户，在

Outlook 中接收邮件和查看新邮件，并将该邮件发送者设置为联系人，然后回复电子邮件，其具体操作如下。

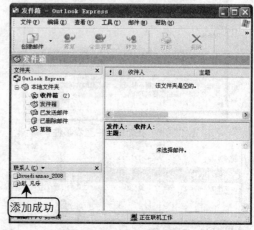

图 13-32 联系人添加成功

❶ 选择【开始】→【所有程序】→【Outlook Express】命令，启动 Outlook。

❷ 选择【工具】→【发送和接收】→【接收全部邮件】命令，将网页中的邮件接收到 Outlook 中。

❸ 单击左侧"文件夹"窗格中的"收件箱"超级链接，在右上方的窗格中显示所有邮件。单击最后一封邮件，在下方的窗格中显示该邮件的具体内容，如图 13-33 所示。

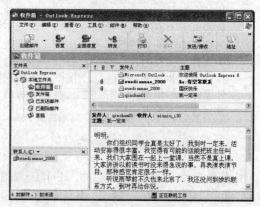

图 13-33 查看邮件

❹ 在最后一封邮件上单击鼠标右键，在弹出的快捷菜单中选择"将发件人添加到通讯簿"命令，将发件人添加到左侧的"联系人"窗格中，如图 13-34 所示。

❺ 双击新建的联系人，在打开的写邮件窗口中填写收件人、主题，在下方的文本框中输入电子邮件的内容，单击 发送 按钮，如图 13-35 所示。

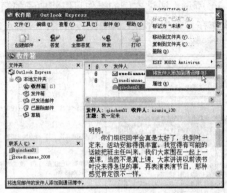

图 13-34 添加联系人

图 13-35 撰写并发送电子邮件

⏱ **想一想**

添加的联系人只能查看其电子邮箱地址吗？可以输入更多内容吗？如果联系方式发生了变化，该如何更改？

13.2 上机实战

本课上机实战将分别在网页中管理电子邮件和使用 Outlook 管理电子邮件，综合应用在网页中收发邮件和在 Outlook 中收发邮件的操作。

上机目标：

◎ 熟练掌握申请电子邮箱的方法；

◎ 熟练掌握在网页中收发电子邮件的方法；

◎ 掌握在 Outlook 中配置账户的方法及步骤；

◎ 掌握在 Outlook 中收发电子邮件并对其进行管理的方法。

建议上机学时：1 学时。

13.2.1 申请搜狐邮箱并管理邮件

1. 操作要求

本例要求进入搜狐网站，申请一个免费的电子邮箱，然后进入邮箱，查看系统自动发送的邮件，再将其删除，最后向好友发送一封电子邮件。具体操作要求如下。

◎ 进入搜狐网站（www.sohu.com），单击"邮件"超级链接，进入邮箱网页后注册新用户。

◎ 再进入搜狐网站，使用申请的邮箱信息登录免费的电子邮箱。

◎ 单击左侧窗格中的"收件"超级链接，查看系统自动发送的邮件。

◎ 选择收到的系统邮件，单击 ✖ 永久删除 按钮将其删除。

◎ 单击左侧窗格中的"写信"超级链接，在打开的窗口中写新邮件。

2. 操作思路

根据上面的实例目标，本例的操作思路如图 13-36 所示。通过本例的操作可以将电子邮箱的申请和电子邮件的收发过程连贯起来。电子邮件的收发操作在日常生活和工作中比较常用，应重点掌握。

① 申请电子邮箱　　② 登录电子邮箱　　③ 查看邮件并删除　　④ 发送电子邮件

图 13-36　申请搜狐邮箱并管理邮件的操作思路

13.2.2　在 Outlook 中管理电子邮件

1. 操作要求

本例要求先在 Outlook 中配置前面在搜狐网站中申请的电子邮箱，然后收取该邮箱中的邮件，查看其中的邮件后对相应邮件进行回复，并将回复的信纸设置为"彩珠"。通过本例的操作可熟悉在 Outlook 中配置账户及收发邮件的一般方法，具体操作要求如下。

◎ 启动 Outlook，通过"Internet 连接向导"对话框添加新账户。
◎ 接收邮箱中的邮件。
◎ 查看邮箱中的邮件。
◎ 回复邮件并选择信纸。

2. 操作思路

根据上面的实例目标，本例的操作思路如图 13-37 所示。通过本例的操作思路，可以掌握在 Outlook 中配置账户的一般方法，以及在 Outlook 中如何接收邮件、查看邮件、回复邮件等。

① 添加并配　　② 接收邮件　　　　③ 查看邮件　　　　④ 回复邮件并选择信纸
置账户

图 13-37　在 Outlook 中管理电子邮件的操作思路

13.3 常见疑难解析

问：为什么不能发送附件？

答：基本上所有的邮箱都支持附件的收发，只是每个邮箱对附件的大小都有限制，一旦超出了规定的附件大小，将不能发送成功。

问：为什么在 Outlook 中配置邮箱后，仍然不能发送电子邮件呢？

答：可能是该邮箱的发送邮件服务器要求验证，选择【工具】→【账户】命令，在打开的对话框中选择不能发送电子邮件的账户，单击 属性(P) 按钮，打开账户属性设置对话框，单击"服务器"选项卡，选中下方的 ☑我的服务器要求身份验证(V) 复选框，单击其后的 设置(E) 按钮，在打开的对话框中选中 ⊙ 使用与接收邮件服务器相同的设置(U) 单选项，单击 确定 按钮使设置生效。

问：可以将收到的邮件再次发送给其他人吗？

答：可以使用转发功能，IE 浏览器和 Outlook 都具有这种功能，"转发"按钮一般与"回复"按钮、"删除"按钮放在一起。

问：在 Outlook 中配置了多个邮箱账户，但收到的邮件还是全部放在一起，可以分邮箱放置吗？

答：Outlook 不支持该功能，不过可以使用另一款邮件收发软件——Foxmail 来实现，它的使用方法和 Outlook 比较类似。

13.4 课 后 练 习

(1) 进入网易网站，申请一个电子邮箱。

(2) 登录申请的网易电子邮箱，查看它与本课讲解的新浪电子邮箱的界面有何区别。

(3) 在网易电子邮箱中查看系统自动发送的电子邮件，然后将其删除。

(4) 在网易电子邮箱中向好友发送一封带附件的电子邮件，并选择一种邮件信纸。

(5) 在网易电子邮箱中新建几个联系人，然后向其中的一个联系人发送电子邮件。

(6) 申请一个搜狐电子邮箱，然后将其配置到 Outlook 中。

(7) 在 Outlook 中接收一个带附件的电子邮件，并将其附件保存到 E 盘中，然后将该邮件删除。

(8) 在 Outlook 中新建一个联系人，然后向该联系人发送一封带附件的电子邮件，其中电子邮件信纸为电脑中的任意一张图片，邮件内容的字体为"楷体"，颜色为"红色"。

第 14 课
网上娱乐

老师：网络改变了人们的生活，不仅为人们提供了更方便的学习和工作方式，还提供了很多流行的网上娱乐功能。

学生：上网都可以进行哪些娱乐活动呢？

老师：可以通过 QQ 聊天工具或 Windows Live Messenger 交流工具与世界各地的人们相互交流。不仅如此，在网上还可以在线听音乐、看视频和玩游戏等。

学生：哦，说到玩游戏，这个我知道，班上好多同学也常常玩网络游戏。

老师：嗯，除了工作和学习，娱乐活动也是生活的一部分，不过适度游戏益脑，沉迷游戏伤身。下面我们就一起来学习网上娯乐功能。

学习目标

▶ 掌握申请 QQ 号码的方法

▶ 学会使用 QQ 和好友聊天并传送文件

▶ 了解 Windows Live Messenger 的使用方法

▶ 掌握在网上听音乐、看电影的方法

▶ 学会玩简单的网络游戏

14.1 课 堂 讲 解

本课主要讲述使用 QQ 在线聊天和传输文件，使用 Windows Live Messenger 与世界各地的人们聊天，在网上听音乐、看电影以及玩网络游戏等知识。通过相关知识点的学习和案例的制作，可以熟悉 QQ 等网络聊天软件（也叫即时通信软件）的使用方法，并掌握如何在网上听音乐、看电影和玩游戏等知识。

14.1.1 QQ 网上聊天

网上聊天是一种通过网络进行信息交流的方式，不仅可以交流学习上的问题，还可以放松心情。QQ 是由深圳腾讯计算机系统有限公司开发并推出的一款即时通信软件，是目前国内网络用户使用最多的即时通信软件。利用 QQ 的即时通信平台，能以各种终端设备通过互联网、移动与固定通信网络进行实时交流，它不仅可以网上聊天，还可以通过网络传输文本、图像及音频和视频等文件。下面介绍使用 QQ 进行网上聊天的方法。

1. 申请 QQ 号码

安装 QQ 软件后，双击桌面上的 QQ 快捷图标，将打开 QQ 登录对话框，单击"账号"下拉列表框右侧的"注册新账号"超级链接，将自动打开 IE 浏览器并转入"申请 QQ 账号"页面，在该页面中根据提示进行操作即可申请到 QQ 号码。其具体操作如下。

❶ 单击"申请 QQ 账号"页面左侧的"网页免费申请"超级链接，打开"申请免费 QQ 账号"页面，如图 14-1 所示。

图 14-1 通过网页免费申请 QQ 号码

❷ 在此页面中单击"QQ 号码"超级链接，打开

"填写基本信息"网页，在其中填写相关的信息，填完之后单击 确定 并同意以下条款 按钮，如图 14-2 所示。

图 14-2 填写基本信息

❸ 在打开的页面中会提示申请成功，只需记住申请的号码和设置的密码，就可以登录 QQ 了。

2. 登录 QQ

拥有 QQ 号码后，便可登录 QQ 服务器进行聊天。登录 QQ 的方法是在 QQ 登录对话框中的"账号"下拉列表框中输入申请的 QQ 号，在"密码"文本框中输入密码，单击 登录 按钮，QQ 程序即开始登录，如图 14-3 所示。登录成功后显示 QQ 聊天主界面，如图 14-4 所示。

图 14-3 输入 QQ 号码和密码

图 14-4　QQ 登录成功

> 💡 提示：单击 QQ 用户登录对话框下方的 ⊘ ▾ 按钮右侧的 ▾ 按钮，可以选择 QQ 的登录状态；单击 设置 按钮可展开对话框的高级设置选项，在其中可以对 QQ 登录的网络进行设置。

3. 添加好友

在使用手机时，仅有自己的号码是无法使用的，还要知道对方的手机号码才能和对方通话。QQ 也是这样，第一次登录 QQ 之后，QQ 中除了自己外，并没有其他好友，需要手动查找或添加好友至 QQ 聊天主界面中的"我的好友"栏中。添加 QQ 好友的方法是单击 QQ 聊天主界面下方的"查找"按钮，打开"查找/添加好友"对话框，其中有两种添加 QQ 好友的方式，分别介绍如下。

◎ **精确查找**：在"查找/添加好友"对话框中选中 ⊙ 精确查找单选项，在"账号"文本框中输入好友的 QQ 号码，如图 14-5 所示。单击 查找 按钮，在打开的查找结果对话框中单击 加为好友 按钮可将对方添加为好友。

◎ **按条件查找**：在"查找/添加好友"对话框中选中"按条件查找"单选项，设置国家、地区、年龄、性别等查找条件之后，单击 查找 按钮，在打开的对话框中将显示符合条件的 QQ 用户。单击"下页"或"上页"超级链接可以向上或向下翻页，查找到好友后，单击其右侧

的"加为好友"超级链接即可添加对方为好友，如图 14-6 所示。

图 14-5　精确查找

图 14-6　按条件选择并添加好友

> 💡 提示：添加 QQ 用户为好友时会出现 3 种情况，第一种是直接将 QQ 用户加为好友；第二种是需要该 QQ 用户验证，即得到同意才能添加为好友；最后一种是对方拒绝加为好友。

4. 收发消息

添加好友到"我的好友"栏中后，就可以与好友进行网上聊天。网上聊天和使用手机收发短信相似，其具体操作如下。

❶ 在 QQ 主界面中双击 QQ 好友的头像，打开该好友的聊天窗口。

❷ 在下方的文本框中输入聊天信息，完成后单击 发送(S) 按钮或者按【Ctrl+Enter】键将消息发送给对方，如图 14-7 所示。

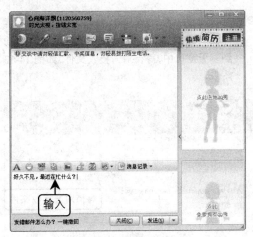

图 14-7 输入信息

❸ 好友收到信息后会以同样的方法回复信息，即在聊天窗口中把要回复的内容输入到下方的文本框中并发送。双方的聊天信息显示在窗口上方的列表框中，如图 14-8 所示。

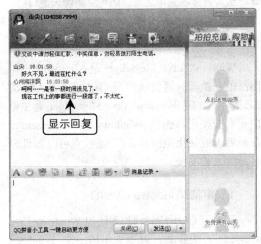

图 14-8 聊天内容

💡 提示：当好友回复信息时，若聊天窗口最小化到任务栏中成为一个窗口按钮，则窗口按钮会闪烁。若聊天窗口被关闭，则通知区域中的🐧图标将变为好友的头像图标且不停闪烁。还原窗口或单击头像图标，即可在聊天窗口中查看好友回复的信息。

5. 发送和接收文件

通过 QQ 还可以与好友相互发送和接收文件，其具体操作如下。

❶ 在聊天窗口中单击 按钮，在弹出的下拉列表中选择"直接发送"命令。

❷ 在"打开"对话框的"查找范围"下拉列表框中选择文件所在的位置，选中要发送的文件后单击 打开(O) 按钮，如图 14-9 所示。

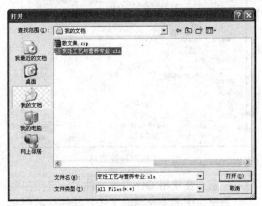

图 14-9 选择发送的文件

❸ 返回 QQ 界面，此时聊天窗口右侧显示发送的文件，单击"取消"超级链接可取消文件的发送。如对方开始接收文件，将显示传送文件的速度，如图 14-10 所示。

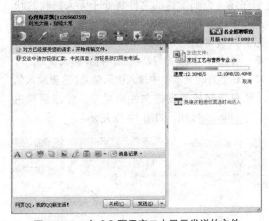

图 14-10 在 QQ 聊天窗口中显示发送的文件

❹ 如果要接收对方发送的文件，将在聊天窗口右侧显示询问信息，包括"接收"、"另存为"和"谢绝"超级链接。单击"接收"超级链接表示将收到的文件保存到默认位置；单击"另存为"超级链接表示可以在打开的"另存为"对话框中选择文件的保存位置后保存文件，如图 14-11 所示；单击"谢绝"超级链接表示不接收文件。

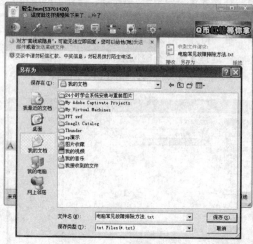

图 14-11　接收文件

> ⚠️ 注意：在使用 QQ 发送文件时，直接在电脑中选中需要发送的文件，将其拖动至发送对象的聊天窗口中，同样可以将文件发送给聊天对象。

6. 案例——用 QQ 聊天并发送文件

一般来讲，使用 QQ 发送文件需要聊天双方都在线，否则发送的文件将处于无人接收的状态。下面用 QQ 聊天并将"学生名单"发送给对方，其具体操作如下。

❶ 登录 QQ，双击好友头像，打开聊天窗口。

❷ 在下方的文本框中输入聊天信息，这里输入信息告知将要发送文件给对方，完成后单击 发送(S) 按钮，如图 14-12 所示。

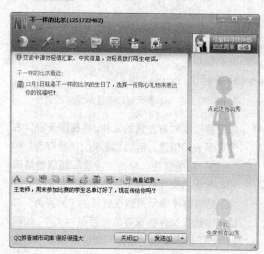

图 14-12　QQ 聊天

❸ 好友回复消息后，打开"我的文档"窗口，选择要发送的"学生名单.xls"文件，将其拖动到聊天窗口中，等待对方接收文件，如图 14-13 所示。

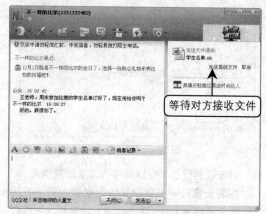

图 14-13　发送文件

❹ 当对方接收完毕之后，即可关闭聊天窗口。

14.1.2　使用 Windows Live Messenger

Windows Live Messenger 是 Microsoft 公司出品的一款即时通信软件，和国内流行的 QQ 类似。所不同的是 Windows Live Messenger 更加偏向于商业使用，而且 Windows Live Messenger 在世界上的使用范围非常广，通过它可以和世界各地的人们交流。

1. 申请 Windows Live ID

和申请 QQ 号码类似，要使用 Windows Live Messenger 的服务，就要先申请一个 Windows Live ID。其具体操作如下。

❶ 安装好 Windows Live Messenger 后，选择【开始】→【所有程序】→【Windows Live】→【Windows Live Messenger】命令，启动 Windows Live Messenger，然后单击其中的"注册"超级链接，如图 14-14 所示，将自动启动 IE 并打开注册窗口。

❷ 在注册窗口中填写相关的注册信息，类似于申请 QQ 号码，所不同的是 Windows Live ID 必须是以 live.com 或者 hotmail.com 为后缀的邮箱形式。填写完成之后单击 接受 按钮，如图 14-15 所示。

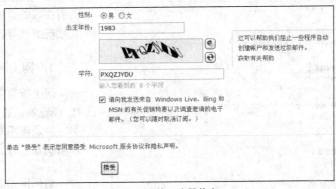

图 14-14　申请 Windows Live ID　　　　　　　图 14-15　输入注册信息

❸　注册成功之后将自动进入相应的 Windows Live 主页，这时表示 Windows Live ID 申请成功，可以使用包括 Windows Live Messenger 在内的各种服务。

> **注意：** 如果已申请 hotmail 的电子邮箱，可直接在 Windows Live Messenger 中输入电子邮箱地址和密码进行登录，而不用重新申请。

2. 登录 Windows Live Messenger 并和联系人会话

使用 Windows Live Messenger 和好友聊天的方法与 QQ 类似，添加好友时直接添加好友的电子邮箱地址即可。下面登录 Windows Live Messenger 并添加好友，其具体操作如下。

❶　选择【开始】→【所有程序】→【Windows Live】→【Windows Live Messenger】命令，启动 Windows Live Messenger。

❷　输入 Windows Live ID，即申请的邮箱地址，然后输入密码，单击 登录(S) 按钮，如图 14-16 所示。

❸　单击"添加联系人"按钮，在弹出的下拉列表中选择"添加联系人"命令，如图 14-17 所示。

图 14-16　登录 Windows Live Messenger　　　　图 14-17　添加联系人

❹ 在打开的对话框的"即时消息地址"文本框中输入对方的 Windows Live ID，即邮箱地址，然后单击 下一步(N) 按钮，如图 14-18 所示。

图 14-18　输入联系人的邮箱地址

❺ 在发送邀请对话框中输入邀请信息，单击 发送邀请(S) 按钮。

❻ 添加联系人后，就可以像 QQ 一样和联系人聊天了。如果对方没有登录，会显示为脱机状态，下次对方登录时就会收到消息，如图 14-19 所示。

图 14-19　和联系人聊天

技巧：Windows Live Messenger 与 QQ 类似，也有发送文件的功能。打开聊天对象的窗口，选择【文件】→【发送一个文件或照片】命令，在打开的对话框中选择要发送的文件进行发送。

14.1.3　网络视听与游戏

除了可以和朋友们在 QQ 上畅所欲言外，Internet 上还提供了许多其他的娱乐方式，常见的有在线听音乐、在线观看影视、在线阅读以及在线玩游戏等。

1. 网上听音乐

网上听音乐的方式主要有两种，一种是打开 IE 浏览器，通过访问音乐网站的方式听音乐；另一种是使用专用的在线音乐软件，如 QQ 音乐和酷狗音乐等。

访问网站听音乐

在 Internet 上许多优秀的音乐网站都提供了大量的音频文件，如"YYMP3"和"天虎音乐"等。下面在 YYMP3 中听音乐，其具体操作如下。

❶ 启动 IE 浏览器，在地址栏中输入其网址 http://www.yymp3.com，单击 ➡ 转到 按钮或按【Enter】键打开该网页。

❷ 其中将歌曲按"歌手"、"好歌推荐"、"音乐排行榜"等进行了分类，如在"音乐排行榜"中选中需收听的歌曲前的复选框，单击 连播 按钮，如图 14-20 所示。

❸ 在打开的网页中将依次播放选择的歌曲。在右下方的"歌曲列表"中双击歌曲名称，则播放该歌曲，如图 14-21 所示。

使用酷狗音乐听音乐

打开酷狗音乐软件后，在右侧的"音乐搜索"文本框中输入要收听的歌曲名称，在打开的搜索结果页面中单击歌曲名称右侧的"试听"按钮🎵，即可在左侧的播放列表中收听该歌曲，如图 14-22 所示。在右侧的音乐列表中，可通过歌曲名、音乐分类等不同的类别查找歌曲。

2. 网上看视频

网上看视频的方式主要有两种，一种是通过 IE 浏览器打开视频网站观看视频，另一种是使用 PPlive、PPStorm 等专用的在线视频观看软件。

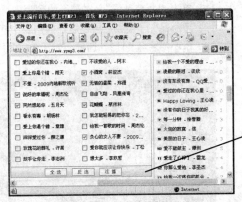

图 14-20　选择音乐

图 14-21　播放音乐

图 14-22　使用酷狗音乐软件听音乐

访问网站看视频

网上许多网站都提供了在线流媒体视频供用户在线欣赏，如"土豆网"、"酷 6 网"、"迅雷看看"等。下面在"迅雷看看"中看电影，其具体操作如下。

❶ 启动 IE 浏览器，在地址栏中输入迅雷看看的网址 http://www.xunlei.com，单击 **⇥ 转到** 按钮或按【Enter】键打开该网页。

❷ 在打开的网页上方选择视频的类别，如单击"电影"超级链接，如图 14-23 所示。

❸ 在打开的电影网页上方的导航条中选择要收看的电影类别，如单击"新片"超级链接，如图 14-24 所示。

图 14-23　选择视频的类别

图 14-24　选择电影的类别

❹ 在打开的新片网页中，选择要收看的电影并单击电影图片右侧的"在线观看"超级链接，如图 14-25 所示。

图 14-25 选择电影

❺ 在打开的网页中开始缓冲，缓冲完成后，在网页中开始播放电影的内容，如图 14-26 所示。单击右侧的 按钮，可全屏放映电影。

图 14-26 播放电影

✍ 使用软件看视频

PPlive、PPStorm 等专用的在线视频观看软件其视频内容非常丰富，在其中可以收看各类电影电视、综艺节目、文艺晚会、全国各地电视台节目以及各种现场直播。下面使用 PPlive 收看小品节目，其具体操作如下。

❶ 选择【开始】→【所有程序】→【PPLive】→【PPLive 网络电视】命令，启动 PPLive 软件。

❷ 在右侧的列表框中选择需收看的视频节目，如

单击"曲苑杂坛"，在展开的列表中选择"相声小品"子类别，再在展开的列表中双击"欢乐小品合集 1115"选项，如图 14-27 所示。

图 14-27 选择视频节目

❸ 开始缓冲选择的节目，缓冲完成后，在 PPLive 窗口的左侧显示小品的视频效果，如图 14-28 所示。

图 14-28 观看视频节目

3. 网上阅读

相对于在线欣赏音乐和视频而言，在线阅读就简单多了，方法是直接打开提供在线阅读的网站，在其中选择需要阅读的内容即可。如果当前阅读的内容较多，分为多页或多节显示，单击相应的页码或节数超级链接，就可以在打开的网页中阅读了，如图 14-29 所示。

下面介绍几个常用的在线阅读网站。

◎ **起点中文网**：起点中文网是国内一流的推动玄幻文学发展的原创网站。严谨的写作态度、锲而不舍的写作精神、求新求变的写作风格，以及与书友直接交流修改的写作作风是其建站

的特色。起点中文网的网址是 http://www. qidian.com，如图 14-30 所示。

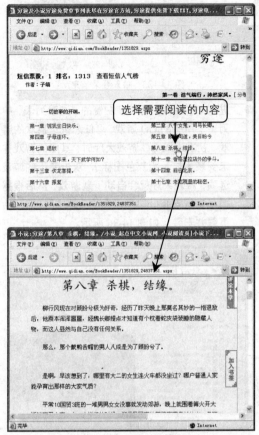

图 14-29 在线阅读小说

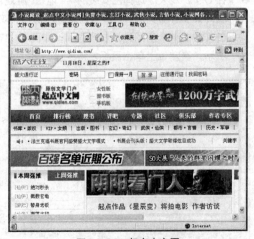

图 14-30 起点中文网

◎ **逐浪网**：逐浪网成立于 2003 年 10 月，前身为国内著名的文学站点——"文学殿堂"。逐

浪网以网络原创文学为核心，是集"听书"、"经典作品赏析"、"自助出版"和"自助印刷"为一体的国内最大的网络电子出版信息平台。逐浪网的网址是 http://www.zhulang.com，如图 14-31 所示。

图 14-31 逐浪网

◎ **潇湘书院**：潇湘书院创建于 2001 年，是一个集原创、武侠、言情、古典、当代、科幻、侦探等门类齐全的公益性综合小说阅读网站。潇湘书院的网址是 http://www.xxsy.net，如图 14-32所示。

图 14-32 潇湘书院

◎ **ABBAO 在线报纸阅读**：ABBAO 是一个在线阅读当日全国各地报纸的网站，《人民日报》、《南方都市报》、《新民晚报》和《京华时报》等各大知名报纸都可以在该网站在线阅读。ABBAO 的网址是 http://www.abbao.cn，如图 14-33 所示。

图 14-33　ABBAO 在线报纸阅读

4. 玩 QQ 网络游戏

　　网络游戏就是通过网络进行的游戏，它可以让不同年龄、不同地域的人突破空间的限制聚在一起进行游戏。网络游戏通过 Internet 实现了人与人之间在游戏中的对抗与合作。QQ 游戏是腾讯公司开发的一个网络游戏平台，它依托于 QQ 软件，可以让 QQ 好友们一起游戏与交流，深受广大 QQ 用户的欢迎。

　　要想玩 QQ 游戏，首先需要安装 QQ 游戏大厅，然后在游戏大厅中下载想玩的游戏，最后在游戏房间中就坐，就可以和 QQ 好友们一起玩游戏了。下面在 QQ 游戏中和朋友一起玩"斗地主"，其具体操作如下。

❶ 登录 QQ 后，单击 QQ 聊天主界面下方的"QQ 游戏"按钮，打开确认是否下载并安装游戏大厅的对话框，单击 安装 按钮，如图 14-34 所示。

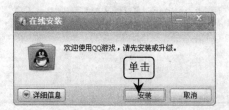

图 14-34　安装游戏大厅

❷ 打开安装向导对话框，像安装软件一样进行设置后完成 QQ 游戏大厅的安装。

❸ 双击桌面上的快捷图标，输入 QQ 号码和密码进入 QQ 游戏大厅，如图 14-35 所示。或者单击 QQ 聊天主界面下方的"QQ 游戏"按钮进入 QQ 游戏大厅。

图 14-35　输入登录信息

❹ 进入 QQ 游戏大厅，在左侧的"游戏列表"中列出了所有的 QQ 游戏，可任意挑选喜欢的游戏。初次进入 QQ 游戏大厅时，其中的游戏并未安装（显示为灰色图标），双击要玩的游戏选项，游戏大厅就会自动下载游戏，然后根据提示进行安装。这里双击"斗地主"，即开始下载并安装，如图 14-36 所示。

图 14-36　安装游戏

❺ 在 QQ 游戏大厅选择已安装的"斗地主"游戏，展开其服务器列表，再单击任意的服务器，双击其中的某个房间进入游戏房间，如图 14-37 所示，在空位上单击鼠标左键入座。

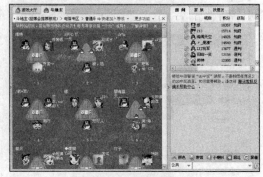

图 14-37　进入游戏房间

❻ 在打开的"斗地主游戏对战"窗口中单击 开始

按钮，等待其他玩家入座后即可开始游戏，如图 14-38 所示。

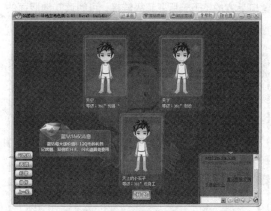

图 14-38　准备开始游戏

❼　待所有玩家都单击 按钮后即可开始游戏，此时按日常玩牌的方式进行出牌，如图 14-39 所示。

图 14-39　开始游戏

5. 案例——网上休闲娱乐

网上休闲娱乐的方式较多，很多用户习惯边听音乐边阅读，下面将实现这一操作，首先在酷狗音乐软件中选择音乐，然后进入 ABBAO 网页阅读《羊城晚报》的新闻。其具体操作如下。

❶　选择【开始】→【所有程序】→【酷狗音乐】→【酷狗音乐 2008】命令，启动酷狗音乐软件。在右侧的窗口中选择要收听的音乐类别，如单击"新歌推荐"超级链接，如图 14-40 所示。

图 14-40　选择音乐类别

❷　在窗口中显示所有的新歌列表，选中要收听的歌曲前的复选框，然后单击"添加"超级链接，将选择的歌曲添加到酷狗音乐软件左侧的播放列表中。

❸　单击左上方的"播放"按钮 ，开始依次播放选择的歌曲，并且在屏幕下方显示歌词，如图 14-41 所示。

图 14-41　播放音乐

❹ 启动 IE 浏览器，在地址栏中输入"http://www.abbao.cn"，打开 ABBAO 报纸网页，单击《羊城晚报》对应的图片超级链接，如图 14-42 所示。

❺ 在打开的网页中显示该报纸的第一版内容，单击窗口上方的"下一版"超级链接，可阅读其他版面的内容，如图 14-43 所示。

图 14-42 选择报纸

图 14-43 阅读内容

14.2 上 机 实 战

本课上机实战将练习在线观看视频和使用 QQ 聊天、玩游戏等内容，综合应用本课所学的知识点。本课的重点在于 QQ 的应用，包括和好友聊天、玩游戏等。在线观看视频时需要注意的是，若网速较慢，观看之前的缓冲时间也会加长，需要耐心等待。

上机目标：

◎ 熟练掌握网上在线观看视频的方法；

◎ 熟练掌握使用 QQ 和好友聊天的方法；

◎ 熟悉进入 QQ 游戏大厅，并和好友玩游戏的方法。

建议上机学时：1 学时。

14.2.1 网上在线看电影

1. 操作要求

本例要求将电脑连入 Internet 后，启动 IE 浏览器，通过百度视频搜索，找到需要观看的电影，具体操作要求如下。

◎ 双击桌面上的"Internet Explorer"图标，启动 IE 浏览器。

◎ 打开百度视频搜索，搜索电影"地道战"。

◎ 在搜索结果页面中选择收看，观看完毕之后关闭网页。

2. 操作思路

根据上面的实例目标，本例的操作思路如图 14-44 所示。在网站中观看视频的操作比较简单，只要找到视频网站，就可以搜索到自己喜欢的内容。

① 搜索喜欢的视频

② 欣赏影片

图 14-44　搜索并观看视频

14.2.2　邀请好友玩游戏

1．操作要求

本例要求综合使用 QQ 的游戏和聊天功能，先安装游戏，然后通过 QQ 聊天邀请好友一起玩游戏，具体操作要求如下。

◎ 双击桌面上的 QQ 快捷方式图标，登录QQ。

◎ 单击 QQ 聊天主界面中的"QQ 游戏"按钮，打开 QQ 游戏大厅后，双击"五子棋"选项，即开始下载并安装。

◎ 单击已安装的五子棋游戏，展开其服务器列表，选择游戏房间和座位。

◎ 在 QQ 主界面中双击 QQ 好友的头像，邀请对方来玩 QQ 五子棋游戏。

◎ 当对方在游戏桌中就坐之后，单击 开始 按钮，稍等片刻，待对方单击 开始 按钮后，即可开

始玩游戏。

2．操作思路

根据上面的实例目标，本例的操作思路如图14-45 所示。找好游戏大厅中的房间和座位之后，在 QQ 上通知好友来一起玩游戏。

① 下载并安装游戏

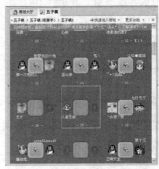

② 寻找游戏房间和座位

③ 邀请 QQ 好友来玩游戏

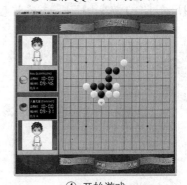

④ 开始游戏

图 14-45　邀请好友玩游戏

14.3 常见疑难解析

问：QQ 的登录状态是什么意思？

答： 默认设置下 QQ 为在线状态，如果因有事暂时不需要朋友打扰，可以设置 QQ 为离开、隐身或离线状态。

◎ QQ 为离开状态时，启动栏中的🔲图标将变为🔲图标。此时好友发送聊天信息时，QQ 将根据设置的信息自动回复，告知好友目前已离开。

◎ QQ 为隐身状态时，启动栏中的🔲图标将变为🔲图标。此时在好友的 QQ 聊天主界面中自己的头像图标将呈灰色显示，但同样可以发送和接收聊天信息。

◎ QQ 为离线状态时，启动栏中的🔲图标将变为灰色图标，此时 QQ 将断开与服务器的连接，这种状态下不能发送和接收聊天信息。

除了在登录时可以选择 QQ 的状态之外，还可以在登录之后改变 QQ 的工作状态，其方法是在启动栏中的🔲图标处单击鼠标右键，在弹出的快捷菜单中选择 QQ 的工作状态。

问：怎样使用 QQ 进行视频聊天呢？

答： 要使用 QQ 进行视频聊天必须要有摄像头，将其与电脑正确连接后，在聊天窗口中单击🔵按钮，待对方同意即可进行视频对话。

问：为什么在线听歌或看视频时要缓冲啊，而且有时很慢，这是怎么回事呢？

答： 在线音乐和视频是流媒体，也就是边下载边欣赏的。由于网络传输速度不同，听音乐或看视频的网站的服务器带宽不同，或者处于网络高峰期，导致收听或观看过程中出现缓冲，而不像在本地电脑里打开就可以欣赏。

14.4 课后练习

（1）通过网络申请的方法申请一个免费的 QQ 号，然后在 QQ 中通过"按条件查找"的方法添加一个中国湖北的网友。

（2）在九天音乐网（http://www.9sky.com）中收听周杰伦的歌曲"菊花台"。

（3）在酷 6 网中搜索并观看电影"林海雪原"。

（4）通过 QQ 游戏大厅下载并安装桌 Q 游戏，然后进入该游戏并与其他玩家对战。

第 15 课
网上交易与求职

老师：随着计算机技术和网络技术的深入与发展，在网上还可以开展电子商务。

学生：电子商务？就是网上进行商品买卖吗？

老师：通俗地讲可以这么说。网络的出现让电脑办公、贸易从现实生活转移到了虚拟的网络世界中，在网上可以实现的交易类别比较多，如网上预订酒店和机票、网上购物、网上开店及网上炒股等。

学生：但是在网上进行交易不能看到对方，是不是有很大的风险性呢？

老师：考虑到这一点，不同网站的交易模式和保险措施也是不同的。如网上预订通过网上操作后必须电话实际确定，网上购物有支付宝的支持等。网上求职也是人们经常使用的求职方法，下面我们一一讲解。

学习目标

- ▶ 学会在网上预订酒店、机票的方法
- ▶ 掌握在淘宝网购物的方法
- ▶ 了解网上模拟炒股的方法
- ▶ 掌握网上求职的方法

15.1 课堂讲解

本课主要讲述网上交易与网上求职的相关知识,包括网上预订酒店、机票,网上购物和在招聘网中求职等。通过相关知识点的学习和案例的制作,可以学会一般的网上交易的方法,同时通过在网上求职学会另一种找工作的方法。

15.1.1 网上预订

网上预订即通过 Internet 中的网站预订前往某个地方的机票或某个地方的酒店等,而且网上提供了相同时间内多个航空公司的航班,可以货比三家,订到性价比最高的酒店或机票。

1. 机票预订

在网上进行机票预订可先注册会员,然后预订机票,如果不是会员也可通过手机号码预订。下面在携程旅行网中通过手机号码预订机票,其具体操作如下。

❶ 打开携程旅行网(其网址为 www.ctrip.com),在左侧列表中单击"机票"选项卡,根据提示输入"出发城市"、"目的城市"、"出发日期"和"返回日期",设置完成后单击 搜索 按钮,如图 15-1 所示。

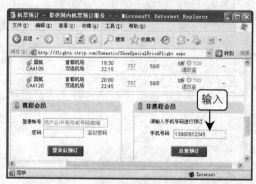

图 15-2 选择机票和输入手机号码

图 15-3 输入联系人信息

图 15-1 输入机票信息

❷ 在打开的网页中显示搜索到的机票信息,选中需预订的机票后的单选项,在下方的"非携程会员"栏的"手机号码"文本框中输入自己的手机号码,单击 直接预订 按钮,如图 15-2 所示。

❸ 在打开的网页中填写联系人的相关信息,如姓名、手机号码和电子邮箱地址等,单击 下一步 按钮,如图 15-3 所示。

❹ 打开配送方式网页,根据情况选中相应配送方式的单选项,如市内配送、市内自取和机场自取等,单击 下一步 按钮,如图 15-4 所示。

❺ 在打开的网页中显示填写的机票配送信息,确认无误后,单击 下一步 按钮,如图 15-5 所示。然后在打开的网页中根据提示填写担保的信用卡,单击 提交 按钮完成机票的预订。

图 15-4　选择配送方式

图 15-5　确认配送信息

2. 酒店预订

酒店预订的方法与机票预订的方法类似。打开携程旅行网后,单击"酒店"选项卡,在其中设置预订酒店的相应信息,如酒店所在的城市、入住时间、离开时间和价格范围等,单击 [搜索] 按钮,如图 15-6 所示。在打开的网页中显示符合条件的酒店列表,单击需预订的酒店后的 [预订] 按钮,然后根据提示输入相关信息后完成酒店的预订,如图 15-7 所示。

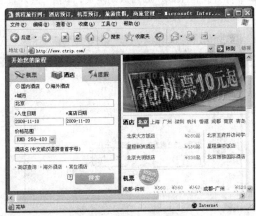

图 15-6　输入酒店信息

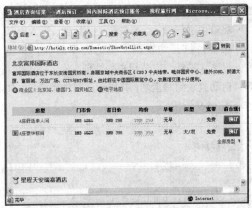

图 15-7　选择酒店并预订

15.1.2　网上购物

随着网络的发展,现在人们足不出户便能购物已成为现实。网上购物就是用户通过网络中的网店选择物品,然后网店的"掌柜"通过快递等物流手段将物品送到用户手中。

1. 注册新用户

网上购物前需要先在购物网站上注册用户,然后通过该用户购买商品并付款。下面在淘宝网中注册用户,其具体操作如下。

❶ 打开淘宝网(其网址为 www.taobao.com),单击"免费注册"超级链接,打开选择注册方式网页,其中提供了手机注册和邮箱注册两种注册方式,如单击邮箱注册对应的 [点击进入] 按钮。

❷ 在打开的注册网页中根据提示填写用户名、密码、注册邮箱、验证码,默认时选中 [☑] 用该邮箱创建支付宝账户 复选框,单击 [同意以下协议,提交注册] 按钮,如图 15-8 所示。

图 15-8　输入注册信息

❸ 在打开的网页中，系统要求用户在输入的电子邮箱中进行确认。单击 查看邮箱 按钮，进入电子邮箱，打开淘宝网发送的电子邮件，单击 完成注册 按钮，完成用户的注册。

❹ 自动登录到淘宝网，并显示注册的用户名，如图 15-9 所示。

图 15-9　注册成功

2. 激活支付宝并充值

在淘宝网中购物是通过支付宝的形式进行付款的，支付宝是淘宝网为了保护买家与卖家的利益建立的交易中介平台。通过该平台可以同时实现"货到付款"与"款到发货"，也就是说在买家看中商品以后，把钱付到淘宝网的支付宝中，淘宝通知卖家发货，买家收到货并确认无误后，支付宝才把钱转到卖家的支付宝中。因而通过支付宝可降低交易风险。

虽然在注册用户时会自动建立支付宝，但必须先激活才能使用。下面介绍激活支付宝并通过网上银行为支付宝充值的方法。这是为网上购物做准备。

❶ 打开淘宝网，单击右侧的"支付宝"超级链接，如图 15-10 所示。

图 15-10　准备进入支付宝

❷ 打开支付宝首页，在"账户名"文本框中输入注册的支付宝账户名，如电子邮箱账户，在"登录密码"文本框中输入密码，在"校验码"文本框中输入显示的校验码（图中显示为 6932），单击 登录 按钮，如图 15-11 所示。

图 15-11　登录支付宝

❸ 在打开的网页中输入真实姓名、身份证号码、支付密码等激活信息，单击 保存并立即启用支付宝账户 按钮，如图 15-12 所示。

图 15-12　输入支付宝激活信息

❹ 打开支付宝账户激活成功网页，单击"进入我的支付宝"超级链接，如图 15-13 所示。

图 15-13　支付宝激活成功

⑦ 在打开的网页中显示了充值的相关信息,单击 去网上银行充值 按钮。

⑧ 再次打开支付宝登录网页,输入登录信息后,打开对应的网上银行网页,输入银行卡卡号、密码和验证码等信息,单击 确 定 按钮,如图 15-16 所示。

图 15-16　输入银行卡信息

⑨ 在打开的页面中将提示已经成功充值 25 元,如图 15-17 所示。

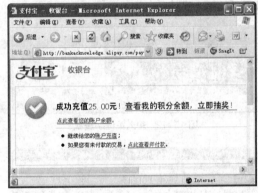

图 15-17　充值成功

! 技巧:支付宝激活成功后,可再次进入支付宝网页,输入账户名、密码、校验码后,在打开的网页中显示用户的支付宝情况,如可用余额等。

⑤ 打开支付宝网页,由于是第一次进入支付宝,此时没有钱,单击 立即充值 按钮,如图 15-14 所示。

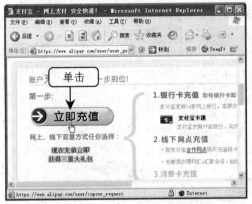

图 15-14　准备为支付宝充值

⑥ 在打开网页中选择充值方式,如单击"网上银行"选项卡,在下方的"选择网上银行"栏中选择充值的银行,如选中 招商银行 单选项,在"充值金额"文本框中输入所需金额,如"25",单击 下一步 按钮,如图 15-15 所示。

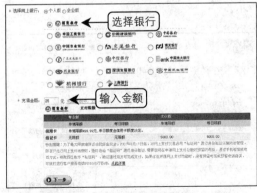

图 15-15　选择充值方式

! 注意:要将网上银行的款项转入支付宝中,必须要有一张银行卡,到柜台开通网上银行功能后,进入对应的网上银行网站中激活才能使用。

3. 登录淘宝用户并查找商品

有了淘宝用户,并且支付宝中已有可用信息,就可以登录淘宝,然后查找自己需要的商品了,其方法分别如下。

◎ 用户登录:打开淘宝网首页,单击"请登录"超级链接,在打开的网页中输入账户名和密码后单击 登录 按钮,如图 15-18 所示。返回淘宝网首页,在其上方将显示登录的用户名。

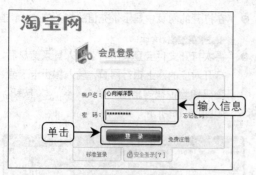

图 15-18　输入用户登录信息

◎　**查找商品**：淘宝网提供了两种查找商品的方法，一是在淘宝网首页的文本框中输入需搜索的商品关键字，单击 **搜索** 按钮即可快速显示出相应的商品列表，如图 15-19 所示；二是在淘宝网首页下方列出了多种商品类型，依次单击超级链接选择所需的商品类型，直到查找到所需的商品，如图 15-20 所示。

图 15-19　输入关键字查找

图 15-20　根据类别查找商品

4. 购买商品并付款

查找到所需的商品后，单击商品对应的图

片，打开该商品的展示网页，单击 **立刻购买** 按钮，在打开的网页中填写商品的购买信息，如收货地址、购买数量、运送方式和给卖家的留言等，单击 **确认无误，购买** 按钮。系统默认选择收货地址为注册用户时填写的地址，如需使用其他地址，可选中 ⦿ 使用其它地址 单选项，并在其下方填写收货人地址、收货人姓名、联系电话等，如图 15-21 所示。

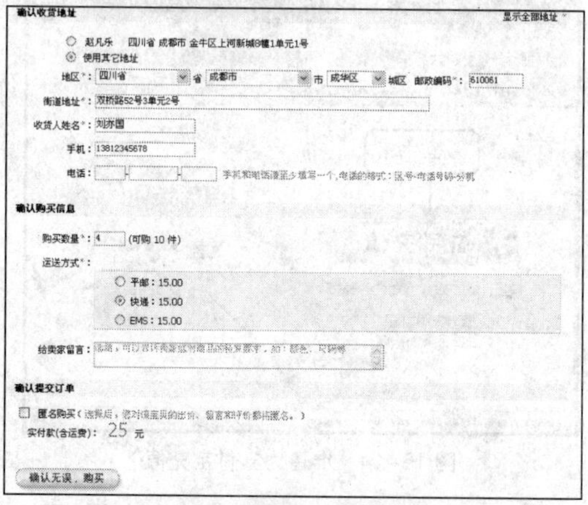

图 15-21　输入购买信息

打开选择付款方式网页，淘宝网提供了多种付款方式，如支付宝余额付款、网上银行付款、支付宝卡通付款、拉卡拉支付点刷卡、网点现金付款和充值卡付款等，单击相应的支付按钮，再根据提示操作完成付款，如图 15-22 所示。

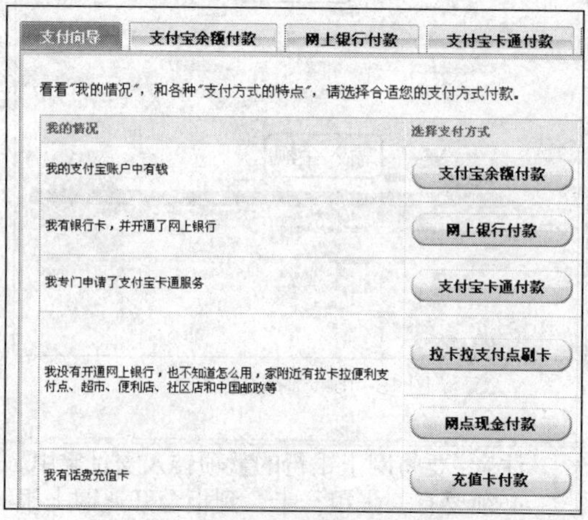

图 15-22　选择付款方式

各支付方式的使用方法如下。

◎ **使用支付宝余额付款**：这是常用的、也是建议使用的一种支付方式，通过网上银行转账等方式为支付宝充值后，使用支付宝中的余额付款。

◎ **使用网上银行付款**：如果有银行卡，并开通了网上银行，可通过输入银行卡卡号、密码等信息直接完成商品的付款。

◎ **支付宝卡通付款**：支付宝卡通是支付宝公司联合多家银行，共同推出的一项网上支付服务，申请支付宝卡通服务后，用户将获得一个支付宝卡通账户和一张银行卡，可以在支付宝卡通账户中查看银行卡的资金，并在交易中选择支付宝卡通账户进行支付。

◎ **拉卡拉支付点刷卡**：在全国大多数城市中都有拉卡拉便利支付点，它分布在超市、便利店、便民药店、社区店内，然后像操作普通银行取款机一样使用它刷银行卡、信用卡进行付款。

◎ **网点现金付款**：在"中国邮政网汇 e"网点的"连连支付"网点使用现金付款。

◎ **充值卡付款**：购买全国神州行充值卡、联通一卡充话费充值卡，输入卡号和密码进行付款。

> ⚠ 提示：为了保证购买的商品符合需要，还可先与店家进行交流，再下单购买，淘宝网中买家与店家交流的工具是阿里旺旺，下载并安装后，在商品网页中单击 📱和我联系 按钮，将打开与卖家聊天的窗口，其聊天方法与 QQ 的基本相同。

5. 案例——在淘宝网中选购圆珠笔

在淘宝网中不管购买什么商品，操作方法都是相似的，下面以在淘宝网中搜索圆珠笔商品，然后选择一款进行购买，最后使用支付宝余额付款为例进行介绍。

❶ 打开淘宝网（www.taobao.com），单击"请登录"超级链接，在打开的网页中根据提示输入账户名和密码，单击 登 录 按钮。

❷ 返回淘宝网首页，在上方的搜索文本框中输入"圆珠笔"，单击 搜 索 按钮，如图 15-23 所示。

❸ 打开关于圆珠笔的网页列表，单击需购买的圆珠笔对应的图片超级链接，如图 15-24 所示。

图 15-23　输入商品名称

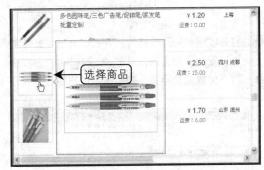

图 15-24　商品列表

❹ 打开圆珠笔所在网页，其中显示了该圆珠笔的具体信息，如大小、品牌、尺寸及价格等，单击右侧的 立刻购买 按钮，如图 15-25 所示。

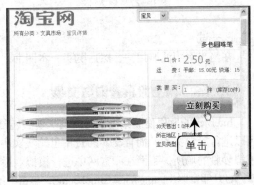

图 15-25　查看商品信息

❺ 在打开的确认购买信息网页中选择或输入收货地址，在"购买数量"文本框中填写购买商品的数量"4"，在"运送方式"栏中选中 ⊙快递:15.00 单选项，在下方的"给卖家留言"文本框中输入相应信息，单击 确认无误 购买 按钮，如图 15-26 所示。

图 15-26　输入购买的相应信息

❻ 打开收银台网页选择付款方式，单击"支付宝余额付款"选项卡，在"请输入支付密码"文本框中输入设置的支付密码，单击 <kbd>⊙ 确认无误，付款</kbd> 按钮，如图 15-27 所示。

❼ 打开付款成功网页，购买商品操作完成，如图 15-28 所示。

图 15-27　确认付款

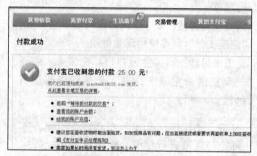

图 15-28　付款成功

试一试

在当当网中注册用户，然后购买一本图书。

15.1.3　网上股票查询与交易

Internet 的发展使股票查询与交易从现实转移到了网上，在网上不仅可以实时查看股市行情，还可以进行股票买卖，而且交易的费用也比现实中的低。为了帮助人们快速学会网上炒股，还提供了模拟炒股的场所。下面在叩富网中进行模拟炒股，其具体操作如下。

❶ 打开叩富网（http://www.cofool.com），单击"第二主站注册"或"第三主站注册"超级链接，打开注册网页，填写用户名、密码等信息后单击 <kbd>立即注册</kbd> 按钮，完成用户的注册。

❷ 再次打开叩富网，在"用户名"和"密码"文本框中输入注册的相应信息，单击 按钮，如图 15-30 所示。

❸ 打开模拟炒股网页，单击上方的"实时行情"超级链接，可在打开的网页中显示当前的股票行情，如图 15-31 所示。

❹ 单击左侧的"买入"超级链接，在右侧的"股票代码"文本框中输入要购买的股票代码，单击 <kbd>买入</kbd> 按钮。

❺ 在打开的网页中填写买入的股票代码、价格等信息，然后输入买入的股票数量，单击 <kbd>买入</kbd> 按钮，如图 15-32 所示。

钮，完成股票的卖出操作。

图 15-30 输入用户信息

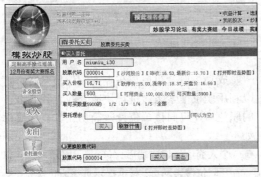

图 15-31 查看股市行情

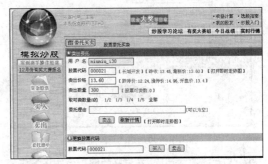

图 15-33 卖出股票

15.1.4 网上求职

由于人才流动较快，网上也出现了招聘会，网上求职是目前常用的求职方法之一。可进行网上求职的网站较多，如智联招聘网和中华英才网等。下面介绍网上求职的方法。

1. 注册求职网并填写简历

要在网上求职，必须先在某个求职网站中注册用户，然后填写简单的个人简历。下面以在智联招聘网中操作为例进行介绍，其具体操作如下。

❶ 在 IE 浏览器中打开智联招聘网的主页（http://www.zhaopin.com），在网页左上方单击"新用户注册"超级链接，如图 15-34 所示。

图 15-34 打开智联招聘网

❷ 打开新用户注册—简历中心网页，根据提示填写用户名、密码、电子邮箱地址，单击 确定 按钮，如图 15-35 所示。

图 15-32 买入股票

❻ 打开对话框提示是否委托，单击 确定 按钮，完成股票的买入。

❼ 在模拟炒股网页中单击左侧的"卖出"超级链接，与买入股票类似，在右侧的文本框中输入卖出股票的代码，单击 卖出 按钮，然后在打开的网页中输入卖出的股票数量，如图 15-33 所示。

❽ 打开对话框提示是否委托，单击 确定 按

图 15-35　输入注册信息

❸ 用户注册成功后，在打开的网页中选择简历的
类型，如选中 ⊙中文版本 和 ⊙经典风格 单选项，
单击 创建标准简历 按钮，如图 15-36 所示。

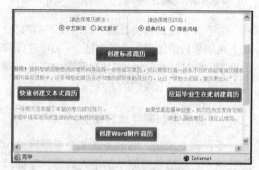

图 15-36　选择简历类型

❹ 打开个人信息填写网页，根据提示填写个人姓
名、性别、期望从事的行业、期望的职位和月
薪等基本信息，单击 保存并下一步 按钮，如图 15-37
所示。

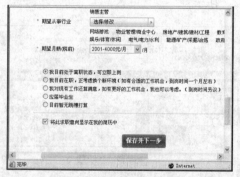

图 15-37　填写个人信息

❺ 打开工作经历填写网页，填写工作过的单位、
工作时间、职位名称和工作描述等基本信息，
如果有多次工作经历，可在填写完之后单击
保存并新增工作经历 按钮，这里单击 保存并完成 按钮，
如图 15-38 所示。

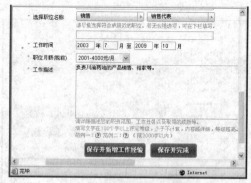

图 15-38　填写工作经历

❻ 打开对话框提示用户是否添加项目经验和管理
经验等内容，这里单击 暂不增加，直接完成 按钮，在打
开的网页中提示个人简历创建成功，如图 15-39
所示。

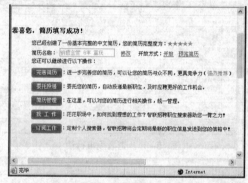

图 15-39　个人简历创建成功

2. 搜索职位并投递简历

成功注册会员后，在查询职位信息时，可
以利用职位搜索条件进行快速查找，找到合适
的职位后还可向该单位投递简历，其具体操作
如下。

❶ 个人简历创建成功后，单击 找 工 作 按钮，打
开职位搜索网页，根据提示选择职位类别、行
业类别、工作地点和关键词等，单击 搜　索
按钮，如图 15-40 所示。

❷ 搜索出所需的职位列表后，单击感兴趣的职位
超级链接，如图 15-41 所示。

> 提示：再次打开智联招聘网，填写用户信
> 息后单击█按钮，登录用户，然后在右侧
> 的"搜索工作"栏中填写要搜索的职位类
> 别、行业类别等信息，单击█按钮，也
> 可搜索出相关的职位列表。

图 15-40 搜索职位

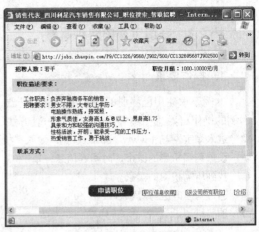

图 15-42 查看职位情况

❹ 在打开的网页中选择求职信,并在下方的文本框中输入相应信息,单击 现在申请 按钮,如图 15-43 所示,完成职位的申请。

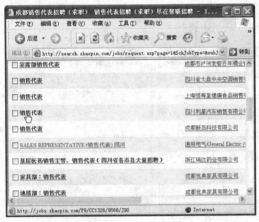

图 15-41 选择职位

❸ 在打开的网页中列出了该职位的描述、要求及月薪等情况,如果对该职位及公司都比较满意,可单击 申请职位 按钮,如图 15-42 所示。

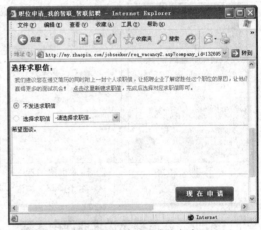

图 15-43 完成职位的申请

15.2 上机实战

本课上机实战将分别在淘宝网中查看并购买机票和在 51job 网中注册并求职,综合应用在网上交易和求职的方法。

上机目标:

◎ 熟练掌握在淘宝网中搜索商品的方法;

◎ 掌握在淘宝网中购买商品的流程;

◎ 了解注册用户的方法;

◎ 掌握网上求职的步骤和操作。

建议上机学时:1学时。

15.2.1 在淘宝网中购买机票

1. 操作要求

本例要求使用已注册的淘宝用户搜索机票，然后选择其中一张，与卖家沟通后进行购买。通过本例的操作可熟悉在淘宝网中购物的一般方法，具体操作要求如下。

- ◎ 进入淘宝网站（www.taobao.com），输入"机票"并搜索。
- ◎ 设置购买机票的城市、时间等信息，单击 查询 按钮。
- ◎ 找到所需机票的卖家。
- ◎ 通过阿里旺旺与卖家聊天。
- ◎ 购买机票。

2. 操作思路

根据上面的实例目标，本例的操作思路如图 15-44 所示。通过本案例的操作可以练习在淘宝网中购买商品的方法，在淘宝网中订购机票的方法与携程网类似，但与购买其他商品的方法有所区别。除此之外，机票的购买也可以在携程网等其他专业预订网站中进行。

① 搜索机票　　② 输入机票情况　　③ 选择机票并交流　　④ 确认订购机票

图 15-44　在淘宝网中购买机票的操作思路

15.2.2　在前程无忧求职网中求职

1. 操作要求

本例要求在前程无忧求职网中搜索成都地区的编辑职位，然后对感兴趣的职位进行查看，并记下其电子邮箱地址，最后向该电子邮箱发送邮件。通过本例的操作可熟悉在求职网中求职的一般方法，具体操作要求如下。

- ◎ 进入前程无忧网站（www.51job.com），选择要求职的地区。
- ◎ 在"快速搜索"选项卡中设置要查找的行业、职位名称等，单击 搜索 按钮。
- ◎ 单击感兴趣的职位对应的超级链接。
- ◎ 查看该职位的要求及对方的联系方式。
- ◎ 进入自己的电子邮箱，向对方发送求职信。

2. 操作思路

根据上面的实例目标，本例的操作思路如图 15-45 所示。通过本例的操作思路，可以掌握网上求职快速地搜索及投递简历的方法。此方法与课堂讲解中注册并投递简历的方法有所区别。由于求职时某些用户没有注册，而电子邮箱是比较常用的，因此使用该方法可快速达到求职的目的。

① 搜索职位

② 选择职位

③ 查看职位情况

④ 向招聘方发送邮件

图 15-45   在前程无忧求职网中求职的操作思路

15.3   常见疑难解析

问：怎样才能订到低价位的机票呢？

答：要想订到低价位的机票，首先应至少提前一个月在网站上查看预订，如果在临近的时间预订，其价位相对较高；另外，可多找几个机票预订网站查看、对比，才能找到价位相对较低的机票。

问：网上的商品都是图片，怎么确定图片与商品是否相符呢？

答：首先在购买商品时最好选择好评较高、等级较高还加入了消保和七天退货服务的店铺。另外，如果该商品被其他买家买过，可查看其他买家的评价，了解商品的情况。

问：如果知道某个大型公司在招聘，该怎么求职呢？

答：可以在求职网中查找，如果该公司有自己的网站，网站上肯定也有招聘信息。查看招聘条件后根据对方的要求，发送求职信到指定邮箱完成求职。

15.4   课 后 练 习

（1）根据实际需要，在携程网中订购机票。
（2）注册淘宝网账户，然后搜索出需要的商品后再购买。
（3）在叩富网中进行模拟股票交易。
（4）在中华英才网（http://www.chinahr.com）中注册用户，然后搜索职位并投递简历。

第16课
系统维护

学生：老师，电脑运行的速度比较慢，执行一项操作时经常"反应"不过来，是不是电脑中毒了？

老师：电脑运行速度慢，有可能是电脑中了病毒，也有可能是电脑中的磁盘碎片过多，垃圾文件过多等导致的，应具体分析。

学生：原来是这样，如果出现了这种情况，该如何解决呢？

老师：可以采取排除法，也就是首先对磁盘碎片、垃圾文件进行清理，然后查杀病毒，这样一般都可以解决问题。这些也是维护操作系统常用的操作。

学生：操作系统也需要维护吗？

老师：当然了！电脑每使用一段时间都需要对其进行相应的维护，从而使系统能够长期、稳定地运行。

学习目标

▶ **熟悉电脑磁盘的维护方法**

▶ **掌握磁盘维护的操作**

▶ **了解电脑病毒的种类与危害**

▶ **掌握查杀病毒的方法**

▶ **掌握使用防火墙的方法**

▶ **熟悉更新操作系统的方法**

▶ **熟悉系统备份与还原的方法**

16.1 课堂讲解

本课主要讲述磁盘维护、查杀电脑病毒、使用防火墙、更新操作系统以及备份和还原操作系统等与系统维护有关的知识。通过相关知识点的学习和案例的制作，除了可以了解系统维护的重要性及方法外，还可了解该如何进行操作及处理。

16.1.1 磁盘维护

电脑磁盘就是电脑的硬盘，使用电脑时会对电脑磁盘中的数据进行写入、删除等操作，为了保证磁盘中的文件不受损坏，操作系统能正常运行，应定期对磁盘进行维护。下面分别讲解使用 Windows XP 的相应工具对磁盘进行维护的方法。

1. 检查磁盘

磁盘的使用频率很高，若操作电脑时出现运行缓慢、系统提示出错等情况，应检查磁盘有无错误，如有可对其进行修复。下面以检测并修复 F 盘为例进行讲解，其具体操作如下。

❶ 在"我的电脑"窗口中用鼠标右键单击需要检测的 F 盘，在弹出的快捷菜单中选择"属性"命令。

❷ 打开 F 盘对应的属性对话框，单击"工具"选项卡，在"查错"栏中单击 开始检查(C)... 按钮，如图 16-1 所示。

图 16-1 选择查错工具

❸ 打开"检查磁盘 本地磁盘（F：）"对话框，同时选中 ☑自动修复文件系统错误(A) 和

☑扫描并试图恢复坏扇区 (N)复选框，单击 开始(S) 按钮，开始检测 F 盘并修复错误，如图 16-2 所示。

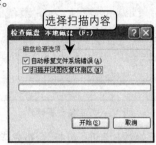

图 16-2 开始检查磁盘

❹ 检测完毕后，在打开的对话框中提示扫描完毕，依次单击 确定 按钮关闭对话框，完成检测操作。

> ⚠ 注意：在对某个磁盘进行检测前，不能对该磁盘进行任何访问，否则不能执行检测操作，而且在对磁盘进行检测的过程中，也不能对检测磁盘进行任何操作。所以要执行检测操作，一般在启动操作系统后立即进行。

2. 分析并整理磁盘碎片

在对文件进行复制、移动与删除等操作时，存储在磁盘上的信息有可能变成不连续的单元，从而产生磁盘碎片。磁盘碎片不但不利于磁盘的读写，而且还会占用磁盘空间。可使用 Windows 提供的磁盘碎片整理程序对磁盘碎片进行整理，使存储在磁盘上的信息变得连续。下面先分析 E 盘的磁盘碎片情况然后进行整理，其具体操作如下。

❶ 在"我的电脑"窗口中用鼠标右键单击需要整理磁盘碎片的 E 盘，在弹出的快捷菜单中选择"属性"命令。

❷ 打开 E 盘对应的属性对话框，单击"工具"选项卡，在"碎片整理"栏中单击 开始整理(D)... 按钮。

❸ 在打开的"磁盘碎片整理程序"窗口上方的列表框中系统已自动选择了 E 盘,单击 分析 按钮,如图 16-3 所示。

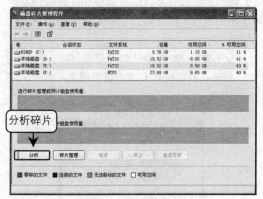

图 16-3　准备分析碎片

❹ 系统开始对 E 盘进行分析,分析完毕后在打开的对话框中提示是否需要清理碎片,如不需要可关闭对话框,如需要则单击 碎片整理(D) 按钮。

❺ 开始整理选择的磁盘碎片,并在窗口中显示碎片整理前后的情况,如图 16-4 所示。

图 16-4　正在整理碎片

❻ 磁盘碎片整理完毕后,打开对话框提示整理完毕,单击 关闭(C) 按钮完成碎片整理。

3. 格式化磁盘

格式化磁盘也是一项重要的管理磁盘的操作,它可删除分区上的所有数据,并对磁盘进行一定的修复。下面以格式化 F 盘为例进行讲解,其具体操作如下。

❶ 关闭 F 盘上所有已经打开的文件或文件夹。

❷ 打开"我的电脑"窗口,在 F 盘上单击鼠标右

键,在弹出的快捷菜单中选择"格式化"命令,打开"格式化"本地磁盘(F:)对话框,保持默认设置,如图 16-5 所示。

图 16-5　格式化磁盘对话框

❸ 单击 开始(S) 按钮,打开对话框提示是否确定执行格式化,单击 确定 按钮开始格式化。

> ⚠ 注意:在格式化磁盘之前,一定要确认该磁盘中的文件已无作用或已经将有用的文件复制到其他磁盘或其他电脑中,因为格式化磁盘后,其中的内容不能再找回来。

4. 清理磁盘

在使用电脑的过程中会产生大量的垃圾文件和临时文件,如安装程序的安装日志文件、上网的临时文件和回收站文件等,特别是 C 盘会有大量此类的无用文件,如系统提示 C 盘空间不足,就应对其进行清理,以保证电脑的正常运行。其具体操作如下。

❶ 在"我的电脑"窗口中用鼠标右键单击需要清理的 C 盘,在弹出的快捷菜单中选择"属性"命令。

❷ 打开 C 盘对应的属性对话框,单击 开始整理(D)... 按钮。

❸ 打开"磁盘清理"对话框,在其中提示扫描 C 盘的进度,扫描完成后自动关闭对话框并打开"(C:)磁盘清理"对话框。

❹ 在"要删除的文件"列表框中选中要删除的文件前的复选框,单击 确定 按钮,打开询

问对话框，单击 [是(Y)] 按钮，即可删除文件，如图16-6所示。

图16-6 清理文件

> 提示：磁盘清理对话框中列出的文件一般均可以删除，删除它们不会影响操作系统和软件的正常运行。如需了解清理的文件具体有哪些，可单击对话框中的 [查看文件(V)] 按钮。

16.1.2 查杀电脑病毒

随着网络的发展和可移动存储设备的广泛使用，病毒也迅速发展起来，成为影响系统安全的主要因素。下面讲解电脑病毒的相关知识。

1. 什么是电脑病毒

电脑病毒是指编制或者在程序中插入的破坏电脑功能或者数据且能够自我复制的一组计算机指令或者程序代码。它与生物病毒一样都具有自我复制和传播能力，通常寄生于电脑文件中，具有很强的隐蔽性和破坏性。即使电脑感染了病毒，一般情况下用户也无法察觉。一旦满足发作条件，病毒就会发作，影响电脑的正常工作，严重时甚至会删除文件、破坏文件，导致整个系统瘫痪。

病毒会不停地繁衍、演变，但根据编制病毒的算法，病毒可以划分为如下几类。

◎ **伴随型病毒**：这类病毒并不改变文件本身，它产生可执行文件（EXE文件）的伴随体，从而生成具有相同名称，但不同扩展名（扩展名为COM）的文件。

◎ **"蠕虫"型病毒**：通过电脑网络传播，它不改变文件本身和资料信息，而是利用网络从一台电脑的内存传播到其他电脑的内存中，表现为占用大量内存空间。

◎ **寄生型病毒**：这类病毒附在系统的引导扇区或文件中，通过系统的功能进行传播。

◎ **诡秘型病毒**：这类病毒一般不直接修改电脑磁盘中的数据，而是通过设备技术和文件缓冲区等DOS内部进行修改数据，不易察觉。

◎ **变型病毒**：这类病毒使用一个复杂的算法，使自己传播的文件都具有不同的内容和长度。

2. 电脑病毒的特点

电脑病毒有如下特点。

◎ **寄生性**：电脑病毒寄生在其他程序之中，当执行这个程序时，病毒就起破坏作用，而在未执行这个程序之前，它不易被察觉。

◎ **传染性**：电脑病毒一旦进入电脑并得以执行，它就会搜寻其他符合其传染条件的程序或存储介质，确定目标后再将自身代码插入其中，达到自我繁殖的目的。如果一台电脑感染了病毒，如不及时处理，病毒会在这台电脑上迅速扩散，并且与其进行数据交换的其他电脑也会被感染。

◎ **潜伏性**：有些电脑病毒进入系统之后一般不会马上发作，而是在一段时间内隐藏在合法文件中，触发条件一旦得到满足，则马上发作。

◎ **隐蔽性**：电脑病毒具有很强的隐蔽性，不易被察觉，即使一些专业的软件也不一定能全部查出。

◎ **破坏性**：电脑中毒后，可能会导致正常的程序无法运行，并且电脑中的文件还会被删除或受到不同程度的损坏。

3. 使用杀毒软件

如果电脑已经感染了病毒或者电脑运行时有一些异常，可使用杀毒软件对电脑中的文件进行扫描，如扫描出病毒可将其删除。现在专业的杀毒软件很多，如瑞星杀毒软件、金山毒霸和卡巴斯基等。下面以瑞星杀毒软件天空软件专版为例讲解杀毒软件的使用方法。

查杀病毒

查杀病毒是指使用杀毒软件对电脑中的文件进行扫描，扫描出潜伏的病毒，然后再将其删除。下面以扫描电脑中的所有磁盘为例进行介绍，其具体操作如下。

❶ 选择【开始】→【所有程序】→【瑞星杀毒软件】→【瑞星杀毒软件】命令，打开"瑞星杀毒软件"主界面。如默认状态下系统启动了瑞星杀毒软件，可双击任务栏通知区域中的 🛡 图标将其打开。

❷ 单击"杀毒"选项卡，在"查杀目标"列表框中选中需查杀病毒的选项前的复选框，单击 开始查杀 按钮，如图 16-7 所示。

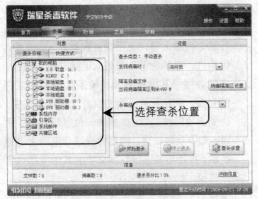

图 16-7　选择查杀目标

❸ 开始扫描相应目标，并切换到杀毒详细信息界面，如图 16-8 所示。如发现病毒，病毒名称、位置和是否清除等情况将显示在窗口下方。

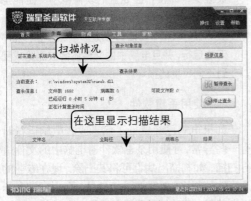

16-8　查杀病毒

❹ 扫描结束后，打开"杀毒结束"对话框，显示扫描的文件数量、病毒数量等，单击 确定① 按钮。

升级杀毒软件

电脑病毒一直都在更新，因此杀毒软件也要更新，这样才能扫描出新病毒，其具体操作如下。

❶ 打开瑞星杀毒软件的工作界面，单击下方的"软件升级"按钮，打开"升级信息"对话框，其中显示可升级的内容，单击 继续① 按钮，如图 16-9 所示。

图 16-9　开始升级

❷ 软件自动开始下载升级的组件，下载完成后，将自动对下载的内容进行安装。升级后的瑞星杀毒软件右下方显示"已是最新版本，不需要升级"，如图 16-10 所示。

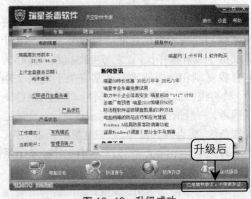

图 16-10　升级成功

16.1.3　使用防火墙

黑客是威胁电脑安全的重要因素之一，他可

远程控制一台电脑对另一台电脑执行操作，为了防止黑客的攻击可以使用 Windows XP 防火墙。启用防火墙的具体操作如下。

❶ 选择【开始】→【控制面板】命令，打开"控制面板"窗口，在经典视图下双击"Windows 防火墙"图标 🖳 。

❷ 打开"Windows 防火墙"对话框，选中 ⊙启用（推荐）(0) 单选项，即可启用 Windows 防火墙，如图 16-11 所示。

图 16-11　启用防火墙

❸ 单击"例外"选项卡，在"程序和服务"列表框中选中某程序对应的复选框，可使该程序无须通过防火墙即可访问 Internet，如图 16-12 所示。

图 16-12　"例外"选项卡

开启防火墙后，如果有程序要访问 Internet 或 Internet 有文件下载到本地电脑都会发出警告，只有允许后才能执行相应操作。

16.1.4　更新 Windows XP 操作系统

Microsoft 公司会不定期地推出补丁程序，对系统进行更新，修复系统的漏洞，使系统能更稳定地运行，所以应经常更新系统。

1.　使用网页更新

具体操作如下。

❶ 选择【开始】→【所有程序】→【Windows Update】命令，启动 IE 浏览器并打开 Windows XP 更新网页，单击 快速 按钮，如图 16-13 所示。

图 16-13　快速更新程序

❷ 系统自动搜索适合的更新软件，打开图 16-14 所示的网页，单击 立即下载和安装 按钮。

图 16-14　准备下载和安装程序

❸ 系统开始验证 Windows XP，确认后开始下载更新程序，并在打开的对话框中显示更新程序的安装状态，如图 16-15 所示。

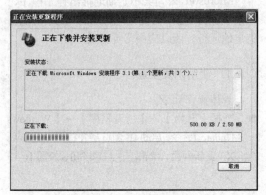

图 16-15　下载更新程序

❹ 完成后，在打开的对话框中提示需要重新启动电脑，单击 现在重启 按钮重新启动电脑使更新的程序生效，如图 16-16 所示。

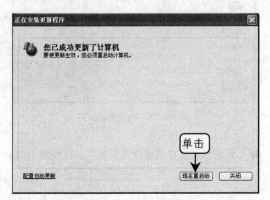

图 16-16　完成更新

2. 使用 360 安全卫士更新

360 安全卫士是一款常用的系统安全维护软件,使用它可以快速扫描操作系统的漏洞并进行修复，其具体操作如下。

❶ 下载并安装 360 安全卫士后，选择【开始】→【所有程序】→【360 安全卫士】→【360 安全卫士】命令，启动该软件。单击"修复漏洞"选项卡，如图 16-17 所示。

图 16-17　启动 360 安全卫士

❷ 软件开始扫描系统漏洞，并将扫描到的漏洞显示在窗口中间，选中窗口下方的 ☑ 全选 复选框，单击 修复选中漏洞 按钮，如图 16-18 所示。

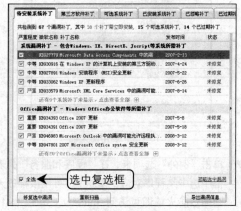

图 16-18　选择漏洞

❸ 根据扫描到的漏洞从微软官网下载各补丁，并且依次自行安装，安装完成的漏洞状态为"已修复"，如图 16-19 所示。

图 16-19　开始修复漏洞

❹ 所有漏洞修复完成之后，单击窗口上方的 立即重启 按钮重新启动电脑，完成漏洞的修复，如图 16-20 所示。

图 16-20　漏洞修复完成

> 提示：进入 360 安全卫士的"系统修复"后，默认对非常危险的漏洞进行立即修复。单击窗口上方的选项卡，可对其他软件漏洞和可选的系统漏洞进行修复。

16.1.5　系统的备份与还原

系统的备份与还原可当电脑遇到无法正常运行的情况时，将操作系统恢复到以前的一个状态，从而保证电脑的正常运行，它是 Windows XP 自带的系统维护工具。

1. 创建还原点

系统默认每隔一段时间后会自动创建一个还原点。当用户在执行可能危害到系统的危险性操作前，也可手动创建一个还原点，以防不测。其具体操作如下。

❶ 选择【开始】→【所有程序】→【附件】→【系统工具】→【系统还原】命令，打开"欢迎使用系统还原"对话框，选中◉创建一个还原点(E)单选项，单击 下一步(N) > 按钮，如图 16-21 所示。

❷ 打开"创建一个还原点"对话框，在"还原点描述"文本框中输入一个便于识别的还原点名称，如"运行正常"，单击 创建(R) 按钮，如图 16-22 所示。

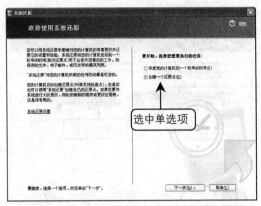

图 16-21　准备创建还原点

图 16-22　输入还原点描述信息

❸ 还原点创建成功后，在打开的对话框中显示该还原点的创建日期、时间和描述信息，单击 关闭(C) 按钮关闭对话框。

2. 还原系统

创建还原点后，如系统运行异常，可将其恢复到创建的还原点位置，其具体操作如下。

❶ 打开"欢迎使用系统还原"对话框，选中◉恢复我的计算机到一个较早的时间(R)单选项，单击 下一步(N) > 按钮。

❷ 打开"选择一个还原点"对话框，在左侧的列表框中显示日期信息，设置了还原点的日期呈加粗显示。在右侧的列表框中单击＜或＞按钮，向前或向后显示还原点日期，并在下方的列表框中显示该日期的还原点信息，选择某个还原点后，单击 下一步(N) > 按钮，如图 16-23 所示。

图 16-23 选择还原点

❸ Windows XP 将自动关闭其他所有程序并重启，重启后开始进行还原，并显示系统还原进度，如图 16-24 所示。

图 16-24 开始还原系统

❹ 还原后进入 Windows XP 操作系统，将自动打开"系统还原"对话框，单击 确定 按钮关闭对话框，完成还原操作。

> 提示：最好只对 C 盘中的内容进行还原，以避免将其他磁盘中的文件恢复造成数据丢失。一般应设置开启 C 盘的监视功能，关闭其他磁盘的监视功能，其方法是在"我的电脑"图标上单击鼠标右键，在弹出的快捷菜单中选择"设置"命令，打开"系统属性"对话框，单击"系统还原"选项卡，在中间的列表框中选择需关闭监视功能的磁盘，单击 设置(S)... 按钮，在打开的对话框中选中 ☑关闭这个驱动器上的"系统还原"(T) 复选框，然后依次单击 确定 按钮应用设置。

16.2 上机实战

本课上机实战将练习使用瑞星杀毒软件查杀病毒和维护系统后创建系统还原点，综合应用系统维护的操作方法。

上机目标：
◎ 熟悉瑞星杀毒软件的操作界面；
◎ 熟练掌握升级瑞星杀毒软件及杀毒的方法；
◎ 掌握磁盘维护的各种操作方法；
◎ 掌握升级 Windows XP 操作系统的方法；
◎ 掌握创建系统还原点的方法。

建议上机学时：1 学时。

16.2.1 使用瑞星杀毒软件查杀病毒

1. 操作要求

本例要求打开瑞星杀毒软件，升级瑞星杀毒软件后，再对电脑中的 C 盘查杀病毒，具体操作要求如下。

◎ 双击任务栏通知区域中的 ☁ 图标，打开瑞星杀毒软件的工作界面。
◎ 单击下方的"软件升级"按钮，开始升级瑞星杀毒软件。
◎ 单击"杀毒"选项卡，在"查杀目标"列表框中选中 C 盘对应的复选框，单击 ▶开始查杀 按钮。

2. 操作思路

　　根据上面的实例目标，本例的操作思路如图 16-25 所示。通过本例的操作可以掌握杀毒软件的一般使用方法。在使用杀毒软件前，一般先升级，使其能够查杀出更多的病毒，然后再执行杀毒操作。

①升级瑞星杀毒软件

②查杀病毒

图 16-25　使用瑞星杀毒软件查杀病毒的操作思路

16.2.2　维护系统后创建系统还原点

1. 操作要求

　　本例要求先检查各个磁盘并整理磁盘的碎片，然后将 Windows XP 操作系统更新到最新状态，最后为系统创建一个还原点，并将还原点命名为"维护系统后"。通过本例的操作可熟悉维护系统的一般方法和创建系统还原点的方法，具体操作要求如下。

◎　在"我的电脑"窗口中用鼠标右键单击 C 盘，在弹出的快捷菜单中选择"属性"命令，在打开的对话框中单击"工具"选项卡，单击 开始检查(C)... 按钮，再在打开的对话框中选中两个复选框，检查 C 盘的磁盘情况。

◎　使用相同的方法，在"我的电脑"窗口中用鼠标右键单击其他磁盘进行检查。

◎　在"我的电脑"窗口中用鼠标右键单击 C 盘，打开"属性"对话框，单击"工具"选项卡，单击 开始整理(D)... 按钮，再在打开的对话框中单击 碎片整理(D) 按钮，整理 C 盘的碎片。

◎　使用相同的方法，对其他磁盘进行碎片整理。

◎　选择【开始】→【所有程序】→【Windows Update】命令，在打开的网页中更新 Windows XP 操作系统。

◎　选择【开始】→【所有程序】→【附件】→【系统工具】→【系统还原】命令，打开"欢迎使用系统还原"对话框，选中⊙创建一个还原点(E)单选项，并将还原点命名为"维护系统后"。

2. 操作思路

　　根据上面的实例目标，本例的操作思路如图 16-26 所示。通过本例的操作思路，可以掌握维护系统的一般方法，以及各项维护操作的先后顺序，对维护操作系统有一个更全面的认识。

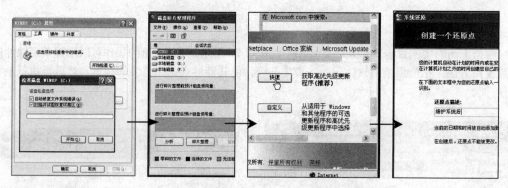

① 检查磁盘　　　　② 整理磁盘碎片　　　　③ 快速更新系统　　　　④ 创建还原点

图 16-26　维护系统后创建系统还原点的操作思路

16.3　常见疑难解析

问： 多久进行一次磁盘检查和碎片整理比较合理？

答： 要根据每台电脑的使用情况来定，如果电脑的使用频率很高，可以一至两个月检查和整理一次。由于整理磁盘碎片需要较长的时间，因此在空闲的时间进行操作较好。

问： 什么是电脑黑客？

答： 黑客原指热心于电脑技术，水平高超的专家，有时特指程序设计人员。但如今黑客一般泛指专门利用电脑网络搞破坏或恶作剧的人，其英文是 Cracker，也可将其翻译为"骇客"。

问： 可以让电脑自动检查并更新操作系统吗？

答： 可以开启电脑的自动更新功能，方法是选择【开始】→【控制面板】命令，在打开的窗口中双击"自动更新"图标，打开"自动更新"对话框，选中 ⊙ 自动（建议）(U) 单选项。

16.4　课后练习

（1）检查电脑各个磁盘的情况，如有漏洞，将其修复。

（2）对电脑的各个磁盘进行碎片整理。

（3）清理 C 盘中的内容，然后格式化一个不需要的磁盘。

（4）升级电脑中已安装的杀毒软件，然后使用它对电脑的各个磁盘进行扫描，如有病毒，将其删除。

（5）杀毒操作完成后，创建一个系统还原点，并命名为"无毒"。

附录
项目实训

　　为了培养学生分析和解决实际问题的能力，本书根据所学内容设置了 4 个项目实训，分别围绕"Windows XP 操作系统应用"、"Word 2003 文档制作"、"Excel 2003 电子表格制作"和"Internet 应用"这 4 个主题展开，各个实训由浅入深、由易到难，将电脑的操作技能融入到实践中。通过实训，学生能将所学的基础理论知识灵活应用于实践操作，提高独立完成工作的能力，增强就业竞争力。

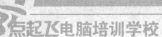
实训 1　Windows XP 操作系统的应用

【实训目的】

通过实训进一步巩固 Windows XP 操作系统的基本操作，具体要求及实训目的如下。

◎ 熟练掌握电脑的正确开、关机方法，养成良好的电脑使用习惯。

◎ 掌握鼠标在 Windows XP 中的操作，即如何使用鼠标操作 Windows XP 的窗口、对话框和菜单等。

◎ 掌握电脑中程序的启动与退出方法。

◎ 熟练掌握文件与文件夹的管理方法。

◎ 掌握在电脑中使用拼音和五笔输入法的方法。

◎ 掌握设置桌面显示情况、鼠标与键盘的方法。

◎ 掌握管理电脑软硬件的方法。

【实训实施】

1．操作 Windows 桌面对象：启动电脑，进入 Windows XP，显示出桌面上的系统图标，并按名称排列桌面图标，然后将任务栏分两行显示在屏幕右侧，将"开始"菜单设置为经典样式。

2．管理多个窗口：打开"我的电脑"窗口，启动画图程序，再启动 Word 2003 程序，全部最小化到任务栏中后，将 Word 2003 窗口设置为当前显示的窗口。

3．管理电脑中的文件：将 E 盘命名为"学习"，F 盘命名为"娱乐"，在 F 盘中创建"音乐"和"小说"文件夹，将 F 盘中的其他文件移动到"音乐"文件夹中，将"我的文档"文件夹中的文件复制到"小说"文件夹中。

4．移动存储设备的使用：将 U 盘与电脑相连，并将其中的文件移动到电脑桌面上，再将 F 盘中的"小说"文件夹复制到 U 盘中。

5．打字练习：在电脑中安装金山打字通软件，并进入练习模式，使用五笔输入法或拼音输入法练习汉字的输入。

6．设置电脑显示效果：设置一个名为"student"的账户，切换到该账户下，将桌面背景更换为"Azul"，屏保更换为"三维花盒"，桌面主题设置为"Windows 经典"，再将鼠标光标的形状设置为"指挥家"方案。

7．在 Windows 中听歌/看电影：打开 Windows Media Player 播放器，播放电脑中保存的音乐文件，然后放入一张音乐或电影光盘进行欣赏，并调整音量大小。

实训 2　Word 2003 文档制作

【实训目的】

通过实训掌握 Word 文档的录入、编辑、美化、图文混排与打印操作，具体要求及实训目的如下。

◎ 熟练掌握 Word 文档的新建、保存、打开与关闭操作。

◎ 掌握录入文档文本的方法，并能对错误的内容进行修改。

◎ 掌握文本的复制、移动、删除、查找与替换、撤销与恢复等编辑操作。

◎ 熟练掌握各种设置文本格式、段落格式、页面格式、项目符号的方法，并总结出不同设置方法的优点与缺点。

◎ 掌握在 Word 文档中插入对象的方法，特别是常用的图片、艺术字、文本框的插入方法及编辑方法，并理解这些对象的应用场合。

◎ 掌握在 Word 中制作表格的一般方法，包括插入表格、输入表格内容、设置表格格式等。

◎ 熟悉长文档编排的各种方法，包括使用文档结构图快速查看并定位文档位置，使用样式快速设置格式，以及目录的制作方法。

【实训实施】

1．文档的录入与编辑：在 Word 中新建一篇文档，按照样文输入文字、符号等，对文档内容进行查阅，修改错误的内容，并保存至 F 盘中。

2．操作文档并编辑：打开指定的文档，删除其中多余的内容，复制文本到指定位置，再移动文本位置，最后将文档另存到"我的文档"文件夹中，命名为"修改后"。

3．文档格式设置：设置文档的字体、字号、字形、对齐方式、段落缩进、行间距、段间距、项目符号和编号，使文档格式更加美观。

4．文档的图文排版：在文档中插入提供的图片素材，使图片与文字环绕，再将文档标题制作成艺术字，最后设置底纹，美化文档。

5．文档中表格的制作与设置：在文档中插入一个表格并输入表格内容，对表格进行美化设置。

6．文档的版面设置与编排：设置文档页面的大小，添加页眉和页脚、插入页码，并对设置后的文档进行打印预览。

7．编排长文档：设置样式并应用于文档的多个标题中，再为文档制作目录。

【实训参考效果】

本实训的素材及参考效果提供在本书配套资料中，参见"公司简介.doc"、"业务制度.doc"、"海报.doc"和"课程表.doc"等文件。

实训 3　Excel 2003 电子表格制作

【实训目的】

通过实训掌握 Excel 电子表格的制作方法，具体要求及实训目的如下。

◎ 熟练掌握 Excel 工作簿的新建、保存与打开操作。

◎ 掌握工作表和单元格的基本操作，理解工作簿、工作表、单元格 3 者之间的关系。

◎ 熟练掌握各种表格数据的输入方法，如普通数字、身份证号码、货币、相同的数据及有规律的数据。

◎ 掌握修改、删除、查找、替换、移动等编辑表格数据的方法。

◎ 熟练掌握设置表格数据字体格式、数据对齐格式、行/列宽度，以及边框和底纹的方法，使表格外观更加美观。

◎ 掌握利用公式与函数计算表格中的数据，得到正确的数据结果，并记住常用的函数。

◎ 掌握表格中数据的排序、筛选和分类汇总操作，并理解这些操作的应用场合。

◎ 熟悉数据记录单的应用场合和使用方法。

◎ 掌握对表格中的数据创建图表、修改图表、美化图表和创建数据透视表的方法。

◎ 掌握打印表格的各种方法。

【实训实施】

1．制作"成绩表"工作簿：启动 Excel 2003，新建一个工作簿，命名为"成绩表"，新建 3 个工作表，并将各个工作表依次命名为"一班"、"二班"和"三班"。

2．输入工作表数据并编辑：在表格中输入数据，通过拖动填充序列数据，再通过编辑栏对错误的数据进行修改，然后将表格的标题合并、居中显示。

3．调整工作表的行和列：在表格中增加一行和一列数据，移动行数据，删除行和列，调整行高和列宽。

4．设置数据格式：将表格中的数据设置为相应格式，如货币格式、数值格式、百分比格式等，再将表格的标题和表头设置为不同的字体、字号。

5．计算表格数据：运用公式计算表格中的数据，如总和、四则运算等，再用函数求最大值和最小值。

6．管理表格数据：按条件对表格中的数据排序，对数据进行汇总，再筛选出符合条件的数据。

7．分析表格数据：对表格中的数据创建图表，对图表进行美化后创建数据透视表，分析表格数据。

8．打印表格数据：设置表格的打印区域，预览表格的打印效果，设置参数将表格打印 3 份。

【实训参考效果】

本实训的素材及参考效果提供在本书配套资料中，参见"工资表.xls"、"成绩表.xls"、"销售表.xls"和"质量检验表.xls"等文件。

实训 4　Internet 的应用

【实训目的】

通过实训掌握 Internet 的常用操作，以及其在学习、生活和工作中的应用，具体要求及实训目的如下。

◎ 熟悉将电脑连入 Internet 的各种方法，掌握 IE 浏览器的使用和设置方法。

◎ 掌握保存网页、图片、文字的方法。

◎ 熟练掌握通过 Internet 查找网上资料的方法，总结不同搜索引擎的异同。

◎ 熟练掌握下载网上资源的方法，包括直接下载和使用下载软件下载。

◎ 熟练掌握电子邮件的收发操作、Outlook 邮件管理器的使用方法。

◎ 熟悉 QQ 聊天、听歌、看电影、玩游戏等网上娱乐的操作方法，总结出这些网上操作的一般规律。

◎ 掌握网上预订、网上购物、网上股票交易、网上求职的操作流程。

◎ 记住常用的网站地址。

◎ 掌握维护电脑系统的方法。

【实训实施】

1. 浏览网页并设置 IE 浏览器：打开新浪网页，浏览其中的体育新闻，将其中的某张图片保存到电脑中，然后将该网页设置为主页。

2. 熟练使用 IE 浏览器：打开历史记录查看前几天浏览过的网页，在收藏夹中新建"综合网站"、"音乐"、"购物"文件夹，然后将历史记录中的相关网页分别保存到相关文件夹中。

3. 网上查询并下载资料：分别以"电脑学习"、"公文制作"为主题，上网搜索相关资料、图片和软件等，将相关资料下载并保存到电脑中。

4. 收发电子邮件：申请一个电子邮箱，向指定邮箱发送一封带附件的电子邮件，然后为邮箱在 Outlook 中添加账户。

5. 相互交流：在 QQ 中加入 5 个以上的同班同学，与其中一位同学聊天并发送文件，然后为自己与 5 个同学组建一个讨论组，共同讨论问题。

6. 网上交易与求职：在求职网站中注册用户并发送求职简历，然后在淘宝网中的指定商家处购买一件商品。

7. 电脑维护：安装杀毒软件，查杀电脑病毒，修复系统漏洞后创建一个还原点。